广东省哲学社会科学规划项目成果（批准号：GD11HYJ02）

中国蓝色产业带建设

张开城　徐以国　乔俊果　著

海洋出版社

2017 年·北京

图书在版编目（CIP）数据

中国蓝色产业带建设/张开城，徐以国，乔俊果著. —北京：海洋出版社，2017.7
ISBN 978-7-5027-9830-7

Ⅰ.①中…　Ⅱ.①张…②徐…③乔…　Ⅲ.①海洋经济-产业经济-经济建设-中国
Ⅳ.①P74

中国版本图书馆 CIP 数据核字（2017）第 169782 号

责任编辑：肖　炜　高朝君
责任印制：赵麟苏

海洋出版社　出版发行

http://www.oceanpress.com.cn

北京市海淀区大慧寺路 8 号　邮编：100081
北京朝阳印刷厂有限责任公司印刷
2017 年 11 月第 1 版　2017 年 11 月北京第 1 次印刷
开本：787mm×1092mm　1/16　印张：13.25
字数：257 千字　定价：58.00 元
发行部：62132549　邮购部：68038093
总编室：62114335　编辑室：62100038

海洋版图书印、装订错误可随时退换

目　　次

第一章　中国蓝色产业带建设势在必行

21 世纪是海洋世纪。当今，世界范围内对陆地资源的关注一如既往，而对海洋和海洋资源的关注也持续升温。把海洋开发利用提到战略高度来认识，是当今世界海洋形势的新常态。面对世界范围内海洋开发的全面升级和竞争的加剧，我们也要积极应对。

随着综合国力的日益强大，我国经济社会发展必然越来越多地依赖海洋，我国的资源安全也要依赖海洋。中国共产党第十八次全国代表大会报告明确提出："提高海洋资源开发能力，发展海洋经济，保护海洋生态环境，坚决维护国家海洋权益，建设海洋强国。"国家提出建设"丝绸之路经济带和 21 世纪海上丝绸之路"的倡议，发展海洋经济上升到前所未有的高度。这充分体现了国家对海洋事业的高度重视。搞好蓝色产业带建设，发展海洋经济，是具有重要战略意义的举措。

实施蓝色产业带国家战略，就是要建立"大海洋、大东部、大协作区"的新经济板块格局。循着"国际环境→资源特征→战略决策→实施方案→监管机制"的逻辑路线，基于海洋开发与管理的实证研究和制度解读，将 SWOT 模型分析、区域经济理论、新经济地理理论、系统动力学方法等运用于蓝色产业带特殊视域，进行针对性构思和本土化设计，形成可操作的蓝色产业带战略架构、管理模型和运行机制。

一、蓝色产业带的概念

诚如《中国海洋 21 世纪议程》所指出的，"21 世纪是人类全面认识、开发利用和保护海洋的新世纪""多种陆地资源日趋紧缺，有必要把眼光转向海洋"。[①] 中国是有 13 亿人口的人口大国，由于人口众多，陆地自然资源人均占有量远远低于世界平均水平，陆地发展空间有限，向海洋寻求发展空间就成为必然的选择。

进入 21 世纪以来，国内外掀起新一轮海洋开发的热潮，掀起一场"蓝色革命"。我国沿海省市纷纷制定海洋发展战略，不少地方还提出建设蓝色产业带。2010—2014 年提出蓝色产业带建设的省份涉及广东（10 篇）、福建（4 篇）、浙江（2 篇）、山东（6 篇）、辽宁（2 篇），最早提出建设蓝色产业带的省份是广东（2003）。从建设范围上看，省级的有广

[①]　国家海洋局：《中国海洋 21 世纪议程》，北京：海洋出版社，1996 年。

东、福建、辽宁三省，其他多是市县级的。从建设内容看，小的局限于海洋渔业，大的涉及整个海洋产业。局限方面：一是没有全国性的建设报道；二是局限于海洋产业；三是缺乏详细的规划和设计；四是理论和概念上的问题没有厘清。如：什么是蓝色产业，蓝色产业和蓝色经济是什么关系，蓝色经济和绿色经济是什么关系，什么是蓝色产业带，蓝色产业带又如何建设，等等，都有待于研究和解决。

（一）产业和蓝色产业

按照《辞海》的界定："产业指各种生产的事业。也特指工业，如产业工人、产业革命。"① 产业有广义和狭义之分。广义上看，产业指国民经济的各行各业。从生产到流通、服务以至文化、教育，大到部门，小到行业都可以称之为"产业"。从狭义上看，由于工业在产业发展中占有特殊位置，经济发展和工业化过程密切相关，产业有时指工业部门。产业经济学中研究的"产业"是广义的产业，泛指国民经济的各行各业。

国内从 20 世纪末开始，有论者提出和论及"蓝色产业"概念。在"中国知网"上以篇名关键词"蓝色产业"检索，2015 年之前（含 2015 年）篇名中明确使用"蓝色产业"概念的文章共 112 篇，各年度数量是：1995 年 1 篇，1997 年 1 篇，1998 年 2 篇，1999 年 2 篇，2000 年 3 篇，2001 年 2 篇，2002 年 6 篇，2003 年 1 篇，2004 年 2 篇，2005 年 4 篇，2006 年 3 篇，2007 年 5 篇，2008 年 6 篇，2009 年 5 篇，2010 年 11 篇，2011 年 16 篇，2012 年 19 篇，2013 年 9 篇，2014 年 7 篇，2015 年 7 篇。

早期的文章如：赵钊，《科技长入经济 推动蓝色产业发展》（1995）；陈明义，《发展蓝色产业 振兴福建经济》（1997）；荆棘，《石狮：构筑"蓝色产业"，促进"二次创业"》（1998）；孙本刚和张新保，《蓝色产业在宿松崛起》（1998）；林仕厚，《扶持"蓝色产业"，开发"蓝色财源"》（1998）；叶嘉群，《"蓝色产业"在崛起》（1999）；王永贵，《发展蓝色产业，实施耕海牧鱼》（1999）；陈及霖，《福建应加快实施蓝色产业战略》（2000）；许进，《加速发展海洋科技，推进湛江蓝色产业》（2000）；石磊，《用空间技术开发蓝色产业》（2000）。

这些文章的贡献在于提出和使用了"蓝色产业"的概念，报道了各地进行蓝色产业建设的动态，但没有对蓝色产业进行界定，对蓝色产业的理解上有分歧。

现有文章对蓝色产业理解上的分歧主要体现在如下方面。

1. 利用江河湖库水域的渔业即蓝色产业

在这个意义上使用"蓝色产业"概念的文章如：孙本刚和张新保，《蓝色产业在宿松崛起》（1998）；叶嘉群，《"蓝色产业"在崛起》（1999）。

---

① 辞海编辑委员会：《辞海》，上海：上海辞书出版社，1980 年。

2. 蓝色产业即水产业

在这个意义上使用"蓝色产业"概念的文章如：周泓和马艳霞，《蓝色产业充满生机活力》（2005）。

3. 蓝色产业即海水养殖业

在这个意义上使用"蓝色产业"概念的文章如：赵钊，《科技长入经济 推动蓝色产业发展》（1995）；王建高和邢桂方，《杂交鲍引领中国蓝色产业浪潮》（2005）。

4. 蓝色产业即海洋渔业

在这个意义上使用"蓝色产业"概念的文章如：王永贵，《发展蓝色产业，实施耕海牧渔》（1999）；苏兴枝，《蓝色产业——又一农机经济新的增长点》（2002）；漳州市海洋渔业局，《发展蓝色产业　建设海上漳州》（2002）；樊云芳和丁炳昌，《蓝色产业风光无限》（2002）；闫汉廷，《打造生态高效蓝色产业带》（2013）。

5. 蓝色产业即海洋产业

在这个意义上使用"蓝色产业"概念的文章如：陈明义，《发展蓝色产业 振兴福建经济》（1997）；许进，《加速发展海洋科技，推进湛江蓝色产业》（2000）；陈及霖，《福建应加快实施蓝色产业战略》（2000）；石磊，《用空间技术开发蓝色产业》（2000）；贺广华，《海南全力推进蓝色产业》（2001）；钟奇振，《蓝色产业在崛起》（2003）；林银全，《"6·18"海峡西岸蓝色产业在前行》（2006）；叶向东，《积极发展海洋经济 不断壮大蓝色产业》（2006）；林奕群，《做活"海"字文章 建设蓝色产业带》（2007）；朱良骏，《制订总体规划打造蓝色产业》（2008）；刘志锋，《蓝色梦想蓝色产业》（2009）；唐芬，《蓝色产业：广西的新希望——访广东海洋大学海洋文化研究所所长、教授张开城》（2008）。

6. 蓝色产业即海洋产业和临海临港产业

在这个意义上使用"蓝色产业"概念的文章如：《广东建设报》载文报道，2007年在深圳打造"蓝色产业"建设体系专题议政会上，有关职能部门谈到"十一五"期间，深圳市着力建设十大海洋经济工程。一是海洋生态工程，二是渔港建设工程，三是水产养殖工程，四是远洋渔业工程，五是海洋生物工程，六是港口建设工程，七是航道建设工程，八是临海工业工程，九是精细化工工程，十是滨海旅游工程。[①]

张开城在《中国蓝色产业带战略构想》中提出，"蓝色产业带，是依托海洋，沿海岸带形成的以海洋产业和临海产业为主体的经济带"。[②]

据滕岳和孟宪臣的报道文章《做大"蓝色产业"》指出，烟台要实现由海洋资源大市向海洋经济强市转变的战略梦想，就必须激活这笔巨大的潜在的财富，将资源优势转化

---

① 钟海：《营造"蓝色"产业建设体系》，《广东建设报》，2007年3月13日第A04版。
② 张开城：《中国蓝色产业带战略构想》，《时代经贸》，2008年第9期（下旬刊）。

为市场优势、经济优势。做大做强"蓝色产业",是实现这一梦想的最坚强的支撑点。烟台市委领导在第十一届市委第二次常委会上强调,在现代经济条件下,港口已由传统的装卸转运功能逐步向工业功能、商贸功能、综合物流功能转变。发展临港产业是新形势下港口发展的必然选择,必须坚持以港口为依托,强化区港联动理念,大力发展临港产业,实现产业与港口共生共荣、互相促进。烟台市发展和改革委员会负责人认为,"就全市来说,当务之急是要抓紧实施产业联动,合理布局海洋产业、临港产业和腹地产业,形成分工明确、结构合理、功能互补的沿海经济产业带"。①

记者杨自力等的报道文章《潍坊积极打造现代蓝色产业体系》中谈到,潍坊滨海经济技术开发区实施大项目带动战略,积极培育装备制造业、石化化工产业、临港物流产业、新能源产业和高端服务业等六大高效生态产业集群,促进优势产业大规模聚集,中国海油、国电、华能、以色列化工等一批"世界500强"为代表的世界知名企业先后入区发展。目前,全区在建的5000万元以上项目218个,其中,过亿元的130个,过10亿元的12个,过100亿元的5个,协议总投资1000多亿元,初步形成了装备制造、石油化工、临港物流、绿色能源等六大高效生态产业集群和现代蓝色产业体系。②

《东营日报》载文《"蓝基金"撬千亿投资输血蓝色产业》报道,蓝色产业基金侧重具有战略意义的规模以上投资,范围主要是盐碱地治理、围填海造地、海上风电资源利用、海水淡化、海洋装备制造、海洋矿产开发、海岛开发、产业园与科技园开发、国有企业改制等符合蓝色基金功能定位、对国计民生有重大影响力,具有战略前景的项目以及具备 Pre-IPO 条件、变现能力强、尽快实现收益的企业项目。③

7. 蓝色产业即海洋产业、临海产业和涉海产业

王东翔、吴加琪、尹正德、陈超贤持这一观点。陈超贤的《青岛市蓝色产业崛起的推进路径》一文指出,蓝色经济是海洋经济、临海经济和涉海经济的多种经济集成。蓝色产业包括蓝色经济第一产业、第二产业和第三产业。其中,第一产业,包括海水养殖业、海洋捕捞业及水产服务业;第二产业,包括直接与海洋相关的加工和制造业、涉海工业、临港工业和海洋工程建筑业;第三产业,主要包括海洋交通运输业、涉海批零贸易业、海洋餐饮业、临港仓储业、滨海旅游业、滨海住宿业及其他涉海服务业等。④ 陈超贤的这篇文章引用和借鉴

①　滕岳,孟宪臣:《做大"蓝色产业"》,《烟台日报》,2007年6月19日第001版。

②　杨自力,刘衍华,张勤业:《潍坊积极打造现代蓝色产业体系》,《中国经济导报》,2010年6月8日第A03版。

③　《"蓝基金"撬千亿投资输血蓝色产业》,《东营日报》,2012年2月14日第003版。

④　陈超贤:《青岛市蓝色产业崛起的推进路径》,《中共青岛市委党校青岛行政学院学报》,2014年第5期。

了王东翔、吴加琪和尹正德的《青岛市蓝色经济发展状况评价分析》（2010）。[①]

我们认为，蓝色产业是依托并科学开发利用海洋和海岸带的现代产业，包括海洋产业和海洋相关产业、临海临港产业。蓝色产业之所以是"蓝色"的，是因为蓝色产业属于"蓝色的绿色经济"的范畴，是以现代科技为支撑，具有涉海性、绿色可持续性、海陆统筹性的产业。

蓝色产业既可以划分为海洋产业和海洋相关产业、临海临港产业，也可以划分为蓝色的三次产业（一次产业、二次产业、三次产业，或第一产业、第二产业、第三产业）。

（二）绿色经济和蓝色经济

1. 绿色经济

绿色经济是一种以生态维护、资源节约、环境友好为特征的，资源消耗低、环境污染少、产品附加值高、生产方式集约的经济形态。

绿色经济是以实现"社会进步、经济发展、环境保护"的可持续发展与提高人类福祉为目标；以"低消耗、低污染、高生态环境效益、高经济增长"的集约型发展为表现形式；以产业经济的绿色发展、循环发展、低碳发展为基础，促进社会形态从"工业文明"向"生态文明"转变的经济发展模式。[②]

"绿色经济"一词源自英国环境经济学家皮尔斯于1989年出版的《绿色经济蓝图》一书。环境经济学家认为经济发展必须是自然环境和人类自身可以承受的，不会因盲目追求生产增长而造成社会分裂和生态危机，不会因为自然资源耗竭而使经济无法持续发展，主张从社会及其生态条件出发，建立一种"可承受的经济"。在绿色经济模式下，环保技术、清洁生产工艺等众多有益于环境的技术被转化为生产力，通过有益于环境或与环境无对抗的经济行为，实现经济的可持续增长。绿色经济的本质是以生态、经济协调发展为核心的可持续发展经济，是以维护人类生存环境，合理保护资源、能源以及有益于人体健康为特征的经济发展方式，是一种平衡式经济。发展绿色经济，是对工业革命以来几个世纪的传统经济发展模式的根本否定，是21世纪世界经济发展的必然趋势。

2. 蓝色经济

在"中国知网"上以篇名关键词"蓝色经济"检索，2015年之前（含2015年）的论文共找到1 446篇。按发表年限为1991年2篇，1995年2篇，1996年3篇，1997年3篇，1998年2篇，2000年3篇，2001年9篇，2002年9篇，2003年5篇，2004年7篇，2005年4篇，2006年15篇，2007年20篇，2008年12篇，2009年119篇，2010年132篇，2011年

---

① 王东翔，吴加琪，尹正德：《青岛市蓝色经济发展状况评价分析》，《中国国情国力》，2010年第6期。

② 国际绿色经济协会网，http://www.igea-un.org/a/guanyuwomen/2015/1114/4081.html。

337 篇，2012 年 270 篇，2013 年 213 篇，2014 年 154 篇，2015 年 125 篇。从 1991 年、1995年的每年 2 篇，到 2015 年的 125 篇，可知人们对蓝色经济的关注度不断提高。

（1）"蓝色经济"一词，较早的表述见于 1999 年 10 月加拿大魁北克地区"圣劳伦斯流域之友"举办的以"蓝色经济与圣劳伦斯发展"为主题的论坛。指的是应对水危机、可持续发展的淡水和流域经济。

（2）发展海洋产业的经济被称为"蓝色经济"，这种经济学分类应该是我国学者最早提出来的。20 世纪 80 年代以来，"蓝色产业"和"蓝色经济"的提法频繁出现于我国海洋经济相关文献中。郭文生（2001）、宋幼勤（2001）、孟平（2003）、黄聿诚（2003）、车亭（2007）、陈振凯和潘宝玉（2008）、何广顺和周秋麟（2013）都提出了蓝色经济的概念。[①]

（3）国际社会把倡导绿色可持续发展的海洋经济称为"蓝色经济"。

亚洲太平洋经济合作组织（简称"亚太经济合作组织"，APEC）努力推进蓝色经济。2011 年，APEC 海洋可持续发展中心在厦门召开了第一届蓝色经济论坛—— 促进海洋经济的绿色增长（APEC Blue Economy Forum—Promoting the Green Growth of the Marine Economy），2012 年在天津召开了第二届蓝色经济论坛。2012 年，在俄罗斯召开 APEC 第一届海洋和渔业工作组会议，强调促进 APEC 成员通过区域与国际合作、公私部门合作，达到海洋可持续管理的目标，促进 APEC 经济体迈向新的成长模式。其重点包括两个方面：一是降低非永续性捕鱼作业，打击非法捕鱼，研究气候变化与珊瑚礁以减缓珊瑚礁遭受气候变化的冲击；二是促进区域链接（Promoting Regional Connectivity），包括实体链接，如交通等基础建设，以及非实体链接，如政策及法规上的接轨等。[②]

2011 年，联合国教科文组织（UNESCO）、政府间海洋学委员会国际海事组织（IOC）、国际海事组织（IMO）、世界粮农组织（FAO）和联合国环境规划署（UNEP）等联合国机构在其筹备"里约+20 峰会"的机构间报告《海洋和海岸带可持续的蓝图》中提出了"蓝绿色经济"的概念，认为目前尚没有一个普遍的定义，但主要含义应该包括以下内容：① 保护并恢复海洋生态系统和生物多样性，包括国家管辖范围以外海域的生态系

---

① 郭文生：《保护海洋环境，推进"蓝色经济"》，《中国环境报》，2001 年 12 月 26 日第 001 版；宋幼勤：《蓝色经济将成为 21 世纪经济发展的主旋律》，《国际商报》，2001 年 1 月 22 日第 002 版；孟平：《进军蓝色经济》，《海洋开发与管理》，2003 年第 2 期；黄聿诚：《立足海洋优势，创新发展思路，构筑蓝色经济发展新格局》，《海洋开发与管理》，2003 年第 4 期；车亭：《科学发展，推动"蓝色经济"新跨越》，《威海日报》，2007 年 7 月 21 日第 001 版；陈振凯，潘宝玉：《中国蓝色经济生机勃勃已成国民经济新的增长点》，《法制与经济》，2008 年第 10 期；陈振凯：《中国蓝色经济生机勃勃》，《人民日报》（海外版），2008 年 9 月 23 第 001 版；何广顺，周秋麟：《蓝色经济的定义和内涵》，《海洋经济》，2013年第 4 期。

② 陈子颖：《APEC"蓝色经济"议题初探》，《APEC 通讯》，2012 年第 152 期。

统和生物多样性；② 发展蓝色碳汇市场；③ 在管辖海域和公共海域，开展海底石油和天然气、矿物采掘和海底电缆管理；④ 在区域和国家层面转变渔业和水产养殖业管理体制，使之变得更可持续；⑤适应海平面上升和气候变化的现状；⑥开展海洋综合管理；⑦增加对生物资源和技术的可持续利用；⑧认识并利用海岸带/海洋碳汇作用，促进（蓝色碳汇）交易；⑨ 通过市场机制，显著提高海洋主要污染物的循环利用；⑩大力开发海洋可再生能源。在 2012 年的 APEC 第二届蓝色经济论坛上，特拉华大学海洋政策中心认为蓝色经济努力把海洋的环境和生态问题整合到经济框架中，支持在健康和高生产力的海洋生态系统基础上的经济繁荣，蓝色经济概念已经成为全球关注的重点领域。①

2011 年召开的联合国海洋和海洋法问题不限成员名额非正式协商进程第十二次会议，讨论了蓝色经济的定义，认为蓝色经济是由公司、创新者和科学家组成的国际社会，提供开放式的资源准入，为努力改善自然的海洋生态系统和所有人的生活质量而发展、实施和分享繁荣的商业模式。②

（4）蓝色经济是绿色经济的组成部分，是绿色的海洋经济。

美国国家海洋与大气管理局局长卢布琴科博士最早认为"'蓝色经济'的真正意义是'蓝色的绿色经济'"。③

UNESCO 等联合国机构也认为它是蓝色的绿色经济，强调"这种经济必须重申海洋生态系统服务及其在各方面经济中的作用"。④

韩国海事研究所所长 Kee-Hyung Hwang 认为蓝色经济指的是以海洋为基础的绿色经济，重点使得创新性的科学技术和海洋交织在一起。更准确地说，蓝色经济是一种新的增长引擎，促进海洋的可持续利用和保全，确保地球继续生存。⑤

（5）蓝色经济是一种经济、社会、生态协调，可持续发展的经济。

国家海洋局局长王宏指出，蓝色经济就是可持续发展的海洋经济，是当今发展的一种新

---

① Joseph Appiott. UD's Center for Marine Policy co-organizes Blue Economy Forum in China. 2013-01-18. http：//www. udel. edu/udaily/2013/jan/china-blue-economy-011813. html.

② 12th Meeting of the UN Open -ended Informal Consultative Process on Oceans and the Law of the Sea. June 20-24, 2011, New York, USA. http：//www. un. org/open -ended -informal-consultative-process-on-oceans-and-the-law-of-the-sea. html.

③ Ubchenco Jane. The Blue Economy：Understanding the Ocean's Role in the Nation's Future. Capitol Hill OceanWeek, Washington, D . C. June 9, 2009.

④ IOC/UNESCO, IMO, FAO, UNDP. A Blueprint for Ocean and Coastal Sustainability. Paris：IOC/UNESCO, 2011.

⑤ Kee-Hyung Hwang. Establishing a Capacity-building Program for Developing Countries in the "Blue Economy Initiative" of the EXPO 2012 Yeosu Korea, OECD Workshop on the Economicsof Adapting Fisheries to Climate Change. Busan, Korea, June 10-11, 2010.

理念。其内涵是在海洋经济发展的同时，保护好海洋生态系统，实现资源环境的可持续利用。[①]

何广顺和周秋麟认为，蓝色经济是一种理念、愿景、战略、政策，是基于可持续利用海洋空间和资源，围绕经济、社会和生态协调发展，遵循生态系统途径，通过技术创新，发展海洋和海岸带经济的所有相关活动的总称。

蓝色经济是在全球气候变化背景下，为应对当前海洋资源和生态环境问题，保障海洋和海岸带经济可持续发展而提出的一种新的理念，是与绿色经济一脉相承的一种经济发展观。蓝色经济集成了可持续发展和绿色发展理念，更强调海洋生态系统与海洋和海岸带经济系统的统筹协调发展模式，其最大的特点是海陆统筹发展和经济、社会、生态的协调发展，在时间维度上强调海洋与海岸带经济的长远可持续发展和海洋资源的代际公平分配，在空间维度上强调海洋和相邻陆域经济布局的优化整合。[②]

（6）蓝色经济不是单一的海洋水体经济，比海洋经济的概念更大，内涵更丰富。蓝色经济的外延不仅包括海洋产业，也包括众多的临海产业。

王诗成指出，习惯上，人们把海洋经济称为"蓝色经济"，把海洋产业称为"蓝色产业"。但是，蓝色经济比海洋经济的概念更大，内涵更丰富，它应该是直接开发、利用、保护海洋以及依托海洋所进行的经济活动的综合。蓝色经济的外延不仅包括海洋产业，也要包括众多的临海产业。[③]

孙吉亭等认为，蓝色经济不是单一的海洋水体经济，它既包括海洋的水体经济，也包括临海的区域经济以及涉海的产业经济。在这个认识基础上，他们进一步提出了蓝色经济学的概念，认为蓝色经济学是运用经济学的观点，研究海洋水体区域与临海区域的区域经济以及涉海的产业经济的发展变化、空间组织及其相互关系的综合性应用科学，它具体分析海洋水体区域经济与临海区域经济及涉海产业经济发展中的规律性问题，主要研究海陆统筹发展、海陆空间结构理论、海洋区域生产力布局、海洋资源合理开发利用、沿海地区经济、海岸带规划及管理、海洋及涉海第一产业、海洋及涉海第二产业以及海洋及涉海第三产业等。例如包括以现代海水养殖业、海水增殖业、现代远洋渔业为代表的现代渔业、水产品加工业和涉海金融业、涉海商务业等。他们指出，我国目前在实践中所形成共识的"蓝色经济"具有三层意思：①蓝色经济是又好又快发展的经济；②蓝色经济区域内的天空是明亮的，海水是蔚蓝的，社会经济发展是生机勃勃的；③蓝色经济是海陆统筹规划、耦合发展的典范。[④]

---

① 周锐：《中国角举行海洋主题边会 王宏阐述"蓝色经济"》，《中国日报》，2012 年 6 月 20 日。
② 何广顺，周秋麟：《蓝色经济的定义和内涵》，《海洋经济》，2013 年第 4 期。
③ 王诗成：《解放思想，服务大局，为"打造山东半岛蓝色经济区"建功立业》，《山东半岛蓝色经济区建设及科技支撑作用学术会议论文集》，烟台：山东省海洋经济技术研究会，2009 年。
④ 孙吉亭等：《蓝色经济学》，北京：海洋出版社，2011 年。

　　林强认为，蓝色经济隶属于区域经济学和海洋经济可持续发展的理论范畴，因此他把蓝色经济定义为：蓝色经济是直接开发、利用和保护海洋以及依托海洋所进行的经济活动的总和，其外延涵盖海洋经济、临海经济、涉海经济和海外经济。[①]

（三）蓝色经济带和蓝色产业带

1. 蓝色经济带

　　在"中国知网"上以篇名关键词"蓝色经济带"检索，2015 年之前（含 2015 年）的论文共找到 28 篇，按发表年限为：1998 年 1 篇，2009 年 1 篇，2010 年 2 篇，2011 年 6 篇，2012 年 5 篇，2013 年 3 篇，2014 年 2 篇，2015 年 8 篇。

　　蓝色经济带是以海洋和海岸带为地域空间、以海洋和海岸带自然资源和空间为利用对象、以蓝色产业为经济主体的经济带。青岛蓝色经济带如图 1-1 所示：

图 1-1　青岛蓝色经济带

　　鉴于海洋面积广大、资源丰富，以及海洋区域规模越来越大的经济活动，海洋可以视为一个相对独立的经济地理单元。把海洋作为一个特殊的经济区带，有助于把海洋开发摆在重要的位置，使之成为国家级战略问题。

　　海岸带是海陆的交接带和过渡带，其生态系具有复合性、边缘性和活跃性的特征。陆、海两类经济荟萃，生产力内外双向辐射，因此成为社会经济地域中的"黄金地带"。无论现在和将来，它都是我国海洋经济建设的核心和基干部位。海岸带中的滨海带更被称为"海洋

---

　　①　林强：《蓝色经济与蓝色经济区发展研究》，青岛：青岛大学（博士学位论文），2010 年。

第一经济带"。

2. 蓝色产业带

在"中国知网"上以篇名关键词"蓝色产业带"检索 2015 年之前（含 2015 年）的论文，共找到 12 篇，按发表年限为：2007 年 1 篇，2008 年 1 篇，2009 年 1 篇，2010 年 2 篇，2011 年 1 篇，2012 年 3 篇，2013 年 1 篇，2014 年 1 篇，2015 年 1 篇。

这些文章多数为新闻报道性文章，学术研究性的论文是张开城的《中国蓝色产业带战略构想》和《蓝色产业带建设图解》，以及研究福建海峡蓝色产业带建设的论文 4 篇（伍长南 3 篇，张福寿 1 篇）。

蓝色产业带是依托海洋、沿海岸带形成的产业集群带，是以海洋产业和海洋相关产业、临海临港产业为主体的，经济、社会、生态协调，可持续发展的经济带。

胡利祚提出建立蓝色产业开发区的思路并界定了蓝色产业开发区的概念，有助于理解和把握蓝色产业带。胡利祚认为：建立蓝色产业开发区首先需要观念创新，海洋也是我国国土资源重要组成部分，蓝色产业开发区是在现代科技进步的基础之上，通过海洋捕捞、养殖、加工的现代化示范和实验，带动和辐射海洋区域产业升级，使海洋与社会经济、文化协调发展。首先，"蓝色产业开发区"不同于一般经济开发区，由于海洋运动的复杂性，海洋经济与陆地经济有很大的差别。但因海区与陆地通常是一个完整的连续体，海洋产业的一些活动需要在陆地上完成，陆地经济与海洋经济也就有着十分密切的联系。其次，科技与产业一体化，只有以先进的海洋科技为基础，才能称之为"蓝色产业开发区"。科技以产业为市场，并引导创造市场，产业依靠科技发展，反过来又通过创造的财富来支持科学技术研究，形成科技与发展的互惠良性发展。最后，是经济系统的开放性。蓝色产业开发区是区域经济体系的一个特定层次，它不是一个封闭体系。蓝色产业开发区不论从自身的发展需要，还是从发挥其辐射功能来看，都应是开放型的，产业化的区域性经营需要吸收外部资源为其服务。[①]

蓝色产业带就其产业构成而言包括三大部分。

1）海洋产业

根据 2006 年 12 月 29 日发布的中华人民共和国国家标准《海洋及相关产业分类》（GB/T 20794—2006），海洋经济是指开发、利用和保护海洋的各类产业活动以及与之相关联活动的总和，包括海洋产业和海洋相关产业两个部分。

海洋产业是指开发、利用和保护海洋所进行的生产与服务活动，是海洋经济的构成主体和基础，是具有同一属性的海洋经济活动的集合，也是海洋经济存在和发展的前提条件。海洋产业的涉海性特征决定了其产业的多样性，涉海性主要表现在五个方面：①直接从海洋中

---

① 博情：《关于创立中国蓝色产业开发区的设想——与大连源利食品有限总公司总经理胡利祚对话》，《管理科学文摘》，2001 年第 7 期。

获取产品的生产和服务活动；②直接从海洋中获取的产品的一次加工生产和服务活动；③直接应用于海洋和海洋开发活动的产品生产和服务活动；④利用海水或海洋空间作为基本要素所进行的生产和服务活动；⑤海洋科学研究、教育、管理和服务活动。属于上述五个方面之一的经济活动，无论其所在地是否为沿海地区，均可视为海洋产业。

海洋产业由主要海洋产业和海洋科研教育管理服务业两大部分构成。其中，主要海洋产业包括海洋渔业、海洋油气业、海洋矿业、海洋盐业、海洋化工业、海洋生物医药业、海洋电力业、海水利用业、海洋船舶工业、海洋工程建筑业、海洋交通运输业和滨海旅游业等。海洋科研教育管理服务业是开发、利用和保护海洋过程中所进行的科研、教育、管理及服务等活动，包括海洋信息服务业、海洋环境监测预报服务、海洋保险与社会保障业、海洋科学研究、海洋技术服务业、海洋地质勘查业、海洋环境保护业、海洋教育、海洋管理、海洋社会团体与国际组织等。

2）临海临港产业

（1）临海产业。

栾维新等认为，"临海产业"一词是为客观反映海洋开发状况的需要而提出来的。就行业划分而言，临海产业是指依托海洋空间和间接利用海洋资源而发展起来的部门；就区域而言，是指在海岸开发基础上发展起来的某些特别适于将海岸带空间作为发展基地的产业。包括利用海运原料和产品的工业（沿海钢铁工业、石油化工产业等）、利用海域的企业（修造船工业、海上石油平台制造等海洋开发设备制造业）以及用海水做冷却水的产业部门（沿海电厂、滨海核电站及重化工业部门）。①

许进、陈万灵提出："临海产业是依靠港口在临港及滨海地区形成的产业，不仅指基于海洋资源开发形成的海洋产业，还指依靠港口深水条件、靠大船低成本大量运输形成的产业。"②

王晓惠、朱凌认为，临海产业是指以海岸带空间作为发展基地并依托海洋空间和海洋资源而发生的各类社会生产活动的总和。主要包括四类：第一类是主要依靠海运运输原料或产品的产业，如钢铁、建材、石化等产业；第二类是依托海岸线资源而存在的产业，如修造船产业；第三类是可大量用海水做冷却水的产业，如滨海电厂；第四类是以港口货物装卸搬运为主的港口直接产业和与其紧密联系的共生产业，如装卸搬运、运输、仓储、物流等。③

显然，临海产业是临近海洋，利用海岸带空间资源的产业。临海产业在沿海地区集聚形

---

① 栾维新，王海英：《论我国沿海地区海陆经济一体化》，《地理科学》，1998年第4期。

② 许进，陈万灵：《环北部湾临海产业的选择与布局》，《中山大学学报论丛》，2005年第25卷第3期。

③ 王晓惠，朱凌：《临港产业、临海产业与海洋产业关系辨析》，《海洋经济》，2012年第2卷第5期。

成临海产业带。广东省临海产业带如图1-2所示。

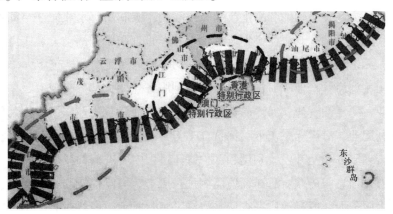

图1-2　广东省临海产业带分布示意

（2）临港产业。

这里的临港产业的港口是指海港。熊文辉、翁殊武、杨再高认为，"临港产业是依托深水大港及陆域布局而发展起来的产业，主要包括钢铁、石油化工、造船、机械装备、物流及交通运输等产业"。[①]

李世泰、李文荣等认为，"临港产业是依托港口发展起来的产业群体和组织体系，包括以港口装卸为主的港口直接产业，与港口装卸主业紧密联系的运输、仓储、配送、物流等港口共生产业，凭借港口综合条件而形成的能源、石化、建材、钢铁、有色金属等基础工业以及汽车、造船、重型机械、食品加工等港口依存产业，以及与港口直接产业、共生产业、依存产业相关的金融、保险、旅游、商贸、文化娱乐等港口服务业"。[②]

王晓惠、朱凌认为，"临港产业应指邻近港口并依托港口发展起来的产业。主要包括三类：第一类是以港口装卸为主的港口直接产业；第二类是与港口装卸主业紧密联系的运输、仓储、物流等港口共生产业；第三类是利用海运量大、成本低等优势而形成的石化、建材、钢铁、有色金属等基础工业以及汽车、重型机械、食品加工等港口依存产业"。[③]

显然，人们所理解的临港产业，如同这个概念的字面意思一样，是指临近港口并依托港口的产业。

①　熊文辉，翁殊武，杨再高：《广州南沙开发区发展临港产业的优势与思路》，《珠江经济》，2003年第10期。

②　李世泰：《烟台市发展临港产业的战略思考》，《烟台师范学院学报》（自然科学版），2006年第22卷第1期；李文荣：《河北省临港产业发展策略探讨》，《港口经济》，2007年第3期；文妮佳：《加工贸易产业结构的优化与珠三角临港产业集群的发展》，《中国水运》，2007年第4期。

③　王晓惠，朱凌：《临港产业、临海产业与海洋产业关系辨析》，《海洋经济》，2012年第2卷第5期。

临海产业通常也是临港产业，但二者又有区别。临海产业包括临港产业，但不能把临海产业与临港产业等同，因为存在着不在港口附近的临海产业。

3）海洋相关产业

海洋相关产业是指以各种投入产出为联系纽带，与主要海洋产业构成技术经济联系的上、下游产业，包括涉海农林业、海洋设备制造业、涉海产品及材料制造业、涉海建筑与安装业、海洋批发与零售业、涉海服务业等。[①]

蓝色产业既包括海洋捕捞、海洋交通运输、船舶修造和海洋盐业等传统产业，也包括滨海旅游、海洋电力、海水利用、海洋油气、海洋化工与海洋矿业、现代海洋生物资源利用与海洋制药等新兴产业。"蓝色产业"中的"蓝色"强调的是海洋性、涉海性、绿色可持续性及海陆统筹性；这里所说的"产业"是基于海洋和依托海洋的产业（海洋产业和海洋相关产业，临海临港产业）。"蓝色产业带"中的"带"字表明产业空间布局和地理位置方面的特征，即这些海洋产业和临海产业是沿海岸呈带状分布的，与海岸带重叠的，形成蓝色产业带。

蓝色产业带就其空间范围而言，具有层次性：①世界蓝色产业带；②洲际蓝色产业带；③国家蓝色产业带；④国内区域蓝色产业带（东南沿海蓝色产业带，东部沿海蓝色产业带，环渤海蓝色产业带）；⑤省域蓝色产业带（广东沿海蓝色产业带，福建"海峡蓝色产业带"，江苏沿海蓝色产业带）；⑥市县蓝色产业带。

蓝色产业带具有宏观性、整体性、协调性、协作性、长效性、科学性和生态性的特点。

宏观性。广、大、深、远不仅是海洋的地理性特征，也表现为其社会属性和功能性特征、战略地位特征，即海洋开发涉及面广、作用范围大、影响深远。因而，海洋开发是一个国策性和国际性的宏观战略课题。

整体性。目前，沿海各省市地区乃至县乡村镇纷纷提出自己的海洋开发战略、设想或口号，并做出了各自的部署，但面向 21 世纪的海洋开发是一个整体性的工作，事关中国的海洋权益、整体利益和现代化建设的大局，仅有区域性的运作是远远不够的，需要从整体上统筹规划。从目前的海洋形势看，中国面临的海洋问题如东海划界问题、南海及岛屿开发与争端问题、北部湾渔业安全问题、海洋综合开发利用问题、海洋环境保护问题等，都不是地方政府或个别地区能解决的，需要从国家层面进行整体上的应对。

协调性。沿海省市的海洋开发思路和举措都是值得肯定的，但"行业用海矛盾影响海域的综合开发效益，海洋综合管理机制尚未建立起来"。[②]

中国的海洋开发不可能建立在行政区划分割的基础上，海洋开发不仅有国际性的管理和

---

① 《海洋经济、海洋产业和海洋相关产业基本概念》，《海洋经济》，2012 年第 1 期。
② 徐质斌：《建设海洋经济强国方略》，济南：泰山出版社，2000 年。

权益问题，而且也会产生区域间的管理协调和权益分歧，于是有"群龙赶海""群龙闹海""群龙战海"的忧虑。再者，现在虽然有的地方在搞蓝色产业带建设，但往往局限于某省、某市甚至某县，这是非常不够甚至是好笑的，有时做起来充其量可以叫做产业区，不成其"带"，有"带"也是小带，小打小闹成不了气候。所以我们提出国家层面的蓝色产业带战略与建设，把蓝色产业带作为国家重大研究与开发课题来运作。

协作性。蓝色产业带建设具有协作性，只有凸显协作性，才能真正发挥产业带的功能和优势，起拉动、联动和带动作用。从蓝色产业带的构成而言，包括中心带和辐射带等，需要加强协作。这种协作包括沿海地区的协作、沿海与内地的协作、国际性协作，还有行业、企业间的协作等。

长效性。21世纪是海洋世纪，蓝色产业带的建设是一个世纪性的工程，也必然成为21世纪经济社会发展的亮点。其影响和效用也将是深远的。

科学性。蓝色产业带建设以现代科技为支撑，科学开发利用海洋和海岸带资源。

生态性。蓝色产业带秉承绿色生态理念，致力于海陆生态维护、资源永续利用和蓝色经济体的可持续发展。

"自古不谋万世者，不足谋一时；不谋全局者，不足谋一域。"[1] 海洋开发是一个系统工程，海洋经济建设是长期发展的目标，事关国家建设大局，仅停留在沿海各省乃至市县制定局部海洋开发利用目标和规划是不够的，仅停留在加大海洋经济发展的力度或产业上的具体投资取向是不够的，仅停留在个别港口或沿海城市的狭小空间运作是不够的，需要着眼大局，做出宏观上的统筹安排。

二、蓝色产业带建设的意义

要充分认识蓝色产业带建设的必要性和紧迫性，认识蓝色产业带所具有的重大战略意义。

(一) 蓝色产业带建设着眼于人类生存空间转换

人类生存空间经历了从树上到陆上的历史性转换，并正在经历从陆上到海上的历史性转换。这三"上"：树上—陆上—海上，可以说是革命性的改变和转换。第一次转换，即从树上到陆地，是从动物到人类，从猿到人的关键性环节。恩格斯高度评价类人猿从树上生活到陆地生活是"完成了从猿转变到人的具有决定意义的一步"。[2] 此后以数百万年计的历史时期内，人类主要是在陆地上生存和发展的。但自21世纪始，海上生存、海上生产和海上生

---

① （清）陈澹然：《寤言三迁都建藩议》。

② 杨金森：《发展海洋经济必须实行统筹兼顾的方针——中国海洋经济研究》，北京：海洋出版社，1984年。

活将在人类社会生活中占据重要地位，海洋被称为"人类生存的第二空间"，包括岛上、船上、海面、海边和海面以下等。海洋将迎来潮水般的"淘金者"。从脚踏实地的"庄稼汉"到追波逐浪的"弄潮儿"，人类将面对新的挑战和机遇。中国陆地自然资源远低于世界人均水平，更"有必要向海洋要空间，包括生产空间和生活空间"。[①]

（二）蓝色产业带建设着眼于经济形态转换

蓝色产业带建设着眼于经济形态转换，主要是指由于资源开发与利用地理区域的不同形成的时代性特征。就此而言，当今，人类面临陆地经济时代向海洋经济时代的转换。由于陆地资源历经长期开发利用几近枯竭，人口的暴涨已使人产生恐慌，于是人们把视线投向宽广幽深的海洋，投以高度关注和期望的目光。世界各国在生存与发展、经济与社会诸方面对海洋的需求大为增加，海洋地位急剧上升。这一历史性转换虽然才刚开始，但其重大意义已经显现，甚至可以从人类资源攫取空间转移的"三部曲"来把握，即向陆地要资源、向海洋要资源、向太空要资源。

（三）蓝色产业带建设着眼于竞争热点转换

在21世纪，世界范围内对陆地资源的关注一如既往，而对海洋和海洋资源的关注也在持续升温。各国纷纷把海洋开发和利用提到战略高度来认识。这是当今世界海洋形势的新动向。在早期，英国有一个"皮特计划"，其主要内容是"控制海洋，封锁敌人出海口，袭击海岸线，争夺海湾殖民地，争夺海上贸易主动权"。美国的马汉说："海权包括通过海洋能够使一个民族成为伟大民族的一切东西，是国家兴衰的决定性因素。"[②]在今日，各国的海洋博弈已经被演绎到白热化的程度。海洋事业发达的国家都已有成熟的海洋国策、成文的海洋立法、海洋战略和政策文件，在健全机构的同时，开始从整体上考虑海洋政策问题，制定新的海洋发展战略，朝着建设海洋强国的目标迈进。

面对世界各国对海洋的投入和开发的全面升级以及国际范围内竞争的加剧，我们也要采取应对性策略，进行海洋开发的总体性运筹和设计，建设蓝色产业带是这一应对的重要组成部分。

（四）蓝色产业带着眼于国家海洋战略需要

中国既是大陆国家，又是海洋国家。中国在海洋上有着不容忽视的合法权利和广泛的战略利益，包括建立管辖海域制度和维护海洋权益，利用海洋资源发展国民经济，利用海洋通道发展国际贸易，建设海上力量维护国家海洋安全和海洋利益等。随着综合国力的提高，民族复兴大业与和平发展的诉求，必然越来越多地依赖海洋。中国的资源安全也要依赖海洋。

---

① 权锡鉴：《海洋经济学初探》，《东岳论丛》，1986年第4期。
② 时融：《韩国的海洋产业和西海岸开发》，《海洋经济》，1993年第2期。

开发利用海洋，发展海洋事业，对于实现全面建成小康社会的战略目标以及实现中华民族的伟大复兴，具有重要的战略意义。所以中国做出了"实施海洋开发"的战略部署，确立了建设海洋强国的战略目标，强调"开发海洋资源，促进海洋经济发展"。

（五）蓝色产业带着眼于沿海经济结构调整，是实现海洋经济良性发展的需要

改革开放以来，中国沿海地区经济有了长足的发展。进入21世纪，国家对经济社会的发展提出了新的、更高的要求，比如集约化、高科技的质量效益型发展路子，板块联动、区域协调的要求，等等。一些深层次的矛盾和结构性问题也凸显出来，尤其是在新时期要把科学发展观和和谐社会建设贯彻到沿海经济社会发展的实践当中，所有这些都迫使我们跳出原来孤立的、个别的、小打小闹的经济发展习惯和状态，解决一些迫切需要解决的问题，实现中国沿海蓝色产业、中国海洋经济统筹、协调发展。

（六）蓝色产业带具有特殊的功能和优势

无论是区位理论、产业集群理论，都能得出蓝色产业带具有特殊优势的肯定结论。蓝色产业带的特殊功能在于充分利用国际、国内两个市场，开发海洋和陆地两种资源，发挥沿海和内地两种不同优势，调动发达地区和落后地区两个积极性，拉长产业链、孕育经济区、增强协作性、克服封闭性；实现优势互补、合作共赢，从而把科学发展观和和谐社会建设落实到海洋战略和具体构想之中。依托沿海地带、东部发达地区和中心城市、产业集群的核心区块、核心企业，建立起"大海洋、大东部、大协作区"的新经济板块格局，拓宽海洋经济区疆界，拓展海洋经济内涵，使中国经济质地从根本上转向外向型海洋经济。通过蓝色产业带建设及其他相关战略举措，拉动中国海洋经济持续增长和海洋文明全面进步，实现由海洋大国向海洋强国转变。

（七）海洋不仅具有重要的经济意义和军事意义，同时也具有十分重要的政治意义

海洋权益是濒海国家根本利益的重要体现。海洋是濒海国家国防的重要空间，是国防的屏障和门户，管控海洋可加大国防纵深。随着生产力水平的不断提高、科学技术在军事领域的广泛运用以及武器装备水平的空前提高，濒海国家的安全面临来自海上的新威胁。在这种情况下，濒海国家必须将海洋权益作为国家利益的重要方面加以重视，忽视海洋或重视不足、措施不力，就会落后于世界发展的步伐。

海洋同时是国际政治博弈的重要空间。海洋作为世界政治经济地理结构中的一个重要环节，对世界政治经济发展具有极其重要的作用。在现代，随着生产力的发展，世界各国间的经济联系越来越紧密，海洋通道成为濒海国家的"生命线"。同时，维护国家海洋权益也成为国际政治博弈的重要内容。《联合国海洋法公约》的有关条款，引发了相邻沿海国家间的岛屿主权之争、海洋资源之争及海区划界之争等新问题，争议以至争夺的趋势明显加剧，海洋政治博弈也将更加激烈，海洋上的战争威胁也在增大。海洋政治博弈有可能成为影响未来国际战略格局发展变化的重要因素。

海洋是濒海国家制定国家战略的重要依据。海洋关系到濒海国家的生存和发展，关系到濒海国家的国际地位，关系到地区和国际战略格局，所以许多濒海国家都提出了自己的海洋战略，将其作为国家战略的重要内容和规划海上力量建设、发展、运用的重要依据。

总之，国家经济发展战略不能离开对海洋的开发与利用，国家军事战略不能离开对海洋军事的运筹，国家外交战略不能离开围绕海洋权益的政治、法律等形式的活动。海洋的开发和利用关系到国家的长远发展，海洋的和平关系到国家的安全。只有在国家战略指导下，政治、经济、外交、军事斗争紧密配合，才能更好地维护和捍卫国家海洋权益，这是国际海洋博弈的一个重要发展趋势。

三、中国蓝色产业带建设的 SWOT 分析

有必要对中国蓝色产业带建设的优势（Strengths）、劣势（Weaknesses）、机遇（Opportunities）和挑战（Challenge）进行分析。

（一）优势

1. 海洋资源丰富，为海洋经济发展提供资源保障

我国大陆海岸线长约 18 000 千米，岛屿岸线长达 14 000 千米，海岸线总长居世界第 4 位；大陆架面积 130 万平方千米，位居世界第 5 位；200 海里水域面积 200 万~300 万平方千米，居世界第 10 位；沿海深水岸线 400 余千米，深水港址 60 多处；滩涂面积 380 万公顷；海洋鱼类 3 000 多种；滨海旅游景点 1 500 多处；海洋石油资源量约 250 亿吨，天然气资源量 14 万亿立方米；滨海砂矿资源储量 31 亿吨……丰富的海洋资源为海洋经济持续发展提供了资源保障。

2. 产业发展强劲，增强了抵御危机风险的能力

《中国海洋经济发展报告 2015》数据显示，"十二五"以来，我国海洋经济总体平稳增长，取得了巨大成就，海洋产业发展势头强劲，增强了抵御危机风险的能力。在世界经济持续低迷和国内经济增速放缓的大环境下，我国海洋经济继续保持总体平稳的增长势头。2011—2014 年，全国海洋生产总值分别为 45 580 亿元、50 173 亿元、54 949 亿元和 59 936 亿元，年均增速 8.4%；海洋生产总值占国内生产总值的比重始终保持在 9.3%以上；海洋经济三次产业结构由 2010 年的 5.1∶47.8∶47.1，调整为 2014 年的 5.4∶45.1∶49.5。2014 年全国涉海就业人员 3 554 万人，较"十二五"初期增加 132 万人，占全国就业人数的比重达到 4.6%。①

---

① 国家发展和改革委员会，国家海洋局：《中国海洋经济发展报告 2015》，北京：海洋出版社，2015 年。

3. 国内市场巨大，可缓解国际市场萎缩的压力

沿海地区因其便利的海运条件，通过内引外联，成为内陆地区对外联系的窗口和进出口门户，海洋经济也因此具有内向型及外向型双重经济特征，其发展受到国内、国外两个市场的重要影响。我国作为世界第一人口大国，国内市场巨大，这在一定程度上可缓解国际市场萎缩带来的压力。

4. 保障体系日趋完善，为海洋经济发展保驾护航

为规范海洋开发活动，保护海洋生态环境，我国陆续颁布了20多部涉海法律法规，主要包括《领海及毗连区法》《海域使用管理法》《海洋环境保护法》《渔业法》《海洋倾废管理条例》《防治陆源污染损害海洋环境管理条例》《港口法》及《海关法》等，中国海洋法律制度的框架基本形成。2014年1月，国务院批复建立"促进全国海洋经济发展部际联席会议制度"，编制印发了第一次全国海洋经济调查总体方案、管理办法和实施方案。日趋完善的法律法规和适时的战略政策调整，为我国海洋经济健康发展提供了重要的保障。

（二）劣势

1. 海洋经济发展水平较落后

从总体上看，中国海洋经济发展水平在世界海洋国家中处于中等偏上水平，即处于某些发达国家之后、发展中国家之前。海洋经济总量远低于美国及日本等发达国家。《2015年中国海洋经济统计公报》显示，2015年中国海洋生产总值64 669亿元，比上年增长7.0%，海洋生产总值占国内生产总值的9.6%，不仅低于美国、日本、英国和澳大利亚等发达国家，而且低于韩国和马来西亚等国家。尽管20世纪90年代以来，中国海洋经济迅速发展，年均增长率多年保持在10%以上，增长速度为世界之最，但如果考虑中国主要海洋产业的人均产量、产值、劳动生产率和经济效益等因素，目前中国海洋经济水平实际还较低，与发达国家有较大差距。

2. 海洋产业的科技贡献率较低

目前，中国海洋科技发展水平相对落后。海洋渔业方面，中国是世界远洋渔业大国，但大而不强。远洋设备和捕捞勘探等技术水平不高，经营管理和船员教育水平与远洋渔业强国相比尚存在差距。海洋石油天然气方面，国际深水勘探探深已达到3 000米以上，中国深水油气业目前与美国等国相比还存在差距。海洋运输方面，中国海洋运输船舶船龄偏大，船舶管理、船员素质及船舶安全状况整体水平较低，海洋运输缺乏整体竞争力。海洋高新技术产业化则面临着产品批量小、技术性能指标高和风险性大等诸多不利因素，而且由于受到资金、渠道和管理体制等原因的限制，那些已经研究开发出来的海洋科技成果的转化率仍较低。

3. 海洋产业结构优化程度偏低

据《中国海洋经济发展报告2015》数据显示，中国海洋经济三次产业结构由2010年的5.1∶47.8∶47.1，调整为2014年的5.4∶45.1∶49.5，海洋产业结构日趋优化，但与国外发达国家的海洋产业结构相比，第一产业比重偏高，第二产业比重过低，与现代化的海洋产业结构仍存在一定差距。我国主要海洋产业多以资源开发型和劳动密集型为主，传统产业比重大，高技术产业发展相对滞后，海洋产业结构优化程度低。

4. 海洋经济发展不平衡、不协调

当前，中国海洋经济发展中存在着发展不平衡、不协调等深层次结构问题。产业结构趋同，近岸海域污染形势严峻等问题制约了海洋经济的持续健康发展，一些重点领域和关键环节的改革还未取得实质性突破。以海洋资源开发利用布局为例，近海资源开发无序与开发过度现象并存：海岸带地区承载了港口和临海工业区建设、油气勘探、养殖等多种功能，岸线资源过度开发，自然岸线比例不断降低，大陆岸线的人工化比重已达60%，但岸线经济密度远低于美国、日本等国，近海大部分经济鱼类已不能形成鱼汛。而深远海开发利用不足，对海洋产业发展贡献有限。此外，沿海区域海洋产业同构、无序竞争和重复建设问题依然存在：沿海地区海洋主导产业雷同；海水养殖结构较为单一，难以适应多元化的市场需求；临港重化工业纷纷在沿海布局，未发挥应有的产业集聚效应和规模效应；部分产业存在产能过剩风险。[①]

5. 海洋经济管理体制不健全

中国现行的海洋管理体制，是在传统海洋产业基础上形成的一种以分部门、分行业管理为主要特点的分散管理体制，与当前海洋事业的发展需求已经不相适应。存在的主要问题：一是在国家层面，缺乏高层级协调和决策机构，对诸如涉及战略资源开发、区域环境保护、国家海洋权益及海洋灾害预警等重大事项的宏观调控难度大；二是机构重叠，职能交叉，许多部门在一些重要问题上容易发生分歧与矛盾，在日常管理工作中难免出现互相掣肘现象；三是法律法规不健全。已制定公布的海洋开发保护管理等方面的法律法规多属于专项性的，缺乏能约束各个行业的综合性法规。一些法律法规原则较强，缺乏可操作性；部分法律法规的配套立法和实施细则未能及时制定和出台，客观上制约了海洋法律法规的贯彻和实施。

（三）机遇

1. 国家重视海洋经济发展，提供良好政策支持

20世纪90年代以来，我国把发展海洋经济作为振兴经济的重要举措。1996年，国家

---

① 沈慧：《我国海洋经济发展势头良好 产业结构调整步伐加快》，《经济日报》，2015年10月26日。

颁布《中国海洋 21 世纪议程》，中国共产党第十六次全国代表大会提出了"实施海洋开发"的战略，第十七次全国代表大会提出了"开发海洋产业"的新要求，第十八次全国代表大会提出"建设海洋强国"的战略部署。2013 年 9 月和 10 月，中国国家主席习近平在出访中亚和东南亚国家期间，先后提出共建"丝绸之路经济带"和"21 世纪海上丝绸之路"的重大倡议，得到国际社会高度关注。"一带一路"、京津冀协同发展等一系列国家重大战略实施，让海洋经济面临前所未有的机遇期。

2003 年，国务院发布了《全国海洋经济发展规划纲要》，到 2005 年年底，沿海 11 个省、市、自治区全部完成了省级海洋经济发展规划的编制工作并颁布实施，各沿海省、地市、县纷纷提出"建设海洋经济强省、大省""建设海洋经济强市"等发展目标。国家出台一系列具体的政策法规，保障海洋事业良好发展。如《中华人民共和国海洋倾废管理条例实施办法》《中华人民共和国海洋石油勘探开发环境保护管理条例》《海洋生态损害国家损失索赔办法》《国家级海洋保护区规范化建设与管理指南》《海洋生态损害评估技术指南（试行）》《海洋灾情调查评估和报送规定（暂行）》《海洋科学技术奖奖励办法》（暂行）、《全国海洋意识教育基地管理暂行办法》《中国海监海洋环境保护执法工作实施办法》《无居民海岛使用权证书管理办法》《海岛名称管理办法》《海上风电开发建设管理暂行办法》《无居民海岛使用金征收使用管理办法》《海洋功能区划管理规定》《海域使用权登记办法》《海洋信息工作管理暂行办法》《国家海洋局重点实验室管理办法》《国家海洋局涉外活动中安全保卫工作若干规定》《国家海洋局大型仪器设备管理规定》《国家海洋局油料管理规定》《国家海洋局码头防火管理规定》《海洋自然保护区管理办法》《海滨观测规范》《国家海洋局海洋科学技术进步奖励办法》《国家海洋局技术开发对外服务管理暂行办法》《海洋环境预报与海洋灾害预报警报发布管理规定》《海洋调查规范》《海洋废弃物倾倒费和海洋石油勘探开发超标排污费的使用规定》《疏浚物海洋倾倒分类标准和评价程序》《海洋石油勘探开发化学消油剂使用规定》《国家海洋局治安保卫工作责任制暂行规定》《国家海洋局海上应急监视组织实施办法》（试行）、《海洋实时资料传输卫星通信网管理制度》（暂行）、《船舶优质管理标准》《海底电缆管道管理规定》《海洋站测报工作制度》《船舶安全检查暂行办法》等。

2. 沿海经济区建设方兴未艾

为促进区域海洋经济发展，各地纷纷建设海洋新区、海洋开发区，国家陆续批复公布、批准实施区域海洋规划，如《广西北部湾经济区发展规划》《山东半岛蓝色经济区发展规划》《关于支持福建省加快建设海峡西岸经济区的若干意见》《江苏沿海地区发展规划》《关于推进海南国际旅游岛建设发展的若干意见》《黄河三角洲高效生态经济区建设规划》《辽宁沿海经济带发展规划》《珠江三角洲地区改革发展规划纲要（2008—2020年）》《长江三角洲地区区域规划》《浙江海洋经济发展示范区规划》《广东海洋经济综合试验区发展规划》《河北沿海地区发展规划》等。以环渤海、长江三角洲、珠江三角洲为代表的区域海洋经济发展迅速，沿海经济区建设方兴未艾，如图1-3所示。

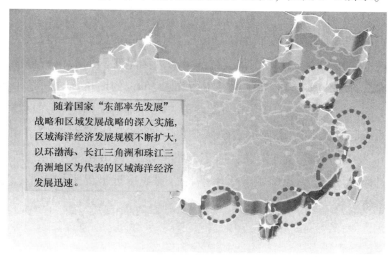

图 1-3　区域海洋经济布局已然形成

3. 新兴产业将成为海洋经济新增长极

国务院2010年公布的《关于加快培育和发展战略性新兴产业的决定》，提出了要大力扶持和重点发展的涉海产业，内容涉及海洋油气业、海洋新能源、海水利用业、海洋生物产业、海洋高端装备制造业等，表明海洋将成为国家发展战略性新兴产业的主战场。战略性海洋新兴产业发展强劲。据《中国海洋发展报告2015》数据显示，"十二五"前四年，海洋战略性新兴产业年均增速达到15%以上，远高于海洋产业年均增速11.7%的水平。2014年我国海工装备新承接订单147.6亿美元，占世界市场份额第一；海水利用产业化进程进一步加快，"十二五"前四年，全国海水淡化日处理能力提高了33.1万吨；2011—2014年，海洋生物医药业增加值年均增速达到19.6%；海上风电快速发展，"十二五"前四年，新增海上风电装机容量504.9兆瓦，2011—2014年海洋电力业增加值年均增速达到25.3%。海洋服务业增长势头显著，邮轮、游艇等旅游业态快速发展，涉海金融服务业快速起步，创新模式层出不穷，信贷产品不断创新。[①]

4. 发展方式转变带来海洋经济新发展

当前，国内经济进入全面深化改革调整的关键时期。受国家宏观政策层面的影响，海洋经济增速相应放缓，为海洋产业结构调整和优化升级赢得空间。与此同时，我国宏观经

---

① 国家发展和改革委员会，国家海洋局：《中国海洋经济发展报告2015》，北京：海洋出版社，2015年。

济运行中积极因素不断增多，发展好势头更加明显。这些都为海洋产业加快技术改造、承接转移、调整开拓市场空间和经济结构转型升级带来机遇。①

5. 人口趋海移动趋势加速

目前，60%的世界人口居住在距海岸100千米以内的地区。有预测认为，到2020年，世界3/4的人口将居住在沿海地区。我国东部沿海地区是我国的城市密集区。这一地带占14.2%的国土面积，却分布有44.74%的城市数和51.44%的城市人口，是中国城市分布最密集的地带。东部沿海地带的特大城市和大城市人口分别占全国的59.81%和47.44%。随着小城镇建设的兴起，我国城市人口占总人口的比例将保持年均0.63个百分点的增幅，2020年全国城市人口比例将达到34%，而东部沿海地区城市化水平已经高于世界平均水平的47%。预计未来20年，我国城市化水平将达到或接近世界平均水平，东部沿海地区的城市化水平还将有较大幅度的提高。

（四）挑战

1. 当前发展理念对蓝色产业发展提出更高要求

从当前国内经济社会发展环境来看，全面深化改革的深入实施、经济结构转型步伐的加快、扩大内需战略的持续推进，给海洋经济发展提供了广阔的发展空间，国家对海洋开发重视程度的提高也将为海洋经济发展提供强劲动力。

我国虽是海洋资源利用大国，却不是资源利用强国，资源利用质量、效率和效益有待进一步提高。近岸局部海域环境污染情况依然严重，河流排海污染物总量居高不下，持续恶化的近岸海洋生态环境已经成为我国海洋资源开发的制约性问题。同时，绿色、低碳、资源节约和环境友好等发展观念的深入人心，将对海洋经济的可持续发展提出更高的要求，海洋资源集约利用和生态环境保护的压力将进一步加大。

2. 贸易保护主义抬头

当前世界经济进入新一轮调整期，全球需求结构变动和各种形式的贸易保护主义抬头，美国试图建立排挤性的区域贸易新格局，对外向型海洋产业发展产生较大影响。国际社会对海洋开发关注度提高，海上国际争端加剧。

3. 海洋权益维护形势严峻

随着能源、资源竞争的不断加剧，围绕海洋资源的权益争夺将愈演愈烈，地区性摩擦和冲突频发，主要国际航线面临的非传统安全领域威胁日趋严峻。台湾问题尚未解决；周边国家大肆侵占我国南海岛礁，海洋资源遭到肆意掠夺；海上划界被挤压，管辖海域被蚕食；域外大国对我国海域侵权和介入不断加剧，海上安全面临威胁。这些将对我国维护海洋权益、加快海洋资源开发进程带来更加严峻的挑战。

---

① 中国海洋-中国网，http://ocean.china.com.cn/，2013-01-22。

4. 海洋产业发展缺乏合理规划，保障发展的体制机制不健全

虽然目前全国各地区海洋经济发展积极性高涨，但从各地发展整体来看，仍是传统产业多、新兴产业少，高耗能产业多、低耗能产业少。一些地区海洋产业的发展不结合当地实际情况、条件和优势进行合理规划，而是盲目跟风上马，大量投资项目，不仅容易导致海洋产业雷同和区域性的产业重构，使地区产业发展缺乏主线，而且容易在短期内形成大量过剩产能，陷入低水平的重复建设和价格竞争。

5. 国民的海洋意识有待提高

国家的海洋战略必须扎根在其国民对海洋的认知中。相关调查表明，2013年我国国民海洋意识综合指数为56.2（指数区间值0~100），相比2010年的47.9提升较大，但仍达不到"及格"水平。其中，国民海洋权益意识和海洋环境及安全意识相对较高，但是海洋资源及海洋经济意识则较为缺乏。国民海洋意识的现状与海洋强国建设需求及世界海洋强国国民的海洋意识相比，国民海洋意识淡薄的情况仍未从根本上改变。①

---

① 《全民海洋意识宣传教育和文化建设"十三五"规划》，《中国海洋报》，2016年3月15日。

第二章 国内外海洋经济区带建设与发展

海洋经济发展空间布局呈区带状发展，一方面是由于海洋经济沿岸线分布，另一方面是由于各国沿海地区通常为经济发达地区，再一方面是由于产业链和产业集群化发展的要求。世界海洋国家如此，中国也是如此。

一、国外海洋经济区带建设与发展

海洋是全球生命支持系统的基本组成部分，是资源的宝库，是环境的重要调节器。人类的生产和生活是社会性的，离不开交流、交往和交换，于是就有了交通。就人类的交通对地球资源的利用而言，有三种基本的形式：陆上交通、海上交通和空中交通。其中海上交通居重要地位。正是或者主要是由于这一点，当今世界上的发达城市、国家和地区往往都在沿海，并连成成长性好、发展速度快的蓝色经济带。绵长的海岸线和海岸带是沿海国家得天独厚的发展优势。世界沿海经济带如图2-1所示。

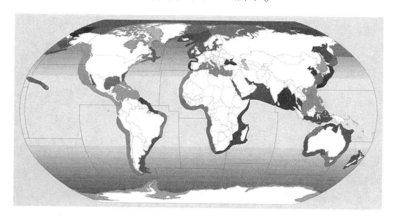

图 2-1 世界沿海经济带示意

（一）世界海洋产业经济发展现状及趋势

沿海国家和地区的经济社会发展越来越多地倚重于海洋，海洋经济已成为当今世界经济的新领域。

1. 海洋经济成为世界经济新的增长点

自 20 世纪 80 年代以来，美国、日本、英国、法国、德国、新加坡和韩国等发达国家分别制定了海洋发展规划，优先发展海洋经济和海洋高新技术，希望在 21 世纪的国际海洋竞争中占得先机。进入 21 世纪以来，全球海洋开发热潮持续升温，世界海洋经济总产值已超过 1 万亿美元，占世界各国国内生产总值（GDP）的 4% 以上。预计到 2020 年，全球海洋经济产值将达 3 万亿美元。世界四大海洋支柱产业（即海洋石油工业、滨海旅游业、现代海洋渔业和海洋交通运输业）业已形成，并呈现出欣欣向荣的发展前景。①

全球海洋产业地区市场主要有三块：亚洲是最大的市场，占 34%；欧洲占 32%；北美洲占 25%，如图 2-2 所示。

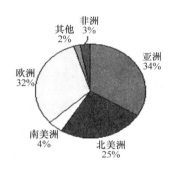

图 2-2　全球海洋产业地区市场

资料来源：英国 Douglas-Westwood 公司

2. 沿海国家竞相制定海洋产业发展战略

为了大规模、全面地开发利用海洋资源和空间，许多国家特别是各沿海国家已经或正在制定海洋经济的发展战略。据报道，目前世界上有 100 多个沿海国家普遍抓紧开发利用海洋资源和空间，重视开发海洋高新技术，从事海洋环境探测、海洋资源调查开发和海洋油气开发等。

发达国家依靠在海洋高科技方面的领先地位实施其海洋产业发展战略，不仅抢占海洋空间和资源，而且都把发展海洋高科技作为海洋开发的重中之重。2004 年，美国出台了 21 世纪的新海洋政策《21 世纪海洋蓝图》②，公布了《美国海洋行动计划》。2010 年 7 月，美国总统奥巴马签署有关海洋、海岸带和五大湖开发与保护方面的跨部门海洋政策任务书。2012 年，美国国家海洋委员会进一步制定海洋执行规划，开始就相关海洋发展规划进

---

① 何欣荣，张旭东等：《全球化竞争催生新海洋战略》，半月谈网，2013 年 11 月 4 日。

② An Ocean Blueprint for the 21st Century U. S. Commission on Ocean Policy, http：//www. oceancommission. gov/documents/welcome. html；Jennifer Krewson：A Vision for U. S. Ocean Policy in the 21st Century，http：//www. sma. washington. edu/students/thesis/thesis_ abstract. php？id＝160.

行意见征询。2013 年，美国国家科技委员会重新修订了《一个海洋国家的科学：海洋研究优先计划》。2015 年，美国国家科学基金会与美国国家研究理事会发布了《海洋变化：2015—2025 海洋科学 10 年计划》。2004 年，日本发布了第一部海洋白皮书，提出对海洋实施全面管理。2002 年，加拿大制定了《加拿大海洋战略》。韩国也出台了《韩国 21 世纪海洋》国家战略。① 2007 年 10 月，欧盟委员会颁布了《欧盟海洋综合政策蓝皮书》，推进海洋事业发展的综合决策与管理。2012 年，欧盟进一步提出相应的蓝色增长战略，将海洋与海事部门统筹考虑，认为海洋是欧盟拥有巨大创新与增长潜力的领域，蓝色经济每年可以拉动 540 万个就业岗位和 500 亿欧元增加值。② 各个国家发展海洋产业，正成为世界高技术竞争的焦点之一。

3. 深海勘探开发成为热点

随着各国经济的飞速发展和世界人口的不断增加，人类消耗的自然资源越来越多，陆地及近海资源正日益减少。

在世界各个大洋 4 000~6 000 米深的海底深处，广泛分布着含有锰、铜、钴、镍、铁等 70 多种元素的大洋多金属结核，还有富钴结壳资源、热液硫化物资源、天然气水合物和深海生物基因资源等丰富的资源，具有很好的科研与商业应用前景。最具现实开采价值的是深海石油资源，海底石油和天然气储量约占世界总量的 45%。深海是人类生存的最后的资源宝库，深海勘探开发已成为 21 世纪世界海洋科技发展的重要前沿和关注的重点。

以图 2-3 为例，2001—2010 年全球浅海和深海钻井支出逐年增加，浅海钻井支出从 2001 年的 300 亿美元增加到 2010 年的 450 亿美元左右，深海钻井支出从 2001 年的 50 亿美元增加到 2010 年的 160 亿美元左右。图 2-4 显示，1990—2015 年全球深海油气产量逐年增多，到 2015 年，全球深海油气产量达 4 亿吨左右。

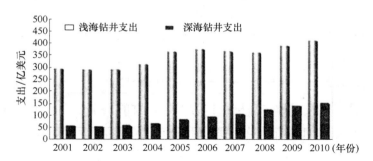

图 2-3　2001—2010 年全球浅海和深海钻井支出

① 《世界海洋产业发展态势》，中国经济网。

② 何欣荣，张旭东等：《全球化竞争催生新海洋战略》，半月谈网，2013 年 11 月 4 日。

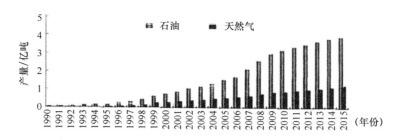

图 2-4　1990—2015 年全球深海油气产量增长趋势

资料来源：英国 Douglas-Westwood 公司

《联合国海洋法公约》规定，国家管辖范围以外的海床和洋底及其底土为国际海底区域，该"区域"及其资源属全人类共同继承财产，由国际海底管理局代表全人类管理该"区域"内的活动及其资源开发，任何国家不得自由占有与利用。世界各国纷纷在《联合国海洋法公约》建立的国际法律框架下，积极参与国际海底活动和大力开展深海资源勘探，以"合法"的手段分享人类这一共同继承的财产。

4. 重视海洋开发与环境生态协调发展

由于世界海洋经济的迅猛增长，海上工业活动日益频繁，特别是海上石油开发高潮迭起。海洋开发活动在为人类带来巨大的能源和财富的同时，也对海洋环境造成了很大的影响，产生了很多问题，包括：深海底资源开发对周围环境的影响，海洋运输石油管道及运油船舶对海域的污染等。

针对海洋环境方面存在的问题，国际社会及世界主要海洋国家均依据海洋生态平衡的要求制定了有关法规，并运用科学的方法和手段来调整海洋开发和环境生态间的关系，以达到海洋资源的持续利用的目的。美国政府拟建立"海洋政策信托基金"，加大资金投入，在白宫内增设国家海洋委员会，以保护美国海洋资源免遭海洋资源开发及工业污染带来的危害；韩国海洋水产部计划向那些影响海洋生态系统和减少海洋生物多样性的公司征税，税收额度根据受威胁的区域的大小而定，用于保护海洋生态系统的生物多样性促进项目。

5. 海洋管理制度体系趋于完善

以《联合国海洋法公约》为代表的国际海洋管理制度已经建立，世界各沿海国都将在此基础上进一步建立和完善国家的海洋管理制度。21 世纪海洋管理的范围由近海扩展到大洋，由一国管理扩展到全球合作；管理内容由各种海洋开发利用活动扩展到自然生态系统；管理方式在强调利用法律手段的同时，更多地使用培训和宣传教育手段。在适应海洋管理模式变化的同时，海洋管理科学和技术逐渐成熟，形成内容更为广泛的海洋管理科学体系。①

（二）世界主要海洋国家海洋战略和规划

自1992年联合国环境与发展大会通过《21世纪议程》和1994年《联合国海洋法公约》生效以来，世界各海洋国家都在根据本国的具体情况，重新制定或调整本国的发展战略、政策、规则和法律，纷纷把海洋开发和利用提到战略高度来认识，海洋事业发达的国家，都已有成熟的海洋国策、成文的海洋立法、海洋战略和政策文件。如美国的《海洋法令》（2000）和《21世纪海洋蓝图》（2004）；俄罗斯的《俄罗斯联邦至2020年间的海洋政策》（2001）；日本的《海洋白皮书》（2004）等。一些国家成立专门的职能部门实施海洋综合管理与决策，如美国的海洋政策委员会，韩国由总理主持的海洋发展委员会（MDC），菲律宾的海洋事务委员会等。一些国家还有专门的咨询机构和研究部门。如日本首相的咨询机构以"了解海洋""保护海洋"及"利用海洋"为基本立足点，就21世纪日本海洋政策基本框架、日本海洋开发的基本构思及实施对策，进行充分研究，形成书面研究报告，对海洋研究、海洋开发利用以及海洋基础设施建设等提出了具体对策。

1. 美国

美国重视海洋经济，海岸经济和海洋经济对于美国整体经济来说都是非常重要的。

美国总统奥巴马执政时建立了一个海洋政策工作小组，强调了美国在海洋海岸经济增长方面所做的努力。这个工作小组要提供相关的政策建议，来确保海岸海洋以及五大湖地区的生态系统和资源的健康发展。这个工作小组包括相关联邦机构，职能涉及海洋政策制定，比如在环境、经济和安全方面制定政策，同时也可以提供相关建议来发展一个全面的框架，使美国的海洋利益能够更加协调发展，并且从多方面来发展美国的海洋利益。除了这些政策目标，奥巴马总统还非常强调以下几个原则：其一就是要保证所采取的措施的全面性，认识到美国在海洋事务中的利益以及利益相关者的政策，并且是基于生态系统，认识到海洋生态系统及其元素是一个动态的本质，包括人类的活动。

美国参议院于2009年6月就发展蓝色经济（Blue Economy）问题举行听证会，美国国家海洋与大气管理局负责人简·卢布琴科博士发表了关于蓝色经济与国家战略的演讲。

2. 日本

进入21世纪，日本政府制定了海洋开发战略计划，并采取了许多具体的措施，于2001年提出了今后10年海洋政策制定框架。在同年的日本内阁会议批准的科技基本规划中，海洋开发和宇宙开发被确立为维系国家生存基础的优先开拓领域。2004年，日本发布了第一部海洋白皮书，要求对海洋实施全面管理。2005年11月，日本海洋政策智囊机构向政府提交了经过两年多研究后出台的政策建议书——《海洋与日本：21世纪海洋政策

---

① 张莉：《世界海洋经济发展趋势及对我国的启示》，《中国海洋报》，2007年3月13日。

建议》。日本海洋战略的代表性文件为海洋政策研究财团 2005 年 11 月 18 日向日本政府提交的《海洋与日本：21 世纪海洋政策建议书》（简称《海洋政策建议书》）。其建议主要为：制定海洋政策大纲，完善海洋基本法的推进体制，扩大国家管辖范围至海洋国土和加强国际合作。为此，日本根据《海洋政策建议书》的建议于 2006 年 12 月 7 日制定了《海洋政策大纲——寻求新的海洋立国》，于 2007 年 4 月通过了《海洋基本法》（自 2007 年 7 月 20 日起施行）。根据《海洋基本法》规定设立的综合海洋政策本部，是综合、全面处理海洋事务的专职机构。更值得注意的是，《海洋基本法》指出了日本今后应重点处理 12 个领域的海洋问题。它们是：推进海洋资源的开发与利用，保护海洋环境，推进专属经济区内资源开发活动，确保海上运输竞争力，确保海洋安全，推进海洋调查，研发海洋科技，振兴海洋产业与强化国际竞争力，实施沿海岸综合管理，有效利用与保护离开陆地的岛屿，加强国际联系与促进国际合作，增强国民对海洋的理解与促进人才培养。此后，日本内阁又于 2008 年 3 月 8 日通过了《海洋基本计划》，其特别指出了针对上述海洋领域的具体政策和措施。《海洋基本计划》规定了未来五年日本在海洋开发领域重点开展的工作，这是日本自《联合国海洋法公约》生效以来在海洋政策领域采取的又一项重大措施。[①] 2013 年 4 月 26 日，日本政府在内阁会议上通过今后五年的海洋政策方针——新版《海洋基本计划》，以推进海洋资源开发。发展新型海洋产业是今后日本海洋经济的重点领域。会议提出要把海洋资源、能源开发和新海洋产业与市场培育一体化。[②]

3. 韩国

2000 年韩国出台了《韩国 21 世纪海洋》国家战略，旨在解决食物、资源、环境和空间等紧迫问题及 21 世纪面临的挑战，通过开发和利用海洋，成为超级海洋强国。为了实现这个目标，《韩国 21 世纪海洋》还设立了由 100 个具体计划组成的 6 个特定任务目标。为使海洋政策更好地贯彻落实，韩国政府从组织机构和法律上提供支持，已制定了 22 项以海洋开发管理为目标的法律法规。

（三）美国海洋经济带的建设与发展

1. 美国海洋经济带的发展

1）美国海洋经济发展的现状

美国海洋经济与海岸经济密切相关，但又是两个不完全一样的概念：海洋经济是整个国家经济的一个组成部分，但它是一个非常重要的基础，而海岸经济则是更为人们所认知的一个领域。美国的经济中，80% 的国内生产总值受到海岸地区的驱动，40% 以上是受到了海岸线地区的驱动，而只有 8% 是来自陆地领域的驱动。海岸经济和海洋经济对于美国

① 《日本海洋战略的成型与发展》，《中国海洋报》，2010 年 6 月 28 日。
② 《日通过〈海洋基本计划〉》，环球网，2013 年 4 月 26 日。

整体经济来说都是非常重要的，分别占到就业率的 75% 和国内生产总值的 51%。

美国重视海洋开发利用，是世界上重要的海洋大国和海洋经济强国，也是海洋管理法规体系极为完善的国家。2000 年 8 月，美国国会通过了《海洋法令》。该法规定自 2001 年 12 月起，总统每两年必须向国会提交一份相关内容的报告。根据美国联邦管辖权限制定的法规，还有《水下土地法》《外大陆架土地法》《海岸带管理法》《海洋保护、研究和自然保护区法》《深水港法》《渔业养护和管理法》等。进入 21 世纪，美国制定了《大型软科学研究计划（2001—2003 年）》。2004 年，美国出台了 21 世纪的新海洋政策《21 世纪海洋蓝图》，对海洋管理政策进行了迄今为止最为彻底的评估，并为 21 世纪的美国海洋事业与发展描绘出了新的蓝图。2004 年 12 月 17 日，时任美国总统布什发布行政命令，公布了《美国海洋行动计划》，对落实美国《21 世纪海洋蓝图》提出了具体的措施。

美国"国家海洋经济计划"自实施之初就明确了自身的三大任务：一是将人类行为与海洋、海岸带环境联系起来；二是提供关于海洋、海岸带经济方面的有用信息，包括自然资源和社会资源等；三是提供证明美国经济与海洋、海岸经济休戚相关的有用数据。①

美国重视半岛经济区开发，进行半岛开发试验，利用海岛和半岛建设蓝色经济区。同时，制定海岸带与海洋空间规划，建设蓝色经济带。

2）美国海洋经济所面临的问题

海洋城市区域的发展扩大，已经被认为是一个挑战。随之而来的问题，包括人口的增加、来自生产和生活的污染对海洋和海岸地区环境质量的影响，以及气候变化对于海洋生物资源及栖息地所带来的后果。另外，北冰洋地区正成为人们日益关注的区域，必须调整对环境的管理，使其和商业及运输业达到平衡。美国国家海洋与大气管理局国际事务办公室目前致力于编制区域海洋情况的相关信息，指导在该地区的政策制定。

海洋渔业的过度捕捞以及资源衰竭等情况，需要通过一些更具控制性的管理手段加以调整，特别是公海区域。2007 年，有 19% 的鱼类被过度捕捞，8% 正在枯竭，1% 从枯竭中恢复过来。另外研究发现，有 52% 的鱼类已经完全被开发，只有 20% 的鱼类属于适度捕捞或捕捞度不足。所以对于美国政策制定者来讲，非常重要的工作就是恢复鱼类数量，因此需要控制鱼类捕捞配额。

3）美国海洋经济带发展的趋势

可以预见，可再生的陆地和海洋能源将会成为美国能源领域的一个重要支柱。比如，据美国电力研究机构预计，水动力的能力来源将会在未来满足美国能源需求的 10%。因此，奥巴马政府在 2010 年制定的预算中，将美国致力于发展可再生能源的投资增加了一倍。所以，美国国家海洋与大气管理局开发了一个综合海洋观测系统，这是一个联邦地区

---

① 张艳：《美国国家海洋经济计划替海洋经济发展"把脉"》，《中国海洋报》，2009 年 9 月 8 日。

以及私营部门共同合作，收集信息、传递信息并且使用信息的良好系统，使政策制定者以及公司部门的利益相关者采取行动提高安全，加强经济发展并且保护环境。①

2. 美国海洋经济带的综合管理概况

美国是一个海陆兼备的国家，东临大西洋，西濒太平洋，包括阿拉斯加、夏威夷、大西洋的 4 个群岛和太平洋的 9 个群岛在内，海岸线全长 22 680 千米。美国有 30 个州与海洋为邻，是世界上海洋经济极为发达的国家，是海洋管理法规体系极为完善的国家，也是积极实行海洋管理的国家。早在 20 世纪 30 年代，美国就曾提出对伸到大陆架外部边缘的海洋空间和海洋资源区域，采用综合管理方法，把某一特定空间内的资源、海况以及人类活动加以统筹考虑。这种管理方法可以视为特殊区域管理的一种发展，即提出把整个海洋或其中的某一重要部分作为一个需要予以关注的特别区域。20 世纪 70 年代以后，跟许多发达国家一样，美国的海岸带地区出现了人口压力大、开发利用程度高以及生态环境被破坏、用户之间冲突加剧一类的问题。1972 年 10 月 27 日，美国国会颁布了《海岸带管理法》（CZMA），从而使海岸带综合管理（Integrated Coastal Zone Management，ICZM）作为一种正式的政府活动首先得到实施，标志着美国“海岸带管理”掀开了新的一页，从此也推动了世界各国 ICZM 的发展。

ICZM 规划是 ICZM 的基本方式，经过近 30 年的运作，美国利用拨款和组织激励相结合的方法，形成了政府间海岸带管理的有效网络。这一网络覆盖了全国 94%海岸线上的 29 个州和领地，而只耗费了联邦财政较少的经费。在土地利用法规、自然资源保护、公众通道、都市滨水区再开发、减灾、资源开发以及港口和游船码头管理方面取得了重大成就，设置了 18 个国家河口研究养护区，使 26.2×10^4 公顷以上的生物生产力较高的河口受到保护。美国国内对 24 项州海岸带管理规划的评价结果表明，这些规划在保护海岸资源，为公众提供参与机会方面做得不错，但在管理海岸带中的开发活动方面则做得较差。据美国有关人士分析，主要原因是在部门间的协调活动方面，其海洋和海岸带政策较弱，最明显的是在联邦一级，缺乏有效的协调机构。

美国海岸线漫长，拥有各种不同的生态环境，从亚热带珊瑚礁到北极的冰冻区域，反映了美国自然条件的多样性。尽管要求州立海岸带管理项目满足 CZMA 提出的基本目标，联邦政府仍允许每个州因地制宜地选择自己的项目和重点。在表 2-1 中，从美国若干州的 ICZM 的地理范围、管理重点、管理结构等概况可以看出，各州在实施 ICZM 时有不同的侧重点，划定的海岸带范围宽窄不一，没有一个计划是综合性的，所有的计划都就特殊的地理区域应解决的问题做出了决定。实践证明，在美国这样的国家，各州使计划的内容适

---

① 詹姆斯·特纳：《美国海洋经济的发展现状与展望》，《科学时报》，2009 年 8 月 31 日。

合于该州的环境和政治背景的不同做法是有意义的。[①]

表 2-1 美国若干州 ICZM 概况

地区	地理范围	管理重点	管理机构
阿拉斯加州	向海：离岸 4.8 千米的海域；向陆：有影响的开发项目所必需的范围，在某些情况下，可沿着溯河鱼类流系的方向向陆延伸 3.2 千米	鱼类和野生生物	海岸政策委员会
北卡罗来纳州	拥有与大西洋、河口湾或受潮汐影响水域接界的陆地上的县	控制灾害高发区域的开发	海岸资源委员会
新泽西州	所有有潮水域、海湾、大洋水域以及平均高潮位线向内陆延伸 30~152 米的高地窄带；在其他地方，自高地海岸边界向内陆延伸至少 1.6 千米，最多 32 千米	保护海岸和大洋水质	环境保护局海岸资源处
美属萨摩亚州	全部岛屿以及沿岸水域（岛屿四周向海延伸 4.8 千米的所有水下土地）	土地和水资源管理	经济发展规划办公室
罗得岛州	4.8 千米内的领海但不包括渔业，从沿海地形向岸边界和向内陆延伸 61 米的区域	整个生态系	海岸资源管理委员会
佛罗里达州	该州的全部陆地面积，海界：向东延伸 5.56 千米，在墨西哥湾向西延伸 6.68 千米	基于动植物栖息地的国土利用	部门间管理委员会
夏威夷州	州属水域和除该州森林保护区以外的所有陆地区域	提供和保护娱乐资源	规划与经济开发部
南卡罗来纳州	8 个沿海郡，包括潮间带、海滨、原始海滨沙丘和沿岸水域	水质、湿地、海滨和沙丘保护	海岸理事会
维尔京群岛国家公园	维尔京群岛海岸带包括圣·托马斯岛、圣·约翰岛和圣·克罗里斯岛，包括所有海上岛屿和沙洲及领海。维尔京群岛国家公园的边界环绕圣·约翰岛 56% 的区域和领海内近 23.31 平方千米的近岸水域	重要的珊瑚园地、海洋生物和海洋景观	海岸带管理委员会

美国总统奥巴马于 2010 年 7 月 19 日颁布了第 13547 号行政命令《国家海洋政策》。根据《国家海洋政策》，成立了由环境质量委员会、科技政策局、国家海洋与大气管理局等 27 个联邦机构组成的美国国家海洋委员会。经过两年的工作，国家海洋委员会公布了

---

① 张灵杰：《美国海岸带综合管理及其对我国的借鉴意义》，《世界地理研究》，2001 年第 10 卷第 2 期。

《国家海洋政策执行计划》（以下简称《执行计划》）。《执行计划》明确了为实现《国家海洋政策》的目标需要采取的具体行动，目的在于使相关联邦机构的海洋决策和行动合理化、高效化，更有利于维护健康的海洋环境，促进海洋资源的有效利用，同时保障国家安全，创造更多的就业岗位和商业机会，保证经济的持续增长。2013年4月，美国白宫国家海洋委员会正式公布了《国家海洋政策执行计划》。该计划在满足美国经济发展需要的同时，致力于平衡美国海洋、海岸以及北美五大湖在内的生态环境保护和经济发展需要。该计划明确联邦政府应采取的6个方面具体措施：一是提供更好的海洋环境和灾害预测，以保护沿海民众与消费者的身体健康和人身安全；二是共享更多和更高质量的有关风暴潮和海平面上升的数据资源，这将有助于沿海地区预防海洋灾害；三是支持区域和地方政府在考虑自身权益的前提下自愿性地参与联邦政府海洋保护与发展计划；四是在保护公民健康、安全和海洋环境的同时，对于涉海产业和相关纳税者，要减少联邦政府批准其有关申请所耗费的时间与资金；五是要恢复重要的海洋生物栖息地，保护海洋生物种群和健康的海洋资源；六是随着人类北极开发活动的增加，要提高科学预测极地自然条件和防止其对人类社会发展产生消极影响的能力。[1]

3. 美国的海岸带经济

美国是一个立国于海岸带，而后迁移到内陆的国家，但海岸带地区依然是美国经济之关键区域。海岸带一般定义为最靠近海岸的区域，但随着对海岸带生态系统的了解，使海岸带的定义范围通过河口和流域深入内地。海岸带包括渔业区、硅谷、缅因州的森林以及夏威夷的度假中心。海岸带拥有美国最大的城市，也拥有最小的城市和最偏僻的村镇。

1972年，美国国会通过了《海岸带管理法》，为联邦政府、州政府和地方政府合作管理海岸带资源提供了基本框架。根据《海岸带管理法》，参与海岸带管理计划的州只要认为有利于管理制度，有权自由定义其海岸带区，但要经过联邦政府的批准。

要认识影响海洋的经济活动的种类和地理分布，沿海州就是其起点，因为在美国经济区域分析中，州是最常用的行政单元。

沿海州分为最靠近海岸线、墨西哥湾和五大湖的郡（滨海郡）、位于根据美国地质调查局和国家海洋与大气管理局定义的海岸带流域范围的流域县以及位于海岸带流域范围以外的内陆县。

海岸带地区的地理定义是岸线、河口、流域和高地共同组成的联合体。海岸带经济是巨大的、复杂的，主要是城镇的经济，而且是富有动态变化的经济。无论在沿海州、流域县还是近岸县的层次上进行估算，海岸带经济在美国经济中均占有不成比例的份额。海岸带经济的空间分布已经把人口向内陆推进，但就业却越来越趋向于海岸。海岸带经济反映

---

[1] 《美国正式发布〈国家海洋政策执行计划〉》，中国海洋信息网，2013年4月13日。

出发生在海岸带的各种各样的国家经济活动，同时也包含海洋和海岸带独特的产业。

海岸带经济的分析揭示了三大主题：

规模：美国海岸带经济无论按照绝对标准还是相对标准都是"大经济"，在很大程度上推动美国经济的是其沿海州的经济。

蔓延：海岸带经济主要是城镇经济，海岸带经济活动分布的推动力显然是影响城镇区域的力量，其中最明显的人口和经济活动从中心城市以被称为"蔓延"的方式分布到城镇中去。

服务：海岸带经济在历史上曾经是美国制造业的核心，但已经发生了重大变化，现在海岸带经济主要是生产服务的经济。美国沿海州分布如图2-5所示。

占全国经济产值的83%
占全国总人口的81.4%

图2-5　美国沿海州分布（深色部分）

据《2014年海洋与海岸带经济报告》显示，美国海岸带地区是美国经济的重心所在。2012年，美国沿海州为美国贡献了81%的就业岗位和84%的国内生产总值。沿海州的滨海郡国内生产总值为6.6万亿美元，提供就业岗位4 880万个，居住人口1.165亿。根据该报告数据，美国滨海郡以占全国17.5%的国土面积，创造了全美42%的国内生产总值，并承载了37%的人口，提供了37%的就业岗位。美国海岸带经济呈现3个主要特点：一是美国海岸带经济无论用任何标准来衡量都是巨大的，并有力地推动着美国经济的发展；二是美国海岸带经济主要是城市经济，其分布随城市中心所在而发生变化；三是过去美国海岸带经济主要以制造业为主，现在美国海岸带经济的主体是服务业。[①]

4. 美国"双岸"经济带

美国东临大西洋，西濒太平洋，因而形成了著名的大西洋经济带和西太平洋经济带。其中，前者开发比较早，工业基础雄厚；后者则是在第二次世界大战后随着西部开发的深入，制造业和高新技术产业向西部转移而形成的。它们被称为"双岸"经济带，是美国经济最发达的地区，同时也是世界上集聚程度最高、财富最多的区域。

美国"双岸"经济带在发展过程中采用了以城市群为中心的空间布局、港口与腹地联

---

① 王占坤：《美国发布〈海洋与海岸带经济报告〉》，《中国海洋报》，2014年4月22日。

动的产业模式、网络化的产业集群和持续创新的产业动力。

美国"双岸"经济带是世界上集聚程度最高的地区，其突出特征是：区域内各城市由开始的单独运行逐渐扩展成大城市区，并最终发展为城市群。在产业布局上采用港口与腹地联动的产业模式，使得各城市定位与产业分工协调一致。[①]

（四）日本海洋经济带的建设与发展

1. 日本重视海洋开发

日本是一个高度重视海洋的国家，且日本的经济生活极大地依赖于海洋及其资源，海洋是其命脉。日本作为一个岛国，国土狭小，陆地资源极其匮乏，因此较早就开始系统地进行海洋资源开发工作，并把海洋经济作为国民经济的重要支撑点。例如，日本对外贸易的99.7%依靠海洋，国民的食物蛋白质40%来源于海洋。同时，日本国土面积狭小，防卫安全也受制和依托于海洋。特别是进入21世纪以来，国际社会应对海洋问题的策略——制定海洋战略和政策及完善海洋法制的举措，促进了日本海洋战略的成型与发展。

自20世纪60年代以来，日本政府便把经济发展的重心从重工业、化工业逐步向开发海洋、发展海洋产业转移，推行"海洋立国"战略。进入21世纪，日本政府提出将海洋和宇宙开发作为维系国家生存基础的优先开拓领域，并于2004年发布了第一部海洋白皮书，旨在对海洋实施全面管理。

2. 日本海岸带产业发展情况

日本海岸线长3.5万千米，其中有各类海岸，如沙滩海岸、砾石海岸、岩石海岸、珊瑚礁海岸和复合海岸，以及人工海岸和人工岛等。其海洋专属经济区面积大约447万平方千米，拥有海港和渔港3 914个。日本99.9%的自然资源是从海洋中得到的，超过90%的进出口货物依赖海洋运输，50%的国内生产总值依赖海洋经济，海洋渔业、沿海旅游业、港口及海运业、海洋油气业等是日本海洋产业发展的支柱产业。日本海水养殖产量约占世界总量的1/4，2000年日本在海产品良种培育、海洋药物和海洋生物提炼方面形成规模产业，创产值约150亿美元。日本海岸带开发利用历史悠久，在"三湾一海"（即东京湾、伊势湾、大阪湾与濑户内海）一带形成临海工业带，海港集中，城镇密集，许多重要的港口都靠填海造陆，形成人工岛得以发展。日本重工业化时期的制造业高度集中在东京、大阪、名古屋和福冈这四大城市圈，尤其是集中在四大城市圈临海区的所谓四大临海工业地带。1960年，仅占日本国土面积2%的四大临海工业带产值占据当时日本工业生产总值的30%以上，占国土面积12%的四大城市圈更是占了工业生产总值的70%。虽然后来一部分工业生产功能分散到了其他地方，但实际上，今天日本国内生产总值的近80%仍然集中在

---

① 齐军领，张瑜：《美国"双岸"经济带产业布局的研究——兼谈对辽宁沿海经济带的启示》，《求索》，2011年第6期。

这四大城市圈。日本一直致力于高度信息化、智能化、生态化、多用途的港口建设，推动了海洋运输业的发展。众多以沿海陆地为依托，向海洋延伸的海洋特色经济区域已经形成。目前，日本已形成近 20 种海洋产业，如沿海旅游业、港口及运输业、海洋渔业、海洋土木工程、船舶修造业、海底通信电缆制造与铺设、海水淡化等，已经构成完整的海洋新兴产业体系。

3. 日本海洋经济发展的特点

日本海洋经济发展有以下几个显著特点：

一是海洋经济区域业已形成。这是与其他国家不同的地方。2002 年日本经济产业省推出《产业集群计划》，到 2004 年，日本已认定 19 个地区建设产业集群，并已在 18 个地区正式实施知识产业群。地区集群的形成，不仅构筑起各地区连锁的技术创新体制，而且形成了多层次的海洋经济区域。当前，日本海洋经济区域有三个基本发展趋势：以大型港口为依托；以海洋技术进步、海洋高科技产业为先导；以拓宽经济腹地范围为基础。

二是海洋开发向纵深发展。近几年来，日本的海洋开发正在向经济社会各领域全方位推进，构筑起新型的海洋产业体系。比如，港口及海运业、沿海旅游业、海洋渔业和海洋油气业四大产业，已经占日本海洋经济总产值的 70% 左右。其他的如海洋工程、船舶工业、海底通信电缆制造与铺设、矿产资源勘探、海洋食品、海洋生物制药、海洋信息等产业，也获得了全面发展。

三是海洋相关活动急剧扩大。主要包括：大力发展海洋观测技术，加强海洋地震灾害研究，推进海洋环境保护。

4. 日本海岸线开发及港口建设

在日本漫长的海岸线中，以经济最发达的"三湾一海"（即东京湾、伊势湾、大阪湾与濑户内海）利用海岸线最为充分。这片长达 1 000 多千米的海岸，基本都建成了人工海岸。

日本东京港位于日本本州东南部沿海，与川崎港、横滨港、横须港、千叶港和木更港共处东京湾内，是日本第一大集装箱港。2015 年，东京港的集装箱吞吐量比 2004 年增长37%，达到 460 万标准箱，以货吨计增长 29%，为 5 545 万吨。东京港作为日本首都圈地区与国内、海外各地运输的节点，其腹地拥有 3 000 万人口的东京圈及其周边的关东北部、甲信越等广大地区。东京港担负着东京产业活动和居民生活所必需的物资流通，是名副其实支撑日本产业和国民生活的物流中心。

日本神户港位于日本本州南部兵库县芦屋川河口西岸，濒临大阪湾西北侧，是日本最大的集装箱港口，也是世界十大集装箱港口之一。神户港自古以来就是日本的重要交通枢纽，公路、铁路及航空皆是现代化。它既是主要的国际贸易中心，又是日本主要的工业中心之一。在 1995 年之前，该港集装箱吞吐量排名世界前十位。阪神大地震的发生使得其港湾设施基本损毁，集装箱吞吐量大幅下滑，虽然港口早已恢复，但吞吐量却滞后不前。[①]近年来，神户港的年吞吐量大约在 300 万吨。

日本实施超级大港计划。从 2007 年 12 月 1 日起，日本将原来的大阪港、神户港和尼崎西宫芦屋港进行合并，改称"阪神港"。此举标志着日本应对周边国家及地区的港口竞争、打造超级枢纽大港的计划正式启动。合并后的阪神港已初显港口集聚的效果。第一，阪神港合并后成立单一港务机构，使船舶一次付费可进两港，既能降低进港船只的费用支出，也能吸引更多船只停靠；第二，单一港务局行政建制的实施，既能节省港务机构行政支出，又能降低港航企业的运营成本。合并的初衷是削减成本的 30%；第三，日本政府的港口合并政策，在港口生产经营上充分放权给港口经营者，极大地调动了社会各界参与港口建设的积极性。

日本强化重点港湾机能。目前，日本已选定 4 个中枢国际港湾（东京湾、伊势湾、大阪湾、北部九州港湾）作为整备对象，并在已确定的 4 个中枢国际港湾中进行多项设施建设并加强管理工作，即港湾设施的出入管理、设施的内外监视、设置保安照明及监视摄像、选任安保管理人员、健全货物销售管理、设置限制区域，等等。

进入 21 世纪，日本各港城都在关注腹地的拓展。一是北九州市拓展腹地，创建循环型港城。从 2003 年起，日本启动"生态工业园区"建设，选定北九州市等 7 个市镇进行试点。其中，北九州市生态工业园区建设是比较突出的一个。目前，园区建设虽刚起步，但已很有特色：其一，园区建设以"垃圾零排放"为目标；其二，园区分为三大区域，实行专业管理；其三，园区实行产、学、官合作的研发体制；其四，园区又是综合性环境产业基地。形成环境技术研发、教育培训、科技示范及"静脉产业"（资源再生利用产业）发展的重要基地，以广阔腹地带动港城整体发展。二是地方港口腹地生产恢复，促进港口发展。2007 年《日本地域经济报告》显示，2000—2005 年伴随日本制造业生产的恢复，进出口贸易总额增长 30%。从 2005 年贸易量占前 50 位的日本港口来看，地方港口贸易额增长最为显著，5 年间增长超过 100%的多为地方港。近年来，日本地方港口迅速发展的最重要因素，是地方港口腹地生产逐年恢复。如室兰港的贸易量激增，就是由于港口腹地内石油公司及钢铁企业产品出口增长带动的。[②]

日本重视港口建设规划的制定，将其视为发展港口经济的重要举措。从 1962 年起，日本先后制定并实施 9 个港口建设规划。2007 年 12 月，日本国土交通省着手制定《港湾相关事业中期计划（2008—2017）》。计划有 4 个重点课题，即增强国际竞争力、推进区域经济发展、确保国民安全放心、形成循环型社会。港口规划的制定和实施，对日本港口经

①　翟洁萍：《合作成就东北亚枢纽港群》，《中国水运》，2006 年第 2 期。

②　杨书臣：《日本港口经济的新发展及其启示》，《港口经济》，2009 年第 3 期。

济发展起到了积极的指导和促进作用。第一，规划向各地方展示出国家未来港口发展的蓝图，指导各都道府县及港口城市的经营者制定各具特色的港口发展计划。第二，规划确定港口发展重点，向各地方提供政府的"政策预报"，便于其主动调整投资方向。第三，规划提供了政府对国内外政治经济形势分析，引领各地方适应国际化环境并与国际接轨。[①]

5. 日本人工岛建设

日本重视人工岛建设值得注意。日本国土狭小，开发海洋首先想到的无疑是扩展陆地，日本的做法是在临近海湾岸线建造人工岛。日本沿海相当多的港口或机场建在填海建造的人工岛上。最新数据显示，目前日本投入运营的大型人工岛多达 15 个，仅次于美国而名列全球第二。建造这些人工岛的初衷，一大半定位于扩展交通运输产业之"锚地"，另外是就海陆产业集聚区联络及互为依托意义而言的。在日本，无论是人工岛，还是固有的小岛，连接陆岛的交通运输建设都先行于产业集聚区的创建。一般来看，依托海岛的大产业集聚区，交通设施往往是"立体"构建的：机场、铁路、公路和轮渡码头一起上。

20 世纪 60 年代以来，日本建造的现代人工岛不但多，而且规模也大，如神户人工岛海港和新大村海上飞机场。

神户人工岛位于日本大阪湾西部神户市港口外的海域中，1966 年开始兴建。在 10 米水深的海域中用 8 000 万立方米土石填筑成一个总面积为 436 万平方米的人工岛，其中港口用地 241 万平方米。人工岛抛填平均厚度约 20 米，向海一侧有长 3 040 米的护岸设施和长 1 400 米的防波堤。与陆地连接的神户大桥为三跨拱结构，桥宽 14 米，全部工程于 1981 年建成。1972 年，神户市又开始在人工岛东侧的附近海面建造面积 580 万平方米的六甲人工岛。

1994 年建成的日本关西机场是世界上较大的现代化海上机场之一。历时 10 余年，累计投资 9 000 亿日元填海建造的机场 4 000 米二期跑道于 2007 年 8 月 2 日正式启用。

新大村飞机场，即长崎机场，位于长崎、佐世保间的大村湾内，是利用离海岸 1.5 千米的箕岛扩建而成的。采用爆破方法削平箕岛的南、北两岛后，在向陆一侧 12~15 米水域中抛填土石建造了长 3 200 米、宽 430 米的人工岛。该岛周围的护岸设施总长 5 868 米，采用块石护坡、人工异型块体消浪结构护面，通过一条栈桥与陆地相连。

（五）韩国海洋经济带建设与发展

1. 韩国海洋产业发展状况

韩国是一个半岛国家，三面环海，其海岸线总长为 11 542 千米，拥有 3 200 个岛屿，其海域面积为陆地面积的 4 倍多。而韩国陆地国土中，山地面积约占 70%。随着城市化、

---

① 杨书臣：《近年日本港口经济发展的特点、举措及存在的问题》，《现代日本经济》，2009 年第 1 期。

工业化加重的土地供应问题，使韩国政府更加重视对海洋的开发利用，加大在这方面的投入。韩国海洋产业占其国内生产总值的7%，居世界第十位。韩国在海洋经济方面的举措有：第一，制定并实施21世纪海洋战略，大力强化海洋权益。提出21世纪"通过蓝色革命增强国家海洋权益"。其中有3个基础目标，一是增强韩国领海水域的活力；二是大力开发知识型海洋经济产业；三是坚持海洋资源的可持续开发。为达到这些目标，《韩国21世纪海洋》还设有分别由100个具体计划组成的多组特定目标。第二，大力发展海运，巩固东北亚物流中心地位。韩国提出创造世界一流的海洋服务产业。其目标是2030年釜山海运中心将发展为世界第三大海运中心，韩国籍船舶拥有量将从1998年的2 400万载重吨增加到2030年的6 000万载重吨，增加2.7倍；2020年港口装卸设施确保率达100%，到2030年成为世界第五大海运强国。第三，加强水产育苗，促进渔业可持续发展。自20世纪70年代以来，韩国的渔业产量高达300万吨以上，成为世界主要渔业国之一，在海洋捕捞方面已跻身世界十强之列，同时也是世界上海产品出口大国之一。近年来，韩国国立水产振兴院利用遥感探测系统进行远距离的海洋研究，对沿海渔业生物资源的变动和生态研究等取得了很大进展，为维护近海渔业资源生产和保护发挥了重要作用。第四，加强海洋研究，潮汐能发电技术世界领先。韩国是一个潮汐能资源非常丰富的国家，它三面环海，黄海海岸和南海海岸潮流强劲，海水涨退潮间落差大，为韩国利用潮汐能发电提供了得天独厚的条件。韩国在2004年7月制定的海洋科学技术开发计划中就明确提出了利用潮汐能发电的项目，几年时间内便取得了实质性的成果。第五，大力发展海岸旅游，做强做大第三产业。韩国着力打造济州岛旅游度假区和多个海岸旅游群开发区。据济州岛观光公社社长梁荣根介绍，济州岛年接待游客1 000万人次。第六，加强海洋开发的国际合作，共同促进海洋产业发展。[①]

2. 韩国主要港口介绍

1）釜山港

釜山港地理位置优越，位于从东北亚地区到北美洲任何港口的主航线上，船只从公海很容易进出全天候开放的釜山港，并不需领航船舶也能自主定期挂靠。该港是朝鲜半岛的南部门户，是韩国第一大贸易港口（见表2-2）。目前，其外贸货物吞吐量约占全韩国港口总量的45%，集装箱吞吐量约占全韩国港口总量的90%左右。2003年前，釜山港集装箱吞吐量在东北亚地区一直占据首位，来自中国的中转箱量对其发展有很大的促进作用。2003年，随着中国港口的发展，尤其是上海港和深圳港的后来居上，使其失去了集装箱吞吐量世界第三的地位。2015年，釜山港集装箱吞吐量同比增长4.0%，为1 943.4万标准箱，釜山港货物转运量为1 008.5万标准箱，自开港以来首次突破1 000万标准箱。韩

---

① 苏海河：《韩国海洋经济开发的经验与启示》，《中国海洋报》，2013年7月15日。

国釜山港计划在 2020 年使集装箱转运量达到 1 300 万标准箱，从而使该港的集装箱转运量跃居世界第二位。

表 2-2 釜山港已建成集装箱码头、泊位概况

码头	泊位数（个）	年处理能力（万标准箱）	水深（米）	建成时间（年）
子城台	5	120	15～16	1982
神仙台	4	160	14～17	1991
戡蛮	4	120	15	1997
牛岩	2	27	11	1996
新戡蛮	3	65	15	2002
甘川	2	34	15	1994
合计	20	526		

2）釜山新港

釜山新港位于釜山港以西 25 千米处，其规模和功能将不亚于现有釜山港和光阳港两者之和，为韩国依照其地理优势而新开发的"巨无霸"型现代化集装箱枢纽港。釜山新港公司由韩国三星公司、韩进公司和阿联酋迪拜的世界港口公司合资经营，并按照计划陆续建设。釜山新港临近地区建造的物流园区占地 120 万平方米，内设自由贸易区和自由经济区，韩国政府采取减免税收等多种优惠措施吸引海内外贸易商。[①] 目前，釜山新港进行港口空间工程，建造包括集装箱码头、支线码头和多用途码头的 15 个新泊位，并将釜山新港的年集装箱吞吐能力增至 1 580 万标准箱。釜山新港还计划在 2018 年前，新造 1 个液化天然气燃料设施和物流园区。

3. 韩国海洋经济带综合管理概况

韩国西海岸是淤泥质海岸，为世界上少有的广阔滩涂；东海岸水深而清，沙滩平直漫长，适合建设海水浴场等观光地；南海岸分布着许多岛屿，港湾密布岸线曲折，适合生物产卵、栖息。三面与海相连的韩国沿岸是生物学上高生产力地区，同时具有独特的地质学与海洋学特征；在过去 30 年间，随着人口及产业活动的增加，以增长与开发的经济政策为主导，海岸带成为抢占、开发的对象。由于人口增加、盲目开办工业园、围海造田、超过自然净化能力的开发、污染及富营养化，造成赤潮频发、垃圾遍布，海岸带生态系统遭到破坏，甚至连市民接近海岸的权利都受到侵犯。沿海有全国 44.8%（84 个）的工业园、约占 50% 的发电厂（81 个），加上为营造农田和建设临海城市大面积围海造地，生态系统

---

① 张荣忠：《韩国港口业崛起于红火亚洲经济》，《中国港口》，2007 年第 10 期。

被扰乱和破坏、水产资源枯竭。随着海岸带开发压力的增加，韩国中央政府、社会团体、环境组织及项目开发者围绕海岸带利用与保护的争论日益加剧，成为社会问题。依据9个部门、50部法规的海岸带开发、管理仍处于无序状态。为了防止这种乱开发，求得可持续发展，以学术界为中心，坚持将海岸带分为不同于海洋和陆地的第三领域，实施海岸带综合管理。

韩国海岸带综合管理规划的主要内容：第一，将江华岛南端滩涂等9个区域指定为湿地保护区，限制建筑工程的新建或变更，限制引起湿地水位变化；将59个有生态价值及自然景观秀丽的无人岛屿指定为特定岛屿预留区，禁止铺设道路、开垦、疏浚及围海造田等；将22个沿岸主要候鸟栖息地指定为鸟类保护区，限制人的出入与鸟兽捕获。将濒危野生动物栖息地、过境地或富有生物的52个沿岸区域指定为生态保护区，禁止采取土石、捕获和采取野生动植物，以便沿岸生物带化，能够集中管理沿岸生态系统。第二，将清洁海域规定为环境保护海域以保护沿岸环境，将污染严重海域规定为特别管理海域，限制设置产生污染物的设施等，努力改善环境。第三，废除第一次公共水面填埋基本计划（1991—2001）上的仁川市江华地区等由于开发推迟或对环境损害大而与沿岸综合管理计划方向不符的61个地区的填埋计划；取消地方社会团体的群山海上城市计划等26个沿岸开发计划，防止海岸带乱开发。第四，纠正防灾中心的单纯恢复设施做法，使防灾职能多样化，使之能够履行亲水职能，从遭灾后恢复为主的海岸带防灾转变为以预防为中心的海岸带保护，以加强沿岸整治的效果。第五，利用滩涂、候鸟过境地，营造生态公园，营造港湾亲水空间，提出全国54个亲水区域，原则上禁止损坏海岸带景观或在公共水面内新建和改建阻碍海流、海砂流动的设施，保护市民接近海岸的权利及满足国民对各种海洋休闲文化的要求。[①]

二、国内海洋经济区带建设与发展

（一）我国国内海洋经济区带及分布

我国地处太平洋西岸，国土面积除了常说的960万平方千米的陆地面积，还有300万平方千米主张管辖海域；海岸线总长度3.2万千米，其中大陆海岸线1.8万千米，岛屿海岸线1.4万千米。拥有渔场面积超过280万平方千米，滩涂和20米水深以内的浅海面积超过17万平方千米，对发展海洋捕捞业和海水养殖业极为有利；海洋石油资源量约250亿吨，天然气资源量约14万亿立方米；沿海共有160多处海湾和数百千米深水岸线，许多岸段适合建设港口和发展海洋运输业；沿海地区共有1 500多处旅游娱乐景观资源，适

---

① 刘洪滨：《韩国海岸带综合管理概况》，《太平洋学报》，2006年第9期。

合发展海洋旅游业。[①]

　　由于我国沿海多处海岸基线优越，产业基础较好，适宜发展海洋经济。海洋第一产业主要集中在辽东半岛、胶东半岛以及浙江至广东岸段；80%以上的第二产业集中于大连—锦州、天津—东营—烟台—青岛、长江三角洲、珠江三角洲等岸段。[②]按照产业集聚规模和传统观点划分，我国沿海海洋经济带可分为环渤海海洋经济带、山东半岛海洋经济带、长江三角洲（简称"长三角"）海洋经济带、福建海峡西岸经济带、珠江三角洲（简称"珠三角"）海洋经济带和环北部湾海洋经济带。

　　改革开放30多年来，我国沿海地区经历了两次发展浪潮：一是20世纪80年代，通过在沿海地区设立5个经济特区、开放14个沿海港口城市等促进东部沿海经济在全国率先崛起。1984年，中央决定进一步开放的沿海14个港口城市是大连、秦皇岛、天津、烟台、青岛、连云港、南通、上海、宁波、温州、福州、广州、湛江和北海。二是2008年以来，国家连续批准和公布了《珠江三角洲地区改革发展规划纲要（2008—2020年）》《江苏沿海地区发展规划》《横琴总体发展规划》《辽宁沿海经济带发展规划》《黄河三角洲高效生态经济区发展规划》以及《关于推进海南国际旅游岛建设发展的若干意见》等若干沿海区域经济发展规划，掀起了新一轮的沿海区域经济发展浪潮。2008年1月，国务院批准实施《广西北部湾经济区发展规划》。2009年4月，时任国家主席胡锦涛在山东视察工作时提出：要大力发展海洋经济，科学开发海洋资源，培育海洋优势产业，打造山东半岛蓝色经济区。2011年1月，国务院批准《山东半岛蓝色经济区发展规划》。2009年5月，国务院公布《关于支持福建省加快建设海峡西岸经济区的若干意见》。2009年6月，国务院通过《江苏沿海地区发展规划》。2009年12月，国务院公布《关于推进海南国际旅游岛建设发展的若干意见》。2009年12月，国务院批准《黄河三角洲高效生态经济区建设规划》。2009年7月，国务院通过《辽宁沿海经济带发展规划》。2009年1月8日，国家发展和改革委员会（简称"国家发展改革委"）在国务院新闻办公室举行的新闻发布会上公布《珠江三角洲地区改革发展规划纲要（2008—2020年）》。2010年6月，国务院批准实施《长江三角洲地区区域规划》。2011年3月，国务院正式批复《浙江海洋经济发展示范区规划》。2011年7月，国务院正式批准实施《广东海洋经济综合试验区发展规划》。2011年7月，国务院正式批准设立浙江舟山群岛新区，首个以海洋经济为主题的国家新区批准设立。2011年11月，国务院正式批准了《河北沿海地区发展规划》。2012年9月16日，国务院发布关于印发全国海洋经济发展"十二五"规划的通知。2015年8月20日，国务院印发《全国海洋主体功能区规划》。2015年12月29日，国家海洋局在北京召开新闻发布会，发布由国家发展和改革委员会、国家海洋局联合编制的《中国海洋经济

---

①②　叶向东：《海洋产业经济发展研究》，《海洋开发与管理》，2009年第4期。

发展报告 2015》。

　　近年来，以管辖海域、海岛和海底为主体，以海学经济和海洋产业迅速发展为表现形式的"新东部"迅速崛起，对承载我国东部地区乃至全国的发展发挥了重要作用。

　　2010 年 3 月，国务院批准了国家发展改革委上报的关于在山东、广东和浙江先行开展海洋经济发展试点工作的方案。2010 年 7 月，国家发展改革委在青岛召开启动会议，宣布海洋经济试点工作正式启动。"三省试点"工作的展开预示着我国海洋开发进入"南北推进""多点突破"的阶段，意味着三个沿海经济强省在更大空间和层面上展开新一轮博弈和互动。

　　2011 年 3 月 14 日，舟山群岛新区正式写入全国"十二五"规划，该规划瞄准新加坡和中国香港这样的世界一流港口城市，要拉动整个长江流域的经济。2011 年 6 月 30 日，国务院正式批准设立浙江舟山群岛新区，舟山成为我国继上海浦东、天津滨海和重庆两江后又一个国家级新区，也是首个以海洋经济为主题的国家级新区。

　　由于国务院批复了一系列沿海区域建设规划，中国蓝色产业带的雏形已现。如图 2-6 所示。

图 2-6　中国沿海蓝色产业带初现

（二）国内各海洋经济区带发展现状

1. 环渤海海洋经济带

　　环渤海海洋经济带是指环绕着渤海的经济区域，主要包括辽宁、河北、山东和天津三省一市，其陆域面积 51.8 万平方千米，海域面积 7.7 万平方千米，占我国海域面积的

1.63%，总人口已达2.3亿，是我国北方经济最发达的地区。

中国改革开放以来，环渤海地区社会经济呈持续快速发展态势，国内生产总值增长迅速。地区生产总值18.5万亿元，占全国的27%。在渤海区域5 800千米的海岸线上，近20个大中城市遥相呼应，包括天津、大连、青岛和秦皇岛等中国重要港口在内的60多个大小港口星罗棋布；以天津市为中心带动的两侧扇形区域，成为中国乃至世界上城市群、工业群、港口群极为密集的区域之一。在产业分布上，环渤海海洋经济带形成了津冀、辽东半岛、山东半岛北部三个较为发达的产业聚集区域。其中津冀区是以石油化工、钢铁冶金、机械电子为主导的综合型工业带，辽东半岛区是以重型机械、造船、化工等为主体的重型工业基地，山东半岛北部区是以电子、机械、石化、轻纺、食品等工业为主的轻型工业带。从三次产业结构看，该地区经济结构一直呈现"二、三、一"的工业化结构特征，即第二产业占主要地位，第三产业次之，第一产业位居第三位。

伴随着中国经济的快速发展，环渤海海洋经济带已经成为中国继珠江三角洲和长江三角洲之后的第三个大规模区域制造中心。依托该地区原有的工业基础，渤海区域不仅保持了诸如钢铁、原油、原盐等资源依托型产品优势，同时新兴的电子信息、生物制药、新材料等高新技术产业也迅猛发展。渤海区域已经形成了富有特色的高技术产业带，为中国10年来高新技术产业工业产值年均增长20%做出了突出的贡献。

第一，外资投入喜人。环渤海海洋经济带是中国北方外来投资最为密集的区域，据载，中国内地每吸引3美元外资就至少有1美元流向环渤海地区。目前，在北京建立研发中心和运营总部，把生产基地建在天津、山东等地，正成为更多大型跨国公司在中国北方地区的战略布局。天津目前拥有外商投资企业1万余家，其中全球500强企业在此设有200余家生产性投资企业；大连的外商投资企业也超过8 000家，累计外商投资达到120多亿美元，是东北地区外商投资最多的城市。

第二，产业联动协调发展。通过区域内资源互补、优势整合，环渤海海洋经济带已经形成了以高新技术产业、电子、汽车、机械制造产业为主导的产业集群，各具特色的产业带开始形成。天津开发区已成长为渤海海洋经济带活跃度最高、发展速度最快的区域，其IT制造业在全国处于领先地位；河北省目前已形成海运产业、制药业、生态农业等特色经济发展区域，外商投资地区和领域不断拓宽。

第三，海洋经济成为区域经济发展的新引擎。20世纪90年代兴起的海洋开发热潮，极大地推动了环渤海区域的海洋经济发展。海洋经济总量持续快速增长，"十一五"期间，环渤海区域海洋生产总值年均增速20.12%，对于全国海洋经济发展具有重要的带动、引领作用。海洋产业结构进一步优化，第二产业得到发展，第三产业升中有降，但整体经济实力未减。目前，滨海旅游业、海洋交通运输业和海洋渔业等海洋产业逐渐发展为引领区域海洋经济发展的主导产业，具有明显的发展优势。[1] 2015 年，环渤海地区海洋生产总值 23 437 亿元，占全国海洋生产总值的比重为 36.2%。

2. 山东半岛海洋经济带

从历史资料来看，先秦时期山东半岛先民已经有涉海、用海的历史。其海洋经济生活的实物见证主要有贝丘遗址、航海遗物和制盐遗迹三大类。

地理上，山东作为中国重要的海洋大省，沿海内水面积为 5.26 万平方千米，领海面积 1.31 万平方千米，海洋毗邻区面积 1.52 万平方千米，专属经济区面积 5.94 万平方千米（其中包括毗邻区面积）。山东省海洋国土面积总计 12.51 万平方千米，约占中国海洋国土面积的 4.2%；而山东陆域国土面积仅占全国的 1.6%。2015 年山东省海洋生产总值 1.1 万亿元，水产品总产量 920 万吨，渔业经济总产值 3 700 亿元，渔民人均纯收入达到 1.7 万元。"十二五"期间，全省海洋生产总值保持了年均 10% 左右的高速增长，高于全省经济增速 2 个百分点以上，占全省地区生产总值比重稳定在 18% 以上，继续稳居全国第二位。[2]

20 世纪 90 年代中期，山东省提出建设"海上山东"的战略构思。2009 年 10 月，时任国家主席胡锦涛在山东考察时指出：山东海域面积辽阔，海洋资源丰富，发展海洋经济大有可为。要充分利用这一优势，科学开发海洋资源，大力发展海洋产业，同时还要保护好海洋环境，使海洋经济真正成为山东经济的重要增长极。2011 年国务院正式批复《山东半岛蓝色经济区发展规划》，标志着山东半岛蓝色经济区建设正式上升为国家战略，成为国家海洋发展战略和区域协调发展战略的重要组成部分。

山东省作为海洋经济大省，在新时期成为中国海洋经济重要增长极。打造山东半岛蓝色经济区，是山东作为经济大省肩负重大历史责任。[3] 按照行政区划，山东半岛蓝色经济区有 7 个省辖市和 36 个县（市），在实际的规划运作中，7 个省辖市和 36 个县（市）作为功能区，必然具有不同的经济特色，这样不同的功能区从小区域发展的市情出发，需要建立区域科学、合理的布局结构，以沿海蓝色产业带为重点。如图 2-7 所示。

山东蓝色经济区海洋产业发展有其特殊的有利条件：

一是地理区位优势。山东半岛位于中国东部沿海，地理位置优越，是连接环渤海经济圈和长江三角洲的桥梁。同时，山东处在东北亚经济圈的圈层中心，是对外开放的重要窗口。山东半岛也是中国北部延伸至太平洋的前缘，是通向各大洲的重要门户。山东半岛还与朝鲜半岛、日本列岛隔海相望，且海上交通便利，具备开展国际经济合作的得天独厚的

① 王震，李宜良：《环渤海区域经济促进政策研究》，《海洋开发与管理》，2009 年第 4 期。
② 宋京伟：《2015 年山东海洋生产总值 1.1 万亿 稳居全国第二位》，齐鲁网，2016 年 1 月 15 日。
③ 郭先登：《关于建设山东半岛蓝色经济区战略问题的思考》，《青岛行政学院学报》，2010 年第 1 期。

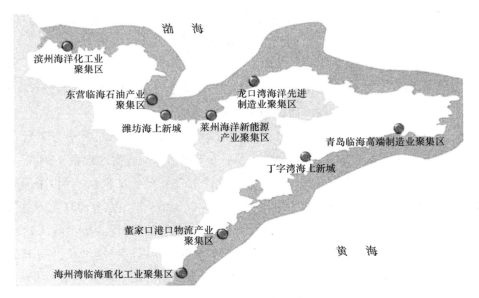

滨州海洋化工业
聚集区

东营临海石油产业
聚集区

潍坊海上新城

龙口湾海洋先进
制造业聚集区

莱州海洋新能源
产业聚集区

青岛临海高端制造业聚集区

丁字湾海上新城

董家口港口物流产业
聚集区

海州湾临海重化工业聚集区

渤 海

黄 海

图 2-7 山东半岛蓝色经济区

条件，有利于半岛蓝色经济区海洋产业的发展。

二是资源优势。首先，山东港口资源丰富，是我国长江口以北具有深水大港预选港址最多的岸段。山东半岛海岸线长达 3 121 千米，长度约占全国的 1/6，可建万吨级以上深水泊位的港址有 50 多处，如青岛港码头岸线全长 3 420 米，拥有码头 15 座，泊位 72 个，港内水域宽深、四季通航，港湾口小腹大，是我国著名的优良港口；日照可供建港的海域达 20 多海里，湾阔水深，不冻不淤，地质条件良好，特别适宜开发建设深水泊位；烟台、威海等地的深水良港也较多。其次，海洋再生和非再生资源丰富。山东半岛地处温带，日照充足，水质肥沃，适合鱼类和水生生物的生长繁殖，具有经济价值的各类水生生物资源达 400 多种，渔业资源丰富；已探明储量的矿产资源 53 种，半岛北部海域石油、天然气地质预测储量巨大，地下卤水净储量约 74 亿立方米，含盐量 6.46 亿吨。再次，滨海旅游资源丰富，滨海沙滩是山东极具特色的滨海旅游资源之一，主要分布在半岛南部沿岸，具有坡缓、砂细、浪平等特点，且阳光充足、气候宜人，颇受国内外游客青睐。山东沿海自然景观和人文景观也极具特色，除独特的海洋和陆地景观外，诸多人文景观如神话传说、历史典故遗址、文物古迹等吸引了大量国内外游客前来观光，成为中外闻名的旅游胜地；同时，山东沿海海产品和土特产品丰富，如海鲜、水果和工艺品等，成为旅游者购物首选。目前，山东滨海旅游业初具规模，各沿海城市分别形成了各具特色的旅游项目，如青岛啤酒节，烟台、威海海洋生态游，日照金沙滩、奥林匹克水上公园和东营黄河口湿地生态旅游区等。

三是科技优势。山东省是全国海洋科技力量的聚集区，是国家海洋科技创新的核心基地，拥有中国科学院海洋研究所、中国海洋大学、国家海洋局第一海洋研究所、中国水产科学研究院黄海水产研究所等国内一流的科研、教学机构，其中"两院"① 院士 18 名；拥有各类海洋科学考察船 20 多艘，省部级海洋重点实验室 27 个，国家级高技术产业化基地和科技兴海示范基地 10 个。雄厚的科研实力、优秀的人才团队及不断增强的源头创新能力为发展蓝色经济积蓄了创新优势。

四是产业基础优势。较强的海洋经济实力为蓝色经济发展奠定了良好的产业基础。近年来，山东省海洋经济呈现健康、持续快速发展的良好态势，运行质量和效益稳步提升。2015 年全省海洋生产总值 1.1 万亿元，占全国海洋生产总值的 17%，占全省生产总值的18% 以上，居全国第二位。其中，船舶制造、海洋化工、海洋油气、海洋工程装备制造和海洋食品加工等优势主导产业不断壮大，海洋生物医药、沿海风电等新兴产业发展迅速。

五是基础设施优势。近年来，山东省不断加快公路、铁路、海运、河运、航运等基础设施建设，完善的基础设施体系为发展蓝色经济提供了有力保障。首先，山东省公路网发达。目前，山东省公路密度达每百平方千米 41 千米，基本形成了以省会济南为中心，国道、省道为骨架，县、乡公路为基础，干支相连、遍布城乡、四通八达的公路网，其中全省"五纵四横一环"、高速公路网已建成使用。其次，港航整体实力显著增强。山东省持续进行沿海港口的改扩建工程，"十二五"期间也陆续建设完成了一批 30 万吨原油码头、20 万吨的集装箱码头以及液化天然气多用码头，是中国北方唯一拥有 3 个亿吨大港（青岛港、烟台港、日照港）的省份。② 其中青岛港已进入世界前十名亿吨大港行列，日照港成为国内第二大现代化煤炭输出港，岚山港成为江北最大的液化品集疏港。目前，山东省基本形成了以青岛、烟台、日照三大港口为主枢纽港，龙口、威海、岚山为区域性重要港口，蓬莱、东营长岛等中小港口为补充，多层次共同发展的港口格局。全省对外开放港口19 处，其中一类开放港口 14 处，与世界上 100 余个国家和地区的 220 余个港口通航。随着港口配套设施的逐步完善，海港综合功能和集疏能力显著增强。最后，"四纵四横"的铁路网正在建设，空中运输网络建设进程也在不断加快。③

打造山东半岛蓝色经济区是一个领域广阔、体系庞大、内容丰富的战略工程，必须坚持整体部署与重点推进并重，进行深入研究和系统的规划，既要形成整体发展的合力，又要突出特色，重点推进培育高点。比如，青岛的海洋科研优势比较集中，要尽快促进科研实力转化为产业实力，辐射带动周边区域的发展。坚持海洋带动、陆域联动并重，科学布局临海产业，努力构建素质高、规模大的蓝色产业体系。要充分利用陆海之间的资源互补

---

① 即中国科学院和中国工程院。

② 崔中连：《2015 年山东沿海港口吞吐量破 13 亿吨，同比增长 4.37%》，齐鲁网，2016 年 1 月 14日。

③ 陈华，汪洋：《基于海洋产业发展的山东半岛蓝色经济区建设》，《理论学习》，2010 年第 2 期。

性，集成陆海资源，实施海陆一体化战略，延长海洋产业链，进一步形成以海带陆，以陆促海，优势互补，联动发展的新格局。

青岛置身山东半岛蓝色经济区的核心区域，是全省经济发展的龙头，大力发展蓝色经济、率先建成"国家海洋经济发展先行区、山东半岛蓝色经济核心区、高端海洋产业聚集区、海洋生态环境保护示范区"，具有得天独厚的优势和条件。潍坊区位优势明显，资源比较丰富，产业基础良好，在区域发展中具有重要战略地位，发展蓝色经济潜力很大。要把打造蓝色经济区作为争创发展优势、推进科学发展的重要抓手，充分利用蓝色经济区、高端产业聚集区和黄河三角洲高效生态经济区建设的三重功能优势，科学谋划，稳步推进，努力争取在新一轮区域发展中实现高品质、跨越式发展。在目标方向上，坚持全面融入、海陆统筹，坚持突出特色、发挥优势，坚持有所作为、奋力突破，坚定不移地走向大海、迈向蓝色，努力把潍坊打造成山东半岛蓝色经济区的重要发展区域。在产业发展上，坚持与青岛合作互补，借助青岛的辐射带动，以建设现代产业体系为目标，以高新技术为突破口，以蓝色高端生态为取向，一手抓蓝色高端制造业，一手抓相对滞后、亟待开发的蓝色产业，努力培植特色优势。在区域布局上，把北部沿海地区作为蓝色经济发展的主战场，把滨海作为蓝色高端产业发展的先行区，把省级以上开发区作为高端制造业的示范区，加快蓝色高端产业聚集发展。在发展重点上，着力实施"四个突破"，即三年新增投入 1 000 亿元、全面突破北部沿海地区，加快"一城四园"建设、率先突破滨海新城建设，全市各地在发展和服务海洋经济上加快融入、奋力突破，在区域合作上全面加强、重点突破。

中国海洋大学海洋发展研究院副院长韩立民教授说，打造蓝色经济区必须牢牢把握这样四个特征：陆海一体与海陆统筹、海洋科技先导与外向辐射、生态文明与环境友好、开放互动（向海、向陆）与城乡一体。

2010 年 4 月中旬，山东半岛蓝色经济区成为全国海洋经济发展试点地区。根据 2010 年初山东省拟定的"山东半岛蓝色经济区"战略规划，该经济区涉及山东省 37 个沿海县（市、区），形成沿山东 3 121 千米黄金海岸"带状展开"的海洋功能区布局。

山东半岛蓝色经济区的未来定位为黄河流域出海大通道经济引擎、环渤海经济圈南部隆起带、贯通东北老工业基地与"长三角"经济区的枢纽、中日韩自由贸易先行区，明确提出"一区三带"发展格局，即在黄河三角洲地区发展高效生态产业带，在鲁南建设以日照精品钢铁基地为重点的鲁南临海产业带和胶东半岛高端产业聚集带。

山东半岛蓝色经济带建设不单是引来投资、承接产业转移，也不仅是山东自身经济增长模式的提升，而是在探索一条新路——经济增长、统筹协调、环境友好区域发展新模式；不单是重复建开发区，开辟几个示范窗口，而是在建设海洋强省战略目标指引下，通过制定科学的海洋产业发展规划，根据各地、各行业的比较优势和发展潜力整合资源、找准突破口，形成合理的产业布局，实现海洋产业持续发展；也不是沿海各市单兵突进，各地在经济区功能定位方面，既要体现自身特色，又要与其他经济区形成互补，错位发展，在沿海和腹地的关系上，沿海城市与内陆城市也要优势互补、互为依托，实现共同发展。

今后，山东省将以建设"海上粮仓"和海洋生态文明为重点，科学利用海洋资源，加快渔业转型升级，实施科技创新驱动，推进依法治海治渔，巩固全省海洋与渔业好形势，为"十三五"海洋与渔业发展开好局、起好步提供有力的支撑。

3. "长三角"（长江三角洲）海洋经济带

长江三角洲指长江和钱塘江在入海处冲积成的三角洲，包括江苏省东南部和上海市、浙江省东北部，是长江中下游平原的一部分；在经济上指以上海为龙头的江苏、浙江经济带。这里是我国目前经济发展速度最快、经济总量规模最大、最具有发展潜力的经济板块。2010年5月24日，国务院已批准实施《长江三角洲地区区域规划》，该规划给出的战略定位是：亚太地区重要的国际门户、全球重要的现代服务业和先进制造业中心、具有较强国际竞争力的世界级城市群。该规划的范围包括上海市、江苏省和浙江省，区域面积21.07万平方千米。规划以上海市和江苏省的南京、苏州、无锡、常州、镇江、扬州、泰州、南通，浙江省的杭州、宁波、湖州、嘉兴、绍兴、舟山、台州16个城市为核心区，统筹两省一市发展，辐射泛"长三角"地区。

该规划提出，要按照优化开发区域的总体要求，统筹区域发展空间布局，形成以上海为核心，沿沪宁和沪杭甬线、沿江、沿湾、沿海、沿宁湖杭线、沿湖、沿东陇海线、沿运河、沿温丽金衢线为发展带的"一核九带"空间格局，推动区域协调发展。"一核九带"是指以上海为核心，沿沪宁和沪杭甬线、沿江、沿湾、沿海、沿宁湖杭线、沿湖、沿东陇海线、沿运河、沿温丽金衢线为发展带的空间格局。见图2-8所示。

"长三角"经济区发展有其有利条件：

一是区位条件优越。位于亚太经济区、太平洋西岸的中间地带，处于西太平洋航线要冲，具有成为亚洲太平洋地区重要门户的优越条件；地处我国东部沿海地区与长江流域的结合部，拥有面向国际、连接南北、辐射中西部的密集立体交通网络和现代化港口群，经济腹地广阔，对长江流域乃至全国发展具有重要的带动作用。

二是自然条件优越。属于我国东部亚热带湿润地区，四季分明，水系发达，淡水资源丰沛，地势平坦，土壤肥沃，港口岸线及沿海滩涂资源丰富，具有适宜发展农业的自然条件。

三是经济基础雄厚。制造业和高技术产业发达，服务业发展较快，经济发展水平全国领先，是我国综合实力最强的区域。

四是体制比较完善。较早地建立起社会主义市场经济体制基本框架，是完善社会主义市场经济体制的主要试验地。已率先建立起开放型经济体系，形成了全方位、多层次、高

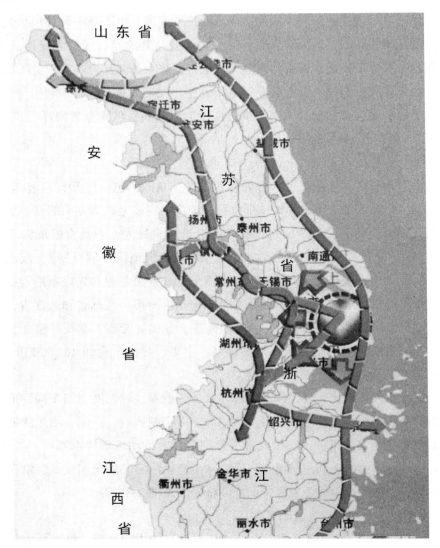

图 2-8　带状分布的长江三角洲经济区规划区域

水平的对外开放格局。

五是城镇化水平较高。上海建设国际大都市目标明确，在"长三角"地区的核心地位突出。南京、苏州、无锡、杭州和宁波等特大城市在区域乃至全国占有重要地位。区域内城镇密集，一批各具特色的城市具有很强的发展活力。目前，核心区城镇化水平超过60%，具备了跻身世界级城市群的基础。

六是科教文卫发达。本区域内集中了大批高等院校和科研机构，拥有上海、南京、杭州等科教名城和南京、苏州、镇江、扬州、南通、徐州、淮安、杭州、宁波、绍兴、金华、衢州等国家历史文化名城，人力资源优势显著，文化底蕴深厚，具有率先建成创新型区域的坚实基础。①

作为中国改革开放先行军的一员，"长三角"地区的后天努力同样也为海洋经济的发展奠定了基础。据《2015年中国海洋经济统计公报》数据显示，2015年，长江三角洲地区海洋生产总值18 439亿元，占全国海洋生产总值的比重为28.5%，与2014年基本持平。目前，已形成了上海、南通、连云港、盐城、杭州、宁波、温州、嘉兴、绍兴、舟山和台州11个城市组成的沿海城市带。

"长三角"经济区是我国重要的工业基地，也是现阶段我国产业规模最大、结构最佳、配套能力较强的地区。目前，已经形成了以高科技–知识密集型和生产性、分配性服务业为主，"三二产业"并举的产业结构体系。信息通信、生物医药、装备制造业、新材料等产业具有较强的竞争力，而金融保险、贸易服务、邮电通信等现代服务业也在全国居领先地位，为海洋生物医药、海洋船舶工业、海洋服务业等海洋产业的发展奠定坚实基础。②

因此，面对未来复杂的经济形势，"长三角"地区要坚定不移地贯彻党和国家的各项政策方针，大力推进海洋产业结构调整和自主创新，积极培育战略性海洋新兴产业，加快促进海洋经济发展方式的转变，努力提高海洋经济的质量和效益，促进"长三角"地区海洋经济继续平稳较快发展。

4. 福建海峡西岸经济带

福建省20世纪80年代初提出"大念山海经、建设八大基地"战略；90年代初期提出"沿海、山区一盘棋"和"南北拓展，中部开花，连片开发，山海协作，共同发展"战略；1995年提出"以厦门经济特区为龙头，加快闽东南开放与开发，内地山区迅速崛起，山海协作联动发展，建设海峡西岸繁荣带，积极参与全国分工，加快与国际经济接轨"的战略布局；这些战略的提出和实施，对于推进福建省区域经济发展和提升全省经济综合实力起到了重要的指导和推动作用。进入21世纪，面对加入世界贸易组织后的新形势，提出构建三条战略通道的战略构想，对省内区域经济协调发展做出了新的战略部署。2004年，福建省委、省政府提出建设海峡西岸经济区，积极推进海峡西岸区域城市联盟，促进产业协作配套、设施共建共享和生态协同保护，实现城市及区域资源要素优化配置。2009年5月4日，国务院常务会议讨论并原则通过《关于支持福建省加快建设海峡西岸经济区的若干意见》，经过进一步修改后，由国务院发布。2009年5月14日，中国政府网全文刊登《国务院关于支持福建省加快建设海峡西岸经济区的若干意见》。2011年3月，国务院正式批准《海峡西岸经济区发展规划》；2011年4月8日，国家发展和改革委员会全文发布《海峡西岸经济区发展规划》。该规划指出，要将海峡西岸建设成为科学发展之区、

---

① 国务院：《长江三角洲地区区域规划纲要》，中国政府网，2010年5月24日。

② 王超：《长三角：合作共赢 领跑全国海洋经济》，中国产经新闻，2012年9月10日。

改革开放之区、文明祥和之区、生态优美之区，成为中国新的经济增长极。福州、泉州、厦门、温州和汕头为海峡西岸经济区的五大中心城市。

"十二五"期间，福建海洋生产总值年均增速超过15%。其中，2015年全省海洋生产总值为7 000亿元，同比增长10%；全年渔业经济总产值达2 450亿元，同比增长5.2%。海洋经济已经成为拉动福建省经济发展的有力引擎，其海洋经济综合实力仅次于广东、山东、浙江和上海，居全国沿海省、直辖市第五位；福建省海洋经济呈现出实力明显增强、贡献日益突出、结构逐步优化、支柱产业形成、新兴产业发展迅猛的特点，有力推进海洋经济强省建设的步伐，开创海洋经济强省建设新局面。

福建省是海洋大省，海域面积13.6万平方千米，大于其陆地面积，海岸线3 324千米，居全国第二位。近几年，福建省从临港工业、海洋渔业和海洋新兴产业三个方面入手，加快推进海洋经济发展进程。福建省发展海洋经济有许多得天独厚的优势条件，近年来紧紧围绕建设海洋经济强省的目标，以港口建设和临港工业发展为突破口，把"以港兴区""科技兴海"与实施海洋可持续发展战略有机结合，着力构建产业集聚明显、产业重点突出、分工布局合理、产业竞争力强的海洋产业基地，促进海峡西岸经济区制造业基地的形成。

"十二五"期间，福建海洋产业竞争力增强，海洋渔业、海水利用、矿业、海洋旅游业等产业实力居全国前列。2014年，福建省远洋渔业产量26.5万吨、产值33.8亿元，均居全国第二位。同时，船队规模增量居全国第一，企业自有渔船平均拥有量居全国第一，境外远洋基地数量和规模均居全国第一。在海洋新兴产业发展方面，福建涌现出润科生物、石狮华宝等一批示范性强、科技含量高的海洋生物企业。据资料显示，目前福建海洋新兴产业总产值约280亿元，增幅超25%，是福建确定的七大战略性新兴产业中增长速度最快的行业。①

2009年5月，《国务院关于支持福建省加快建设海峡西岸经济区的若干意见》（国发〔2009〕24号文件）颁布实施。海峡西岸经济区战略定位是：两岸人民交流合作先行先试区域；服务周边地区，发展新的对外开放综合通道；东部沿海地区先进制造业的重要基地；我国重要的自然和文化旅游中心。

海峡西岸经济区的基本态势是延伸两翼、对接两洲，拓展一线、两岸三地，纵深推进、连片发展，和谐平安、服务全局。①延伸两翼、对接两洲。发展壮大闽东北一翼和闽西南一翼，加快对接长江三角洲和珠江三角洲。通过延伸南北两翼，使海峡西岸经济区与两个三角洲优势互补、联动发展。②拓展一线、两岸三地。充分挖掘沿海港口、外向带动和对台合作优势，强化福州、厦门、泉州的辐射带动功能，发挥莆田、漳州、宁德拓展一

---

①　许嫣妮：《福建"十二五"海洋经济增速快占比高》，《中国海洋报》，2016年1月5日。

线的骨干作用，突出特色、累积实力，促进全省沿海的全面繁荣。③纵深推进、连片发展。发挥三明、南平、龙岩纵深推进的前锋作用，借助生态、资源、对内连接等优势，依托省际快速铁路和高速公路，山海互动，东西贯通，不断向纵深发展。④和谐平安、服务全局。坚持以人为本，把不断实现好、维护好、发展好最广大人民的根本利益作为一切工作的出发点和落脚点，作为正确处理改革发展稳定关系的结合点，推进和谐社会建设。

建设对外开放、协调发展、全面繁荣的海峡西岸海洋经济区，是一项重大发展战略，其核心内容是发挥海峡两岸海洋经济的区位特点和优势，在促进台湾海峡东、西两岸的经济融合和东部经济板块的整合中加快发展、发挥作用。海洋经济是两岸经贸重要组成部分，福建等地区是两岸沿海地区经济联系合作的重要桥梁和纽带。扩大两岸的海洋经济的互动双赢，应找准工作的切入点，发挥对台机构以及政府、民间驻外机构的宣传职能作用，全方位、多角度地宣传海洋意识，进一步扩大海洋经济在海峡两岸沿海经济区的影响。"对接两岸三地，融入全球化"是发展两岸海洋经济的重要战略，无论是哪方面的对接，归根到底还是产业对接，加大对台资的吸引和利用，加大与台湾地区经贸交流与合作应是海峡两岸海洋经济工作尤其是招商引资工作的重点之一。随着福建海峡西岸经济区建设步伐的加快，大量外资的涌入和民营企业的崛起，使福建的经济总量迅速膨胀，大批规模企业逐渐成形、成熟，世界500强企业和国内500强企业纷纷入驻福建，使福建企业的综合实力进一步增强。同时，随着福建一批中心城市的重新定位和产业结构不断优化升级，许多企业开始外移或产业链外延。[①]

福建海峡西岸经济带海洋经济建设规划的主要内容还有：

一是加快三大海洋产业发展。在临港工业方面，福建省计划投入2 800多亿元，在沿海港湾打造"一区六基地"的临港重化工业空间构架；在海洋渔业方面，以服务保障为重点，积极调整渔业结构，提升渔业产业素质，努力推进现代渔业建设；在海洋新兴产业方面，对其加强科技催化，让海洋科技服务于海洋油气业、海洋化工业、海洋盐业、海洋生物医药业、海水利用业等重要领域的市场产业化，积极开发海洋高新技术，为未来海洋产业奠定资源储备和技术基础。

二是以港口群建设为区域海洋经济增长引擎。建设海峡西岸港口群，主要是围绕加快厦门国际航运枢纽港、福州和湄洲湾（南、北岸）主枢纽港、宁德港和漳州古雷港等建设开发，推进港口及配套设施建设。为了增强港口对腹地的辐射带动作用，福建省在加快建设通往中西部地区和联系"长三角""珠三角"地区的交通通道，建设福州、厦门综合交通枢纽的同时，大力拓展港口腹地，吸引内陆省区，促进省内地区在连接港口的交通通道

---

① 叶向东：《海峡两岸海洋经济的互动与双赢》，《两岸关系》，2008年第6期。

沿线，规划布局产业集中区和物流园区，不断扩大直接腹地和有效腹地范围。①

三是以海洋文化为纽带推进两岸海洋经济合作和交流。

福建与台湾地区一衣带水，血脉相连，自古以来两岸渔民在同一海域上撒网捕鱼。随着两岸定点直航、"两门对开""两马先行"等两岸合作与交流重要通道的增设，借助这种独特的人文和地缘优势发展起来的闽台海洋经济合作已经成为闽台经济交往的重要方面。2014 年，福建省新建万吨以上大型冷库 7 座，新增水产加工生产线 50 条，水产品出口创汇 55.49 亿美元，继续居全国第一。在两岸渔业经营者相互投资上，一方面吸引台商投资或合资建设水产养殖基地、水产品加工基地，发展休闲渔业，促进台商来海峡西岸经济区投资兴业；另一方面鼓励福建省有实力的渔业企业赴台湾地区租赁基地，投资从事养殖、加工和捕捞等渔业生产或经贸活动，同时，引入台湾先进的渔业经营管理方式，引导台湾水产品经营者共同经营海峡两岸水产品集散市场。

福建地处我国东南沿海，是海上丝绸之路的重要起点和发祥地，是连接台湾海峡东西岸的重要通道，是太平洋西岸航线南北通衢的必经之地，历史辉煌，区位独特，优势明显，在 21 世纪海上丝绸之路的建设中具有不可替代的重要地位。

福建在加快推进 21 世纪海上丝绸之路建设中，应承接好商贸人文的历史辉煌，发挥好"海上海外"的特色优势，以东南亚为重点，坚持"走出去"与"引进来"结合、经济合作与人文融合并重，努力打造成为海上丝绸之路互联互通的重要枢纽、经贸合作的前沿平台、人文交流的重要纽带。突出互联互通，加快对外通道建设。整合资源，加大投入，加快推进海陆空及信息通道互联互通，建设成为海上丝绸之路通陆达海的重要节点。②

今后，福建海洋经济将进一步融入海上丝绸之路建设，把转方式、调结构放在突出位置，把创新驱动作为海洋经济发展的新舵盘，抓住关键领域和薄弱环节，以海洋管理体制机制创新充分释放改革红利，以海洋科技创新培育新动力和新优势，以涉海金融创新保障海洋经济发展，推动海洋经济发展呈现出新局面。

5. "珠三角"海洋经济带

"珠三角"经济区的构成和"珠三角"海洋经济带如图 2-9 所示。

"珠三角"经济圈又称为"珠三角"都市经济圈或"珠三角"经济区，是指位于中国广东省珠江三角洲区域的 9 个地级市组成的经济圈，这 9 个地级市为广州市、深圳市、珠海市、佛山市、惠州市、肇庆市、江门市、中山市和东莞市。此外，"珠三角"都市经济圈也同时包括香港和澳门两个城市。"珠三角"经济区最早由广东省政府在 1994 年确立，

---

① 章文秀：《福建：做大海洋经济文章（海西进行时）》，《人民日报》（海外版），2010 年 4 月 9 日。

② 尤权：《打造 21 世纪海上丝绸之路重要枢纽》，《求是》，2014 年第 17 期。

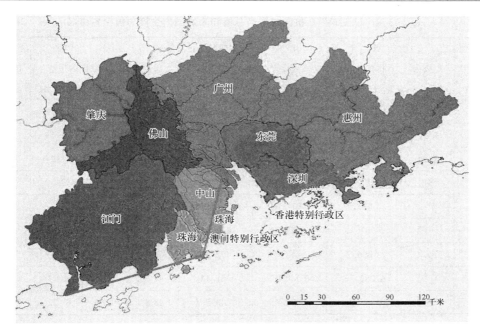

图 2-9　"珠三角"经济区构成和"珠三角"海洋经济带

其发展主要得益于邻近香港，香港一直是"珠三角"经济区的主要投资来源。目前，"珠三角"海洋经济区的临海工业、海洋运输业和海洋新兴产业快速发展，重点在提升海洋自主创新能力，积极培育海洋新兴产业，突出发展海洋高端制造业和现代服务业。

经过改革开放以来的发展，珠江三角洲地区已经成为世界知名的加工制造和出口基地，是世界产业转移的首选地区之一，初步形成了电子信息、家电等企业群和产业群，90%以上的计算机零部件、80%以上的手机部件、100%的彩色电视机部件都可以配套生产，生产的计算机硬盘占世界总量的30%以上，计算机驱动器、软盘、主机板等重要元器件占世界产量的10%以上，电视机、程控交换机占全国的50%以上，台式计算机和笔记本计算机占全国的1/3。随着产业升级的推进，珠江三角地区洲优先发展汽车和装备工业、石化、钢材精深加工、中高档造纸等原材料工业，形成一批产业群、产业带。[①]

2015 年，广东全省实现国内生产总值 72 812.55 亿元，比 2014 年增长 8.0%，其中，"珠三角"地区生产总值占全省比重为 79.2%。据《2015 年中国海洋经济统计公报》数据显示，"珠三角"地区海洋生产总值 13 796 亿元，占全国海洋生产总值的 21.3%。"珠三角"地区 9 个城市的国内生产总值和人均国内生产总值全省排名见表 2-3。

① 广东省人民政府网：《珠三角经济区》，http：//www. gd. gov. cn/gdgk/jjjs/qyjjjs/0200606110158. htm。

表 2-3 "珠三角" 9 市国内生产总值和人均国内生产总值全省排名

2015 年国内生产总值排名	地级市	2014 年国内生产总值（亿元）	2015 年国内生产总值（亿元）	2014 年常住人口（万）	人均国内生产总值（元）	人均国内生产总值（美元）	人均国内生产总值排名
2	深圳	16 001.98	17 502.99	1 077.89	162 381.97	26 071.22	1
1	广州	16 706.87	18 100.41	1 308.05	138 377.05	22 217.11	2
10	珠海	1 857.3	2 024.98	161.42	125 447.90	20 141.27	3
3	佛山	7 603.28	8 003.92	735.06	108 887.98	17 482.50	4
6	中山	2 823.3	3 010.03	319.27	94 278.51	15 136.87	5
4	东莞	5 881.18	6 275.06	834.31	75 212.57	12 075.75	6
5	惠州	3 000.7	3 140.03	472.66	66 433.17	10 666.17	7
9	江门	2 082.76	2 240.02	451.14	49 652.44	7 971.94	9
11	肇庆	1 845.06	1 970.01	403.58	48 813.37	7 837.22	10

根据国家规划，到 2020 年，"珠三角" 地区将建成城际轨道交通线 16 条，线网总长约 1 480 千米，形成 "三环八射" 网络构架，近期重点建设广珠、广佛、穗莞深、莞惠、佛肇、广清、广佛环线、佛莞等 12 条线路，总长约 1 000 千米。目前，"珠三角" 城际轨道交通已开工 5 项，总里程约 415 千米。2016 年年底，"珠三角" 城际轨道交通共有 4 条线路通车，通车里程达到 350 千米。

今后，"珠三角" 地区将打造一批世界前列的海洋产业基地。

"珠三角" 海洋经济区是广东海洋经济发展基础最好、发展水平最高的区域。其中，广州市作为华南区域性中心城市和交通通信枢纽，是中国的南大门，也是我国唯一开放千余年的世界海洋贸易城市，对外经济交往十分活跃。广州港是全国第二大海港，广州还是全国三大造船基地、三大海运基地、五大重点渔业城市、三个国家级水产品中心批发市场之一，拥有全国 1/4 的海洋科技人才，海洋产业群也已初具规模。在这些有利条件下，广州将进一步增强海洋产业高端要素集聚、科技创新、文化引领和综合服务功能，壮大海洋交通运输业、海洋船舶工业和滨海旅游业三大优势海洋产业，培育海洋生物医药、现代港口物流和海洋信息服务三大海洋新兴产业，建设海洋科技创新、现代物流和临海先进制造业三大基地；完善南沙、莲花山和黄埔三大现代海洋产业组团，率先实现海洋经济发达、海洋科技领先、海洋生态良好、海洋文化繁荣的发展目标。

深圳市拥有珠江三角洲地区乃至全国范围内难得的优良港湾资源。今后在发展海洋经济过程中，应先行作用，积极创建全国海洋经济科学发展示范市；提高海洋资源利用效率，在区域开发、集约开发上进行探索；巩固提升海洋交通运输业和高端滨海旅游业，大力发展远洋渔业，培育壮大海洋生物等新兴产业和现代服务业；深化深港合作，加快建设前海深港现代服务业合作区；强化重点海域生态环境保护，创新海洋综合管理体制机制。

珠海市要充分发挥经济特区优势，加快横琴新区建设，积极促进海岛开发开放，重点建设高栏港临海先进制造业基地、三灶航空产业基地，推进万山群岛休闲度假区建设，打造生态文明新特区和科学发展示范区。东莞市重点建设交椅湾集中集约用海区。中山市重点建设马鞍岛大型装备制造基地和明阳新能源工业园，开发横门岛东岸集中集约用海区。惠州市重点建设大亚湾临海先进制造业基地，推进惠东巽寮海洋旅游度假区，打造宜居、宜业、宜游的优质生态湾区。江门市重点开发广海湾集中集约用海区，建设江门银洲湖等临海先进制造业基地，建设循环经济园区。①

南沙、横琴新区将成"珠三角"经济发展排头兵。

海洋经济型新区是广东海洋经济的一个重要部署。目前，广东有两个海洋经济型的国家级新区——广州南沙新区和珠海横琴新区。横琴新区开启了民营企业开发新区的新模式，引进大量民营大型企业来进行新区的共同开发，从而最大化地激发整个新区的经济活力，是因地制宜发展模式的很好案例。广东的海洋经济体量大，经济活跃度高，具备很大的发展潜力。在未来，广东的海洋经济型新区通过自贸区的建设和"21世纪海上丝绸之路"的建设，会更好地带动"珠三角"经济发展，起到排头兵的作用。②

总体来说，"珠三角"海洋经济区的发展基础好，海洋资源优势主要在于港口资源、旅游资源和滩涂资源。目前，该区域正积极培育海洋新兴产业，重点发展海洋高端制造业和现代服务业，着力打造一批规模和水平居世界前列的现代海洋产业基地。

6. 海南海洋经济带

南海油气资源丰富，是重要的能源基地。据勘探，海南岛周围形成了北部湾盆地、莺歌海盆地等4个储油（气）构造，发现新生代油气沉积盆地（或盆地群）39个，预测石油储量约400亿吨，天然气约15万亿立方米，被誉为第二个"中东"。海南省位于中国的南端，是中国海洋面积最大的省份，管辖的海域面积约200万平方千米，分布着600余个岛、礁、滩和沙洲，海岸线长达1 811千米（含岛岸线），大小港湾有84处。此外，海南是连接太平洋与印度洋和我国主要石油进口（中东）地区的交通要冲。海南岛在南海北部，除本岛拥有特大型天然良港码头外，各项基础设施已经具备作为国家石油和天然气集散、加工战略基地的条件，是今后几十年我国参与国际油气开发战略的理想地区之一。

随着"大企业进入，大项目带动"战略的实施，海洋开发渐入佳境，一批大企业纷纷"下海捞金"，捕捞养殖、滨海旅游、海洋运输及油气加工齐头并进，南海诸岛蓝色产业带

---

① 刘俊：《打造珠三角、粤东、粤西三大海洋经济区》，《南方日报》，2012年12月13日。

② 彭美：《珠三角海洋经济占全国比重21.3%》，中国网，2016年3月4日。

迅速崛起，奏响了欢快的"蓝色畅想曲"。

"十二五"期间，海南海洋经济平均增速达到13%，2015年海洋生产总值达到1 050亿元，在海南省经济总值中占到28%，海洋经济已成为海南省国民经济的主要组成部分和重要的经济增长点。海洋渔业转型升级显成效，逐步缩小近岸养殖业规模，推进深水网箱养殖，建设以人工鱼礁为主的海洋牧场等休闲渔业，水产苗种产业快速发展；海洋旅游业继续保持健康发展态势，产业规模持续增大；海洋交通运输业快速发展，"四方五港"已形成，建成深水泊位46个、游艇泊位千余个；依靠近海油气资源，原油、成品油商业储备基地有序建设，国家战略石油储备基地扎实推进。海洋生态环境保持良好。"十二五"期间，近岸海域达到国家一类、二类海水水质标准的清洁海域面积保持在90%左右，高出全国平均值20个百分点，其中国控监测点达到清洁海水水质标准的比例超过99%；珊瑚礁、海草床等典型海洋生态系统基本维持自然属性，主要海洋功能区环境质量满足功能要求。[①] 五年来，海南省累计接待游客超过2亿人次，年均增长11.7%；实现旅游总收入2 210.74亿元，年均增长16.1%。旅游业直接实现就业37.28万人，带动相关产业就业约140万人。[②]

值得一提的是，依托南海丰富的油气资源，海南石化产业正在崛起。海南现已建成环岛天然气管网、30万吨级原油码头、75万吨合成氨、132万吨尿素、60万吨甲醇、800万吨炼油、20万吨聚丙烯和8万吨苯乙烯等生产项目。这些项目极大地拉动了海南的经济发展，2007年海南油气产业的工业产值120亿元，超过了当地全年生产总值的1/10。

海南海洋产业开发起步晚、基础差，高附加值的精细产品不多，滨海砂矿以出售低值原矿产品为主，生物制药仍是弱项，海洋产业链有待延伸。海南省委、省政府从宏观层面明确了海洋经济发展的总体思路，确定了"以海带陆，依海兴琼，建设海洋经济强省"的发展战略，把海洋产业作为特色鲜明、潜力巨大的优势产业做大做强。走向蓝色海洋，追寻蓝色希望，成为琼岛儿女新的渴望和强省战略。

未来南海诸岛海洋经济产业带的发展本着遵循"开发与保护并重，保护中开发"的原则，着力建设海岛生态经济区。在未来的五到十年中，海南将积极调整产业结构，优化产业布局，突出油气产业的主导地位，进一步增强海洋渔业、海洋旅游、海洋运输等产业的实力，加快发展一批新兴产业，逐步形成一批海洋优势产业。

经过多年快速发展，海南基础设施已日趋完善，电力供应、通信网络日益完备，海、陆、空主体交通体系已全部建成，全省经济发展进入新一轮快速增长期，奠定了把海南岛

---

① 罗霞：《海南海洋生产总值突破千亿大关》，《海南日报》，2016年3月24日。
② 孙学新：《海南力争2020年全省海洋生产总值达1 800亿元》，《南国都市报》，2016年3月24日。

建成我国挺进南海后方战略基地的基础条件。同时，海南是离西沙、南沙、中沙最近的大片陆地，具有最佳地理位置优势。

海南国际旅游岛建设是中国沿海各经济区带中一个颇具特色的项目，得到国家政策方面的许多支持。

2010 年 1 月 4 日，国务院发布《国务院关于推进海南国际旅游岛建设发展的若干意见》。至此，海南国际旅游岛建设正式步入正轨。作为国家的重大战略部署，我国在 2020 年将海南初步建成世界一流海岛休闲度假旅游胜地，使之成为开放之岛、绿色之岛、文明之岛、和谐之岛。以旅游产业为主要产业的海南蓝色产业带沿交通干线和结点城市分布。如图 2-10 所示。

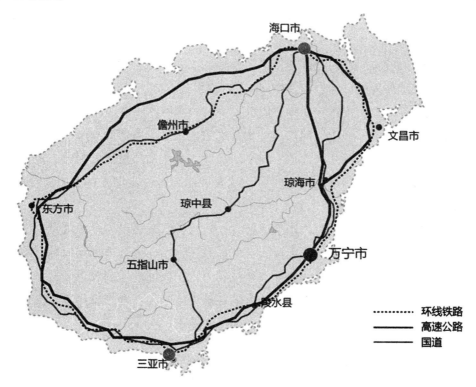

图 2-10　海南国际旅游岛城市分布和交通示意

1）海南国际旅游岛战略定位

海南国际旅游岛战略定位涉及 6 个方面：①中国旅游业改革创新的试验区。充分发挥海南的经济特区优势，积极探索，先行试验，发挥市场配置资源的基础性作用，加快体制机制创新，推动海南旅游业及相关现代服务业在改革开放和科学发展方面走在全国前列。②世界一流的海岛休闲度假旅游目的地。充分发挥海南的区位和资源优势，按照国际通行的旅游服务标准，推进旅游要素转型升级，进一步完善旅游基础设施和服务设施，开发特色旅游产品，规范旅游市场秩序，全面提升海南旅游管理和服务水平。③全国生态文明建设示范区。坚持生态立省、环境优先，在保护中发展，在发展中保护，推进资源节约型和环境友好型社会建设，探索人与自然和谐相处的文明发展之路，使海南成为全国人民的"四季花园"。④国际经济合作和文化交流的重要平台。发挥海南对外开放"排头兵"的作用，依托博鳌亚洲论坛的品牌优势，全方位开展区域性、国际性经贸文化交流活动以及高层次的外交外事活动，使海南成为中国立足亚洲、面向世界的重要国际交往平台。⑤南海资源开发和服务基地。加大南海油气、旅游、渔业等资源的开发力度，加强海洋科研、科普和服务保障体系建设，使海南成为我国南海资源开发的物资供应、综合利用和产品运销基地。⑥国家热带现代农业基地。充分发挥海南热带农业资源优势，大力发展热带现代农业，使海南成为全国冬季菜篮子基地、热带水果基地、南方繁育制种基地、渔业出口基地和天然橡胶基地。

2）海南国际旅游岛发展目标

海南国际旅游岛发展目标：到 2020 年，旅游服务设施、经营管理和服务水平与国际通行的旅游服务标准全面接轨，初步建成世界一流的海岛休闲度假旅游胜地。旅游业增加值占地区生产总值的 12%以上，第三产业增加值占地区生产总值的 60%，第三产业从业人数达到 60%，力争全省人均生产总值、城乡居民收入和生活质量达到国内先进水平，综合生态环境质量继续保持全国领先水平，可持续发展能力进一步增强。实施海洋强省战略，力争 2020 年全省海洋生产总值达到 1 800 亿元。

今后，海南省将构建三大海洋经济区域，支持六类园区建设和十二大产业发展；统筹陆海经济，构建陆海联动的经济发展模式；保护海洋生态环境，维护南海独具特色的海洋生态系统；大力推进科技创新，快速壮大科技实力；积极推进体制改革，提升海洋综合管控能力；加强基础设施建设，打造覆盖南海的基础设施网络；合理布局各类海洋基地，全力打造南海资源开发服务基地，加快推进海洋强省建设。①

7. 环北部湾海洋经济带

1992 年 5 月，国务院提出建设广西西南出海大通道，沟通中国西南地区与东南亚经济循环；1999 年 9 月，西部大开发战略开始实施；2001 年 11 月，中国与东盟领导人在文莱会议上宣布 10 年内建成中国-东盟自由贸易区构想；2003 年中国公布《全国海洋经济发展规划纲要》，实施海洋经济发展战略，等等。政策性导向全力推动着广西西南出海大通道的快速成长，有着丰富资源的西南腹地和北部湾地区的发展，使北部湾在态势上初步具备了成为第四个经济增长轴的可能性。

---

① 罗霞：《海南海洋生产总值突破千亿大关》，《海南日报》，2016 年 3 月 24 日。

1）环北部湾"两廊一圈"海洋经济带

"两廊一圈"指"昆明—老街—河内—海防—广宁"和"南宁—谅山—河内—海防—广宁"经济走廊以及环北部湾经济圈。合作范围包括中国的云南、广西、广东、海南四省区和越南的老街、谅山、广宁、河内及海防五省市，总面积 86.9 万平方千米。

中越两国自 2004 年 5 月一致决定建设"两廊一圈"。"两廊一圈"的提出及其启动实施是中国-东盟自由贸易区合作框架下的次区域合作的具体举措，推动"两廊一圈"建设是基于中越两国关系不断全面深入发展在经贸合作方面的具体成果，它标志着两国经济在迈向一体化方面步入了规划和实际操作层面。从中越关系、区域战略和广西、云南发展的角度来看，"两廊一圈"的提出和启动都是具有积极意义的。因此得到桂、滇和越南北部地区的积极响应，成为桂越、滇越合作的热点和主题。

2）广西北部湾经济区发展规划

2008 年 1 月 16 日，国家批准实施《广西北部湾经济区发展规划》。国家发展和改革委员会通知强调指出：广西北部湾经济区是我国西部大开发和面向东盟开放合作的重点地区，对于国家实施区域发展总体战略和互利共赢的开放战略具有重要意义。要把广西北部湾经济区建设成为中国-东盟开放合作的物流基地、商贸基地、加工制造基地和信息交流中心，成为带动、支撑西部大开发的战略高地和开放度高、辐射力强、经济繁荣、社会和谐、生态良好的重要国际区域经济合作区。

广西北部湾经济区（以下简称"北部湾经济区"）地处我国沿海西南端，主要由南宁、北海、钦州、防城港 4 市和玉林、崇左两个市物流中心"4+2"所辖行政区域组成，陆地国土面积 4.25 万平方千米。广西海岸线在全国沿海省区中排名第六，可供开发的海域面积 6.28 万平方千米，待开发的海洋经济资源丰富，发展潜力巨大。2015 年，北部湾经济区 4 市生产总值 5 867.3 亿元，财政收入 948.3 亿元，固定资产投资 5 623.5 亿元，分别比 2006 年增长 3.1 倍、4.5 倍和 6.8 倍。[①]

北部湾经济区的战略定位是建设成为重要国际区域经济合作区。

北部湾经济区的功能定位是立足北部湾、服务"三南"（西南、华南和中南）、沟通东中西、面向东南亚，充分发挥连接多区域的重要通道、交流桥梁和合作平台作用，以开放合作促开发建设，努力建成中国-东盟开放合作的物流基地、商贸基地、加工制造基地和信息交流中心，成为带动、支撑西部大开发的战略高地和开放度高、辐射力强、经济繁荣、社会和谐、生态良好的重要国际区域经济合作区。

北部湾经济区的发展目标是经过 10 至 15 年的努力，建设成为我国沿海重要经济增长

---

① 邹少欢：《北部湾经济区设立 10 周年 经济正腾飞 美景仍醉人》，《广西日报》，2016 年 4 月 1 日。

区域，在西部地区率先实现全面建设小康社会目标。

北部湾经济区的主要任务是建设成为中国-东盟开放合作的物流基地、商贸基地、加工制造基地和信息交流中心。

广西北部湾经济区根据空间布局和岸线分区，规划建设 5 个功能组团。如图 2-11 所示。

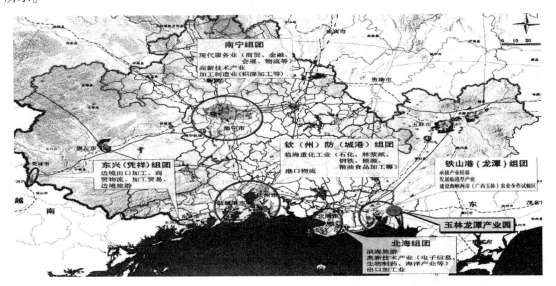

图 2-11　广西北部湾经济区 5 个功能组团

（1）南宁组团。主要包括南宁市区及周边重点开发区，发挥首府中心城市作用，重点发展高技术产业、加工制造业、商贸业和金融、会展、物流等现代服务业，建设保税物流中心，成为面向中国与东盟合作的区域性国际城市、综合交通枢纽和信息交流中心。

（2）钦（州）防（城港）组团。主要包括钦州、防城港市区和临海工业区及沿海相关地区，发挥深水大港优势，建设保税港区，发展临海重化工业和港口物流，成为利用两个市场、两种资源的加工制造基地和物流基地。

（3）北海组团。主要包括北海市区、合浦县城区及周边重点开发区，发挥亚热带滨海旅游资源优势，开发滨海旅游和跨国旅游业，重点发展电子信息、生物制药、海洋开发等高技术产业和出口加工业，拓展出口加工区保税物流功能，保护良好生态环境，成为人居环境优美舒适的海滨城市。

（4）铁山港（龙潭）组团。主要包括北海市铁山港区、玉林市龙潭镇，充分发挥深水岸线和紧靠广东的区位优势，重点建设铁山港大运力泊位和深水航道，承接产业转移，发展临港型产业，建设海峡两岸（玉林）农业合作试验区。

（5）东兴（凭祥）组团。主要包括防城港东兴市、崇左凭祥市城区和边境经济合作区及周边重点开发区，发挥通向东盟陆海大通道的门户作用，发展边境出口加工、商贸物流和边境旅游，拓展凭祥经济技术合作区功能，建立凭祥边境综合保税区。

（三）中国蓝色产业带建设存在的问题

1. 区块分割、缺乏宏观统筹

改革开放以来沿海地区经济有了长足的发展，但一些深层次的矛盾和结构性问题也不容忽视，如：现有的海洋经济区带都是区域性的，没有纳入国家宏观海洋发展经济区带视野，各管各的，各干各的；沿海地区、城市间的交通等基础设施跟不上经济社会发展需要；区域发展规划和实施方案囿于行政区划，不能积极地实施辐射内外、海陆一体的方略，企业缺乏集群效应、规模效应；海港货源短缺不从根本上寻找解决办法，而是恶性竞争甚至严重负利率运输；沿海地区整体上是发达地区，但存在发展滞后的落后区域；内陆地区缺乏对外经济出口；海陆产业结构的衔接错位。

东部沿海地区，海洋经济的发展与陆域经济发展矛盾突出，与国内经济整体结构不协调，存在着海陆产业结构的衔接错位。在部分沿海区域，海域功能区与沿岸陆域功能区不相吻合，致使经济活动相互影响，使我国近海海域及岛屿承受了前所未有的环境和资源压力。

不能从系统的角度统一规划，造成各种生产要素在海陆产业间不能合理流通，海陆产业在同一空间场所的布局缺乏沟通和协调，产业链条不能达到最优耦合，在生产要素运输、污染物和废弃物排放等环节上不能统筹规划、合理安排。因此，必须科学合理地配置和利用海洋资源与空间，要特别重视近海海域及岛屿的合理开发与整治，增强沿海地区粮食、能源、矿产和水资源等保障能力和可持续发展能力，利用毗邻海洋的区位优势推动陆地生产力布局重心向海推移，利用广阔的海域空间建设海上和海底生产、生活基地，提高沿海地区与近海海域的承载力。

2. 海洋生态环境恶化成为海洋经济可持续发展的制约和障碍

海洋环境与陆上不同，一旦被污染，即使采取措施，其危害也难以在短时间内消除。因为治理海域污染比治理陆上污染所花费的时间更长，技术更复杂，难度更大，投资也更高，而且不易收到良好的效果。所以保护海洋环境，要坚持"河海统筹、海陆一体管理"，合理开发，综合利用。保护海洋环境不仅需要有正确的海洋开发政策和先进的科学技术，还需要有一整套科学的、严格的管理制度和方法，尤其是要抓好污染源的管理，这是海洋环境保护的重要环节。海洋的自净能力也是一种资源，我们应该充分利用海域的自净能力，以利于降低治理"三废"的成本，发展生产，同时有效地控制污染物的入海量，要避免走"先污染、后治理"的老路。

目前，我国海洋经济的发展模式仍然属于高消耗、高污染和低效益的粗放扩张型海洋经济增长方式，存在着资源浪费、环境污染、掠夺式经营等问题。虽然 20 年来，我国海洋经济创造了年均增长率超过 20%的奇迹，但却是以海洋资源与环境的破坏和恶化为代价的，主要表现为：产业结构不合理，在海洋产业中传统产业即海洋渔业比重高，第二、第三产业比重明显偏低；海洋科技总体水平较低，传统的海洋产业占主导地位，一些新兴海洋产业尚未形成规模，资源开发利用效率不高；部分海域生态环境恶化的趋势还没有得到有效遏制，近海渔业资源破坏严重，一些海洋珍稀物种濒临灭绝；部分海域和海岛开发秩序混乱，用海矛盾突出。

据《2015 年中国海洋环境状况公报》数据显示，我国近岸海域环境问题依然突出。部分近岸海域污染依然严重，面积在 100 平方千米以上的 44 个大中型海湾中，21 个海湾全年四季均出现劣四类海水水质。典型海洋生态系统健康状况不容乐观，实施监测的河口、海湾、滩涂湿地、珊瑚礁等典型海洋生态系统 86%处于亚健康和不健康状态。陆源入海污染居高不下，陆源入海排污口达标排放率仍然较低，88%的排污口邻近海域水质不能满足所在海洋功能区环境质量要求。海洋环境灾害仍然突出。综合 2011—2015 年监测结果，"十二五"期间，我国海洋环境质量总体基本稳定，污染主要集中在近岸局部海域，典型海洋生态系统多处于亚健康状态，局部海域赤潮仍处于高发期，绿潮影响范围有所增大。[①]

3. 海洋权益形势严峻，阻碍海洋经济发展的空间

中国目前在东海、南海等海域与相关国家存在海洋权益纠纷，黄海形势稳中有忧，东海形势突破与挑战并存，南海形势复杂多变。中国"岛礁被侵占、海域被瓜分、资源被掠夺"的形势严峻，维护海洋权益的形势严峻，任重道远。只有明晰了我国的海洋权益，才能放心大胆地发展我国蓝色产业带，拓展我国海洋经济发展的空间，更好、更快地利用好海洋这一"宝库"的资源，为人类造福。

4. 涉海产业法律政策不健全

海洋经济的可持续开发利用要有相应的法律制度作保障。海洋立法是沿海国管理海上活动，包括海洋资源开发利用和环境保护等活动的基本措施。在维护国家海洋权益、管理和保护海洋资源环境方面起着极其重要的作用。目前，中国海洋法律制度及涉海产业政策不健全，尚未形成比较完整的海洋经济法规体系，有的法规是陆上法规向海洋的延伸，缺乏海洋特性；有些行业法亦多从本部门发展着眼，缺少对海洋经济行业的兼顾，特别是对海洋整体利益的考虑。因此，应当建立、健全以海洋基本法和综合管理法为主体的、行业法和地方法相互配套的海洋法规体系及配套的海洋经济开发政策。

---

① 国家海洋局：《2015 年中国海洋环境状况公报》，http：//www. soa. gov. cn/zwgk/hygb/zghyhjzlgb/201604/t20160408_ 50809. html。

5. 海洋科技成果转化不畅等问题制约新兴产业成长

长期以来，由于对海洋科技投入不足，致使海洋基础研究、应用研究以及海洋科技成果转化相对滞后。目前存在的主要问题仍是政府财政资金投入不足，而涉海企业往往没有能力在海洋科研开发方面进行大量的资金投入。①

所以要加强蓝色产业带建设，从国家整体出发，加强区域关联和协调。

---

① 刘明：《影响我国海洋经济可持续发展的重大问题分析》，《发展研究》，2010 年第 3 期。

第三章 蓝色产业带建设的战略架构和取向

我国是具有 960 万平方千米陆域面积的大国，也是有 13 亿人口的人口大国，由于人口众多，陆地自然资源人均占有量远远低于世界平均水平，陆地发展空间有限，向海洋寻求发展空间就成为必然的选择。

如前所述，当今世界正在掀起一场海洋开发的热潮，掀起一场"蓝色革命"，我国沿海省市纷纷制定海洋发展战略，不少地方还提出建设蓝色产业带。沿海省市的海洋开发思路和举措都是值得肯定的，但"行业用海矛盾影响海域的综合开发效益，海洋综合管理机制尚未建立起来"。[①] 我国发展海洋经济，在经历了以直接开发海洋资源的产业发展阶段以后，已经跨入了激烈国际竞争背景下以高新技术为支撑的海陆一体的以经济发展、社会进步、生态环境不断改善和积极拓展国际合作空间为基础内容的系统、整体协调的创新发展阶段。需要着眼于海洋开发利用的大局，充分认识蓝色产业带建设的内涵、特征、优势、必要性和可行性，在国家层面上勾画蓝色产业带建设的蓝图，立足于海陆一体的思维取向，确立"以海带陆，依海兴陆，海陆共荣"的发展战略，对基础设施、空间布局、产业结构、建设周期、投资主体等做出宏观上的统筹安排。

在选择蓝色产业带建设的战略取向问题上，要把建设以文化思维统摄的"数字海洋、经济海洋、法制海洋、文化海洋、生态海洋"五位一体的具体目标作为蓝色产业带建设的战略取向。

一、蓝色产业带建设的战略架构

随着高新技术产业化和经济全球化进展，世界各国充分利用海洋区位优势，加以发展海洋经济，促进了整体经济发展。我国沿海各省区紧紧抓住发展海洋经济的历史机遇，把海洋经济定为新的经济增长点，采取一系列的措施发展蓝色产业，海洋开发事业突飞猛进。就当前海洋产业的发展趋势来看，已经由单纯的海洋开发向统筹海陆经济发展转变，强调海陆资源的互补、海陆产业的互动、海陆经济的一体化；由注重海洋第一、第二产业发展向注重海洋第一、第二、第三产业协调发展，尤其是注重向海洋服务业发展的转变。

---

① 国家海洋局：《中国海洋 21 世纪议程》，北京：海洋出版社，1996 年。

强调发展海洋物流、海滨旅游、海洋科研、海洋教育、海洋环境监测、海洋环保和海洋信息等海洋服务业；由国内发展向国内外的开放发展。海洋资源、科技、产业联动融入国内、国际互动的开放经济新潮流中；由单项创新向集成创新转变，强调整合水体资源、产业资源和区位经济，实现全面、协调、配套、集成创新发展。因此，在新形势下我国要大力建设发展蓝色产业带，制定和实施蓝色产业带建设的战略。

蓝色产业带是依托海洋，沿海岸带形成的。海洋开发利用规划和举措要有宏观性、全局性，海洋力量要捏成"拳头"，形成整体力量，发挥整体优势。沿海省市、县区提出和进行蓝色产业带建设，但往往有点无线、有区无带、有名无实、有言无行，年年言"带"不见"带"。因此，蓝色产业带建设要本着"立交"网络、"宽带"思维、"双轮"驱动、"二元"并重、"三产"协同的思路，从宏观上制定和执行蓝色产业带建设战略。

（一）"立交"网络——海、陆、空

在蓝色产业带建设中，交通是前提和基础。要使蓝色产业带成为名副其实的"带"，关键性的一环是交通设施的完善和交通线路的形成。从全国的大局来出发，建设北起东北的大连，南到广西防城港的一体化环海交通工程，我们称之为"项链工程"。具体说，一是修建环海观海长廊式的普通公路和沿海大中城市间的高速公路；二是修建环海铁路，加上沿海城市间的空中航线、海上航线，形成海、陆、空三维的沿海交通网络，把沿海大、中、小城市和乡镇串成多线贯通的"项链"。这一"项链工程"具有的多方面效应，可以概括为"一活、二助、三利、四化"。

"一活"是"激活作用"。由于建立起了沿海经济区、沿海城市和乡镇间的关联和链接，就改变了个别城市和经济区的相对孤立状态以及沿海乡镇的相对封闭和闭塞状态，具有很强的激活作用，加强了经济区间的联系，同时给沿海城市、岛屿带来生机和活力。"二助"是帮助了沿海落后地区、帮助了沿海农业。"三利"是利生活、利经济、利渔民转产转业，尤其是沿海渔民转产转业，是一个十分棘手的问题，交通的便利激活了滨海旅游，活跃了沿海经济，为渔民转产转业带来新的机会。"四化"是具有绿化、美化、净化和城市化功能。特别值得强调的是因交通状况的改善，加速了沿海乡村的城市化进程，意义重大。如图3-1所示。

沿海高速公路指国家高速公路网沈阳至海口高速公路，简称"沈海高速"，编号为G15，起点在沈阳，途经辽阳、鞍山、大连、烟台、日照、连云港、盐城、南通、上海、宁波、台州、温州、宁德、福州、莆田、泉州、厦门、漳州、潮州、汕头、汕尾、深圳、广州、阳江、茂名、湛江、海安，终点在海口，全长3 710千米。沈海高速公路于2010年12月28日全线通车。

沿海铁路是我国东部沿海地区的大通道，早年孙中山规划中国建设的《建国方略》一

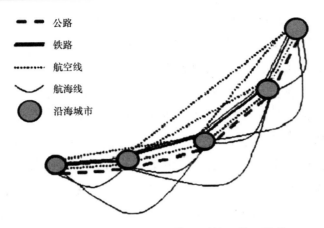

图 3-1　沿海"立交"网络"项链工程"示意

书中，就已有"海岸线"铁路的初步构想。沿海铁路从辽东半岛出发，经渤海和山东半岛至长江三角洲，最后沿着海岸线直抵珠江三角洲的高速铁路，从辽东半岛出发再从东海之滨沿着海岸延伸至南海，把中国东部和南部海沿岸维系在一起，是国内首条沿着海岸线修建的捷运铁路通道。目前，甬台温铁路、温福铁路、福厦铁路、沪杭城际铁路、厦深铁路、深广城际铁路和广湛铁路已建成通车，仅存湛江至广西沿海铁路未直通，预计沿海省市联成一线不会等太长时间。如图 3-2 所示。

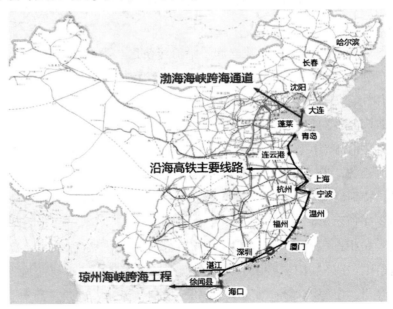

图 3-2　沿海铁路

我国正在建设沿海高速铁路，渤海湾大通道从东北到海南三亚5 700千米，纵贯11个省区市。

近10多年来，我国航空航线网络快速发展，形成了以大城市为中心，连接全国、通向国际的四通八达的运输干线网络。目前，已形成北京首都机场、广州白云机场、上海浦东机场和虹桥机场4个首位枢纽空港，建立了覆盖沿海发达城市以及重要省会城市的20家区域性枢纽空港。目前，沿海地区主要城市都有机场，其中包括大连、旅顺、葫芦岛、兴城、秦皇岛、乐亭、滦南、唐海、天津、大港、黄骅、海兴、吕县、威海、烟台、青岛、连云港、盐城、南通、上海、崇明、吴淞、定海、镇海、宁波、温州、福州、泉州、汕头、广州、中山、深圳、香港、珠海、澳门、湛江、番禺、北海、防城港、海口和三亚等城市。

我国海洋运输航线分沿海航线和远洋航线两大部分。沿海航线一般以福建厦门为界，分北方沿海航线和南方沿海航线。北方沿海航线以大连和上海为中心，南方沿海航线以广州和香港为中心。在远洋航线上，我国7个主要的远洋港口是：上海、大连、天津、秦皇岛、青岛、广州和湛江。带状分布的国内沿海港口如图3-3所示。

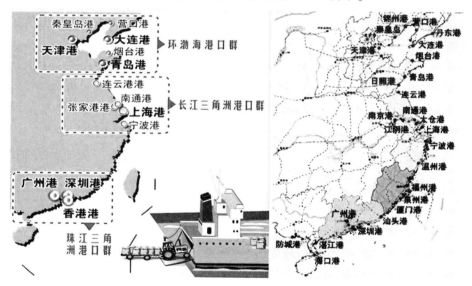

图3-3　带状分布的沿海港口

（二）"宽带"思维——内陆、外海

建构蓝色产业带需要"宽带"思维。因为蓝色产业带不是一个狭隘、封闭的区域，而是一个由点、线、带、面构成的复合的功能性系统和开放系统。

海洋不是一个孤立的存在，而是人类生存和发展的地理环境的一个组成部分。海洋与陆地有很大的关联性和渗透性，海洋经济也是这样。完全脱离陆地的海洋经济如同不涉及海洋的海洋经济一样，都是不可思议的。事实上，海洋经济的发生、成长与实现，大多是在海陆交叉地带。从这个意义上，我们把海岸线、海岸带称为"黄金地带""黄金海岸""黄金海岸线"一点也不为过。但这条黄金海岸线也不是孤立的，它需要来自外海和内陆两个方面的支撑。不仅就滨海旅游业来说是如此，而且就航运业来说也是如此，海洋生物、矿物的开发就更不用说了。

海岸带是指陆地与海洋的交接地带，是海岸线向陆、海两侧扩展到一定宽度的带状区域，是陆地和海洋相互作用的地区。按国际地圈生物圈计划（International Geosphere-Biosphere Program，IGBP）提出的海岸带新概念，其大陆侧的上限为 200 米等高线，其海洋侧的下限是大陆架的边坡，位置大致与 200 米等深线相当。在我国，海岸带资源是一种特殊而重要的资源，有比较大的综合开发利用优势和潜力。值得注意的是，经济和社会发展水平越高，人口越向最适合人类居住的沿海地区集中。参照发达国家的历史经验，21 世纪中叶，中国可达到中等发达国家的水平，50%~60% 的人口将居住在沿海地区。

蓝色产业带以海岸线为中轴线并与海岸带相重叠，既倚重于海又依附于陆。因此，蓝色产业带建设必须立足于海陆一体的思维取向，确立"以海带陆，依海兴陆，海陆共荣"的发展战略。这一思路下的蓝色产业带图景，具体说来包括 4 个组成部分：海岸线、蓝色产业密集带、蓝色产业辐射带和潜在资源带。

中国是大型的海陆复合国家，海陆兼备是中国地缘政治的典型特征之一，是中国国家力量的基础。增强海洋意识，利用海洋资源，充分发挥海陆兼备优势，促进海洋经济社会发展将是中国新世纪的必然选择。[①] 1996 年中国制定的《中国海洋 21 世纪议程》强调"海陆一体化开发"，并预测"人口将逐步向沿海地区移动，沿海地区人口密度逐步加大；沿海地区将逐步形成临海工业带、沿海城市带；自然海岸逐步减少，人工海岸建设步伐加快。陆地开发建设活动必然对海洋开发提出更高的要求，向海洋要生产和生活空间，要食物和水资源等。海洋开发向深度和广度的方向发展，海洋产业群逐步增殖扩大，它们对陆岸基地和腹地的要求必然越来越高。因此，要根据海陆一体化的战略，统筹沿海陆地区域和海洋区域的国土开发规划，坚持区域经济协调发展的方针，逐步形成不同类型的海岸带国土开发区。"[②] 这些开发区包括辽东半岛海洋经济区、辽河三角洲海洋经济区、渤海西部海洋经济区、渤海西南部海洋经济区、山东半岛海洋经济区、苏东海洋经济区、长江口及浙江沿岸海洋经济区、闽东南海洋经济区、南海北部海洋经济区、北部湾海洋经济区、海南岛海洋经济区。[③]

---

① 杨勇：《发挥海陆兼备优势是大型海陆复合国家的必然选择》，《黑龙江社会科学》，2004 年第 3 期。

② 国家海洋局：《中国海洋 21 世纪议程》，北京：海洋出版社，1996 年。

③ 《全国海洋经济发展规划纲要》，http://www.soa.gov.cn/hyjj/12811a.htm。

发挥海陆兼备优势，实质上是要实现互补双赢。这里要注意，蓝色产业带的一个重要功能是形成辐射。形成辐射就是发挥和扩大沿海城市尤其是港口城市在内陆、外海两个向度的辐射作用和外引内联作用，这是海陆兼备机制的核心，也是海陆兼备的功能性实现。

这种辐射可以归纳为三种类型：一是扇形辐射。就是以沿海城市和港口码头为节点形成面向外海和面向内陆的两个扇状辐射带，如同类星体的光辐射或蝴蝶结状。二是点对点辐射。具体说就是建立内陆省市、城市与沿海城市港口的点对点协作关系，海外国家、城市与中国沿海城市港口的点对点协作关系。可以向腹地纵深拓展。如上海与武汉，湛江与重庆、洛阳，广西钦州与贵阳、昆明等。三是平行浸润式辐射。也就是沿海岸线整体向内陆、外海两个方向推进，形成沿海经济带。四是板块辐射。发挥沿海发达地区优势，带动一个更广大的地区形成大范围的经济协作区。如"泛珠三角9+2"运作模式（9个省市加港、澳地区），向西延伸，覆盖京津的环渤海经济区、扩张中的"长三角"经济区等。

（三）"双轮"驱动——海洋产业和海洋相关产业、临海产业和临港产业

蓝色产业包括两大系统：一是海洋产业和海洋相关产业，二是临海产业和临港产业。通常人们所说的海洋经济，指的是海洋产业和海洋相关产业方面的生产活动，主要是指海洋产业的生产活动，这从国家海洋经济统计公报可以清楚地看到。

1. 海洋产业和海洋相关产业是蓝色产业带建设中的主导产业

《海洋及相关产业分类》GB/T 20794—2006 给出了几个概念的界定：

海洋经济：开发、利用和保护海洋的各类产业活动，以及与之相关联活动的总和。

海洋产业：开发、利用和保护海洋所进行的生产和服务活动，包括海洋渔业、海洋油气业、海洋矿业、海洋盐业、海洋化工业、海洋生物医药业、海洋电力业、海水利用业、海洋船舶工业、海洋工程建筑业、海洋交通运输业、滨海旅游等主要海洋产业以及海洋科研教育管理服务业。

海洋相关产业：以各种投入产出为联系纽带，与主要海洋产业构成技术经济联系的上、下游产业，涉及海洋农林业、海洋设备制造业、涉海产品及材料制造业、涉海建筑与安装业、海洋批发与零售业、涉海服务业等。

海洋经济划分为两类三个层次：即海洋产业和海洋相关产业两大类，其中把海洋产业又分为主要海洋产业和海洋科研教育管理服务业。主要海洋产业是海洋经济的核心层，海洋科研教育管理服务业是海洋经济的支持层，海洋相关产业是海洋经济的外围层。

改革开放特别是进入 21 世纪以来，我国海洋经济有了长足的发展。据《2015 年中国海洋经济统计公报》显示，经初步核算，2015 年全国海洋生产总值 64 669 亿元，比 2014 年增长 7.0%，海洋生产总值占国内生产总值的 9.6%。其中，海洋产业增加值 38 991 亿元，海洋相关产业增加值 25 678 亿元。海洋第一产业增加值 3 292 亿元，第二产业增加值

27 492 亿元，第三产业增加值 33 885 亿元，海洋第一、第二、第三产业增加值占海洋生产总值的比重分别为 5.1%、42.5% 和 52.4%。据测算，2015 年全国涉海就业人员 3 589 万人。2015 年，环渤海地区海洋生产总值 23 437 亿元，占全国海洋生产总值的 36.2%，比 2014 年回落了 0.5 个百分点；长江三角洲地区海洋生产总值 18 439 亿元，占全国海洋生产总值的 28.5%，与 2014 年基本持平；珠江三角洲地区海洋生产总值 13 796 亿元，占全国海洋生产总值的 21.3%，比 2014 年回落了 0.5 个百分点。

2015 年，我国海洋产业总体保持稳步增长。其中，主要海洋产业增加值 26 791 亿元，比 2014 年增长 8.0%；海洋科研教育管理服务业增加值 12 199 亿元，比 2014 年增长 8.7%。

各地海洋经济数据抢眼，年均增长率达 10% 以上。2015 年，广东实现海洋生产总值 1.52 万亿元，连续 20 年领跑全国。同时，广东海洋经济结构在"十二五"期间得到进一步优化，海洋经济第一、第二、第三产业比例由 2010 年的 2.4∶47.3∶50.3 调整为 2014 年的 1.6∶46.9∶51.5。"十二五"时期，山东海洋生产总值保持了年均 10% 左右高速增长，高于全省经济增速 2 个百分点以上，占全省国内生产总值比重稳定在 18% 以上。2015 年，山东实现海洋生产总值约 1.1 万亿元，居全国第二位。福建、江苏等地海洋经济数据同样亮眼。2015 年，福建实现海洋生产总值达 7 000 亿元左右，同比增长 10%；2015 年，江苏海洋生产总值超过 6 500 亿元，年均增长 13%，占全省国内生产总值的比重上升至 9.3%。浙江省发布的数据显示，2015 年，该省海洋第三产业占海洋生产总值的比重达到 54.9%，海洋产业结构不断优化，产业转型升级步伐加快。[①] 海洋经济已成为沿海区域经济新的增长点。

由我国倡议的"一带一路"建设正在串联起富饶大海上的"朋友圈"，从太平洋经南海，过印度通欧洲，蓝色经济合作下海、上岸，将给沿线各国释放发展新机遇。我国的蓝色产业带建设要把海洋产业的文章做足，不可忽视海洋相关产业。

2. 临海、临港产业是蓝色产业带建设的高成长性"新秀"

应该看到，单纯海洋资源开发对国民经济的贡献是有限的，蓝色产业带的特殊功能在于实现海洋产业和临海产业相结合，充分利用国际、国内两个市场，开发海洋和陆地两种资源，发挥沿海和内地两种不同优势，调动发达地区和落后地区的积极性，实现优势互补、合作共赢。

《中国海洋 21 世纪议程》"战略目标"部分谈到："2020 年的海洋产业分四个层次：①海洋交通运输业、滨海旅游业、海洋渔业、海洋油气业；②海水直接利用业、海洋药物

---

① 傅义洲：《海洋局：我国海洋经济呈现强大扩张力》，中央政府门户网站，http：//www.gov.cn/xinwen/2016-02/18/content_ 5042992.htm。

业、海洋服务业、海盐业；③海水淡化、海洋能利用、滨海砂矿业、滩涂种植业、海水化学资源利用（重水、铀、钾、溴、镁等）、深海采矿业；④海底隧道、海上人工岛、跨海桥梁、海上机场、海上城市。海洋第一、第二、第三产业的比例为2：3：5。到21世纪中叶，海洋产业数量还会增多，层次进一步提高，海洋可成为各种类型的生产和服务基地；海港及港口城市成为不同层次的物流和信息交流基地；海湾和近海成为海上牧场以及能提供10%以上食物的食物生产基地；海滩和海上运动娱乐区成为旅游娱乐基地；潮汐、潮流、波浪、热能、风能、重水、油气资源开发，成为多功能能源基地；海水工业利用、耐盐作物灌溉、海水淡化、化学元素提取全面发展，成为海水综合利用基地。"[1]

在蓝色产业带建设中，临港产业大有文章可做。临港产业指邻近港口并依托港口发展起来的产业。主要包括三类：第一类是以港口装卸为主的港口直接产业；第二类是与港口装卸主业紧密联系的运输、仓储、物流等港口共生产业；第三类是利用海运量大、成本低等优势而形成的石化、建材、钢铁、有色金属等基础工业以及汽车、重型机械、食品加工等港口依存产业。[2] 当前，我国港口发展迅速，港口的水域、陆域、岸线是城市的一部分，直接服务于城市经济和地区经济。城市可以利用港口的地缘优势，建设开发区、保税区、临港工业和物流园区以及兴办围绕港口而存在的众多服务性产业，从而发展城市经济，提升城市地位。地方政府要运用好港口这一资源，带动港城和腹地经济社会发展，参与未来国际竞争。

在蓝色产业带建设中，临海产业有很大的成长空间。主要包括四类：第一类是主要依靠海运运输原料或产品的产业，如钢铁、建材、石化等产业；第二类是依托海岸线资源而存在的产业，如修造船产业；第三类是可大量用海水做冷却水的产业，如滨海电厂；第四类是以港口货物装卸搬运为主的港口直接产业和与其紧密联系的共生产业，如装卸搬运、运输、仓储、物流等。[3]

临海工业是充分利用沿海地区优势尤其是廉价的海运条件，将工厂布局在沿海沿岸地区。临海工业从20世纪中叶以来有了长足的发展。如众所知，日本国内资源不发达，东京湾充分发挥海洋优势，将工厂建在海边，从外国引进原料，经加工后又就近装船输出国外，因此东京湾地区积聚了日本4成左右的经济总量。有专家指出，日本经济成功起飞的经验在于很好地利用了临海经济。[4]近年来，临海工业已经成为我国沿海各地区经济的新增长点。各地区依托港口、资源、区位优势，加强国内国际合作步伐，引进国内外大公司、大集团，高起点、大规模地加快沿海石化、能源、钢铁、船舶修造等重大工业项目建设，

---

①　国家海洋局：《中国海洋21世纪议程》，北京：海洋出版社，1996年。

②④　王晓惠，朱凌：《临港产业、临海产业与海洋产业关系辨析》，《海洋经济》，2012年第2卷第5期。

③　潘恒年等：《大南沙——广州的东京湾》，《新快报》，2001年10月24日。

促进临海重化工业布局的加快形成。

（四）"二元"并重——硬件建设、软件建设

　　蓝色产业带建设既要加强沿海地带、沿海城市的港口码头的基础设施建设、物流设备和临港工业设施等建设，又要加强软科学研究和软件建设，同时启动"硬""软"两个工程，努力提升"硬""软"两个实力。全面提升和优化沿海城市、沿海地带的基础设施条件、科技研发条件和政策环境、人文环境。

1. 硬件建设是蓝色产业带的基础性一环

　　自 2011 年起，国务院先后批复了山东、浙江、广东、福建和天津 5 个省市海洋经济试点的发展规划，并相继批复设立了浙江舟山群岛新区等 6 个以海洋经济为主题的国家级新区。2012 年海南省三沙市获批成立，海洋经济布局正在从近岸海域向海岛及深远海拓展。海洋经济已成为沿海区域经济的新增长点，引领和辐射整个沿海地区的经济发展。实施"21 世纪海上丝绸之路"建设，为我国沿海地区经济发展开拓了新空间。[①]

　　自山东省、浙江省、广东省、福建省和天津市 5 省（市）试点地区工作方案被批复后，各试点地区探索建立了高效有力的领导体制和工作机制，制定出台了一系列配套政策和资金支持措施，围绕区域特色和实际需求，牢牢把握推进试点工作的重要领域、重点任务和重点工程，着力推进海洋产业结构调整升级，不断优化发展布局，加快建立现代海洋产业体系，不断提升海洋经济发展层次和辐射带动能力，充分发挥了各地区的比较优势，促进了陆海统筹发展，增强了地区综合实力和竞争力。"十二五"以来，一批重大涉海基础设施项目相继建成，涉海基础设施体系加快完善，航运服务能力大幅增强，江河、海运、铁路多式联运加快发展，服务能力与效率不断提升。2014 年年末，全国沿海港口生产用码头泊位达 5 834 个，比"十一五"末期增加了 381 个；其中，万吨级及以上泊位 1 704 个，比"十一五"末期增加了 361 个。"科技兴海"战略深入实施，国家有关部门先后设立了 8 个国家海洋高技术产业基地试点、6 个全国海洋经济创新发展示范区域、7 个国家科技兴海产业示范基地和 3 个工程技术中心。海洋产业技术创新取得跨越式发展，例如设计建造了深水 3 000 米第六代半潜式钻井平台、深水铺管起重船等深海油气勘探开发装备；兆瓦级非并网风电海水淡化系统技术研发取得突破，海水淡化设备国产化率由 40% 上升到现在的 85% 左右。[②]

　　2011—2014 年期间，国家海洋局先后认定上海临港、福建诏安、江苏大丰、大连、青岛、厦门和广州南沙区 7 个国家科技兴海产业示范基地。这 7 个科技兴海产业示范基地充分利用当地资源优势，促进产、学、研紧密合作，在推进海洋科技成果转化、产业化和培

---

①　杜芳，沈慧：《蓝色引擎强劲发力》，《经济日报》，2016 年 1 月 14 日。

②　《"十二五"以来我国海洋经济取得巨大成就》，《中国海洋报》，2015 年 12 月 30 日。

育海洋战略性新兴产业发展方面先行先试，同时注重海洋生态环境保护，引领海洋经济创新发展，为我国海洋经济发展注入更加强劲的新动力。

蓝色经济区产业投资基金（简称"蓝色基金"）由国家发展改革委批准设立，是国内第一支专注于国家海洋战略的产业投资基金，总规模300亿元人民币，首期规模80亿元人民币。蓝色基金立足蓝色经济区，辐射山东、面向全国，以国家海洋战略和产业政策为导向，积极参与海洋产业、新兴产业和有准入门槛行业的重组、改制、上市和并购，通过市场化运作，为投资者创造优异回报，并致力于发展成为国内产业基金的标杆。

作为战略性新兴产业的集聚地，国家高新区积极布局海洋产业，青岛高新区、烟台高新区、天津滨海高新区塘沽海洋科技园、珠海高新区、厦门火炬高新区、深圳高新区等沿海高新区出台了科技兴海战略、金融保险促进海洋经济发展等政策，推动海洋经济发展。

青岛蓝色硅谷已经吸引了各方的眼球。2015年以来，青岛蓝色硅谷以国家发展改革委、科技部、工业和信息化部、教育部和国家海洋局五部委联合批复《青岛蓝色硅谷发展规划》为契机，以世界眼光、国际标准，努力发挥本土优势，全力推进规划实施，努力建设国内领先、国际一流的海洋科技自主创新高地、海洋文化教育先行区、海洋新兴产业引领区、滨海生态科技新城，取得积极成效，项目引进亮点频仍，引起国内外和社会各界的广泛关注。[①]

2．"软件"建设是蓝色产业带建设和发展的关键

蓝色产业带的建设和发展离不开人才。山东省通过蓝色产业人才计划，目标任务是：从2013年起，用5年左右时间，以企业为主体，紧紧围绕海洋产业发展，引进一批国际一流水平的领军人才团队，攻克一批重大关键技术，研发一批具有核心竞争力的新产品，支持一批涉海企业做大做强，带动海洋产业形成新优势，为经济文化强省建设提供有力支撑。

坚持创新发展，使创新成为推动蓝色产业带可持续发展的内生动力。积极创新海洋经济发展的体制机制，加大多元资本对海洋经济的支持力度，完善海洋资源的市场化配置机制和海洋科技成果转化机制，以制度红利推动海洋经济快速发展。同时，积极推动"海洋+互联网""海洋+大数据"等发展模式创新，积极引导海洋传统产业探索智能生产、绿色生产、智能销售与服务等新模式，积极推动海洋产业技术创新，建设一批产业技术创新平台和国家级海洋重点实验室，提高海洋工业的高技术水平和产业化能力，打造适应需求、层次高级的海洋高技术产业体系。[②]

蓝色产业带建设离不开软科学研究。比如海洋国策研究。包括参与全球海洋事务、维

---

①　杨国民：《科技创新驱动海洋产业转型升级》，《经济日报》，2015年11年16日。

②　杜芳，沈慧：《蓝色引擎强劲发力》，《经济日报》，2016年1月14日。

护海洋权益、维护国家海洋安全等。要加强海洋开发战略和对策研究,分析海洋开发的现状和特点、趋势和目标;海洋开发的产业结构、区域布局、基本政策;海洋传统产业、新兴产业、未来产业发展趋势和对策。要加强陆海一体建设的对策研究,解决陆海一体化建设中的政策、思路、模式和目标等问题。近年来,国家海洋局政策法规与规划司为积极推进国家海洋软科学研究项目工作,加强海洋软科学研究为海洋综合管理服务的能力,提出主要包括海洋战略、海洋规划、海洋政策、海洋法律法规以及海洋经济和管理等领域的软科学项目建议。[①] 当前,从世界和中国的角度看,人类在海洋事业的发展中都面临着诸多需要解决的难题,它们不仅涉及理工科范畴的海洋、生物、水产、环境等诸多学科,还涉及政治、经济、法律、管理、历史和社会等多个领域,需要进行全面、综合的多学科交叉特别是文理交叉研究,这也正是从人文社会科学视角开展海洋发展研究的必要性之所在。要加强海洋法制建设研究,为蓝色产业带建设提供强有力的法制保障;加强海洋文化研究,从而提升"文化竞争力",服务于经济建设"软环境"改善和增长的后劲,发挥海洋文化在蓝色产业带建设中的重要作用。[②]

(五)"三产"协同——海洋渔农业、工业、服务业

蓝色产业带建设以蓝色为基调,以"带"字为形式,以"产业"为内容。

《海洋及相关产业分类》GB/T 20794—2006 附录 C"海洋三次产业"分类如下:

海洋第一产业:主要是指海洋农业,是人类利用海洋生物有机体将海洋环境中的物质能量转化为具有使用价值的物品或者直接收获具有经济价值的海洋生物的社会生产部门。包括海洋渔业、海水增养殖业、海洋植物栽培业、海洋牧业和海水灌溉农业等。

海洋第二产业:主要包括海洋油气业、海滨砂矿业、海洋盐业、海洋化工业、海洋生物医药业、海洋电力和海水利用业、海洋船舶工业和海洋工程建筑业等。

海洋第三产业:主要是指为海洋开发生产、流通和生活提供社会化服务的部门,包括海洋交通运输业、滨海旅游业、海洋科学研究、教育和社会服务业等。

我国在发展海洋经济方面,开发利用海洋资源形成了不断扩大的海洋产业群。2015 年全国海洋生产总值 64 669 亿元,比 2014 年增长 7.0%,海洋生产总值占国内生产总值的9.6%。其中,海洋产业增加值 38 991 亿元,海洋相关产业增加值 25 678 亿元。海洋第一产业增加值 3 292 亿元,第二产业增加值 27 492 亿元,第三产业增加值 33 885 亿元,海洋第一、第二、第三产业增加值占海洋生产总值的比重分别为 5.1%、42.5%和 52.4%。据

---

① 邸希盛:《开创海洋软科学研究的春天》,《中国海洋报》,2004 年 6 月 8 日。

② 桑红:《从人文社会科学视角开展海洋发展研究的必要性》,《中国海洋报》,2005 年 8 月 26 日。

测算，2015 年全国涉海就业人员 3 589 万人。①

在蓝色产业带建设中做好产业文章，要抓好如下三点。

第一，做大临海工业，发展新兴产业，提升传统产业。

坚持有进有退，调整海洋经济结构。发挥市场配置资源的基础性作用，大力调整和改造传统海洋产业，积极培育新兴海洋产业，加快发展对海洋经济有带动作用的高技术产业，深化海洋资源综合开发利用。坚持突出重点，大力发展支柱产业。努力扩大并提高海洋渔业、海洋交通运输业、海洋石油天然气业、滨海旅游业、沿海修造船业等支柱产业的规模、质量和效益；依托港口条件适度发展石化原料深加工、船舶修造、水产品与电子产品出口加工业、能源电力等临港工业；发挥比较优势，集中力量，力争在海洋生物资源开发、海洋信息业、海洋电力、海洋油气及其他矿产资源勘探等领域有重大突破，为相关产业发展提供资源储备和保障。

第二，"做活"港口物流，"做响"滨海旅游，提升第三产业的地位。

第三产业在国民经济总产值中的比例，可以一定程度上表明一个国家和地区经济社会发展的程度和水平。第三产业居国民经济首位，是现代经济的重要特征。目前，少数发达国家的第三产业所占比重高达 70% 以上，世界平均水平为 60%。事实证明，越是经济发达的国家，第三产业也就越发达。因此，在蓝色产业带建设中，要把第三产业作为重头戏，抓紧抓好。

海洋交通运输业的发展要进行结构调整，优化港口布局，拓展港口功能，推进市场化，建立结构合理、位居世界前列的海运船队，逐步建设海运强国。

要保持港口总吞吐量稳步增长，加快建设现代化集装箱、散货等深水港口设施，重点建设国际航运中心深水港和主枢纽港，扩大港口辐射能力，注重港口发展由数量增长型向质量提高型转化。要相应发展支线港、喂给港，促进我国形成布局合理、层次清晰、干支衔接、功能完善、管理高效的国际集装箱运输系统。努力建成以港口为中心的国际集装箱运输、大宗散货运输等综合运输网络，使港口布局更加完善，运输能力进一步提高，港口服务功能更加多样化，装备技术水平不断提高，基本建成主要港口的智能化管理系统。

滨海旅游业要进一步突出海洋生态和海洋文化特色，做好海洋旅游的规划布局，进一步强化海岛与海岸带旅游联动。重点抓好渤海海滨，北黄海海滨海岛，沪、浙、闽、粤海滨海岛以及海南岛和北部湾等区域；努力开拓国内、国际旅游客源市场；实施旅游精品战略，发展海滨度假旅游、海上观光旅游和涉海专项旅游，开发沙滩浴场、海滨乐园、海鲜特产、滨海别墅、海岛探险、休闲垂钓、海上运动等旅游项目；加强旅游基础设施与生态

---

① 《2015 年中国海洋经济统计公报》，国家海洋局网站，http://www.coi.gov.cn/gongbao/jingji/201603/t20160308_33765.html。

环境建设，科学确定旅游环境容量，促进滨海旅游业的可持续发展。促使海洋旅游成为"蓝色产业带"上的重要经济增长点。

第三，提升海洋渔业，做精海涂农业，带动沿海农业。

要积极推进渔业和渔区经济结构的战略性调整，推动传统渔业向现代渔业转变，实现数量型渔业向质量型渔业转变。要优化海洋渔业结构，压缩近海捕捞，积极、稳妥地发展远洋渔业，逐步实施限额捕捞制度，引导渔民向海水养殖、水产品精深加工、休闲渔业和非渔产业转移。积极开展国际间双边和多边渔业合作，开辟新的作业海域和新的捕捞资源。

要充分发挥海岸线绵长、岛屿众多、滩涂广阔、海洋生物和旅游资源丰富等优势，在滩涂开发、生态农业等方面采用先进技术，形成水产养殖、海水制盐、畜禽养殖、沿海生态防护林建设、优质粮食作物种植、特色水果和蔬菜种植等特色农产品生产基地。通过开发浅海、改善滩涂、发展深水网箱、利用无人岛周围海域、建设人工鱼礁等途径进一步拓展养殖空间，加快海水养殖基地和先进种苗生产基地建设，实现海洋渔业的可持续发展。

积极发展水产品精深加工业。对产业结构进行调整，以水产品保鲜、保活和低值水产品精深加工为重点，搞好水产品加工废弃物的综合利用。提高加工技术水平，搞好水产品加工的清洁生产。培植龙头企业，创建名牌，认真执行水产品绿色认证标准，努力开拓国内外市场。

二、五位一体：蓝色产业带建设的战略取向

21 世纪，人类进入全面开发利用海洋的新时代。从中共十六大提出"实施海洋开发"战略，到中共十七大提出"发展海洋产业"战略，再到中共十八大提出"建设海洋强国"战略。2003 年 5 月，国务院印发了《全国海洋经济发展规划纲要》，提出了"逐步把我国建设成为海洋强国"的宏伟目标。国家还颁布了《国家海洋事业发展规划纲要》《国家海洋事业发展"十二五"规划》，对国家海洋事业在"十一五"和"十二五"期间的建设与发展做出规划设计和安排。国家提出建设"丝绸之路经济带和 21 世纪海上丝绸之路"的重大部署。"十三五"规划中也将海洋经济纳入。

根据《联合国海洋法公约》的规定和我国政府的主张，我国的管辖海域可达 300 万平方千米，其中内水和领海面积达 38 万平方千米。这片蓝色水域蕴藏着丰富的自然资源，是我国经济社会实现可持续发展的战略基地。

我国作为世界上最大的发展中国家，经济快速腾飞的背后，我们也应该看到对资源的大量消耗。陆上资源的急剧消耗，决定了我们如果想可持续地发展，就必须向更广阔的空间进军，这个空间就是海洋。可以毫不夸张地说，未来谁掌控更多的海洋资源，谁就拥有世界格局的话语权和决定权。

在选择海洋经济区带建设的战略取向问题上，可谓仁者见仁，智者见智。把建设"数字海洋、经济海洋、法制海洋、文化海洋、生态海洋"五位一体的具体目标作为蓝色产业带建设的战略取向，给我国提供了一个很好的分析思路。在这五个目标中，"数字海洋"为人类真正避免海洋开发的盲目性，提供了可靠的基础保障，是可持续开发利用海洋的前提；"经济海洋"使人类在开发海洋的过程中，得到自身利益的满足，为进一步开发海洋提供了动力机制；"法制海洋"确立了人类在开发海洋过程中的产权问题，是海洋资源有序开发的保障；"文化海洋"是人类对海洋本身的认识、利用和因有海洋而创造出来的精神的、行为的、社会的和物质的文明生活内涵，在海洋的开发中起到价值支撑的作用；"生态海洋"是蓝色产业带建设的题中之义。

（一）蓝色产业带建设的战略取向的具体目标分析

"数字海洋、经济海洋、法制海洋、文化海洋、生态海洋"五位一体的具体目标作为蓝色产业带建设的战略取向，具有现实意义和前瞻性。

1. "数字海洋"建设——蓝色产业带建设的前提

"数字海洋"随"数字地球"理念应运而生，它通过卫星、遥感飞机、海上探测船、海底传感器等进行综合性、实时性、持续性的数据采集，把海洋物理、化学、生物、地质等基础信息装进一个"超级计算系统"，使大海转变为人类开发和保护海洋最有效的虚拟视觉模型。为在海洋竞争中获取信息优势，美国、英国、法国、德国、俄罗斯和日本等国正将科研尖端力量和大笔资金投入"数字海洋"建设。例如，美国和加拿大为此制定的"海王星"计划，日本的ARANA计划等已初步实现应用。非洲地区25个沿海国也联合建立了非洲近海资源数据和网络信息平台。

"数字海洋"的主要内容包括：建设近海海洋信息基础平台、海洋综合管理信息系统和"数字海洋"原型系统；逐步完成"数字海洋"空间数据基础设施的构建，基本满足全国中比例尺（局部区域采用大比例尺）海洋空间数据的获取、交换、配准、集成、维护与更新要求；重点突破"数字海洋"建设所急需的支撑技术；完成"数字海洋"原型系统的开发，实现试运行，并开展应用示范研究，开发出一批可视化程度高的新型海洋信息应用产品。

"数字海洋"的建设在建设蓝色产业带中具有重要的作用。数字化的"海洋世界"将为海洋综合管理与公益服务带来革命性变化。通过整合气象、海洋、海事、渔政、水务等部门信息系统，"数字海洋"将为海洋维权、经济建设、环境保护、救助打捞等提供强大技术支撑。此外，"数字海洋"是维护国家海洋权益的保障；是推动海洋科学技术发展的动力；是海洋综合管理和宏观决策的依据；是充分利用海洋数据的最佳途径；为信息高速公路提供必需的海洋信息资源。①

"数字海洋"的突出作用在于它所产生的先进、丰富、实用的海洋知识。因此，完整的"数字海洋"体系必须在海量信息集成平台上，搭建公共性强、综合性广、功能齐全的基础海洋信息服务平台与产品开发和综合应用平台，并按照资源合理开发利用的原则，实现一次采集、一次集成、统一开发、各家共用的理想目标。这个信息服务平台既是用户根据各自的业务所需，获取相关海洋信息与知识的窗口，又是用户进行信息交换、共享，开展知识二次开发的平台。

在推进"数字海洋"建设中，要充分考虑我国海洋管理与开发的现状，以跨部门应用、整合资源、集成建设为原则，成立职、权、责明确的综合领导机构来统筹国家"数字海洋"建设，确保工程效益的最大化、资源利用的最优化以及应用性能的最佳化。

海洋是蔚蓝色的国土，随着信息技术的发展和充分应用，中国将以积极构建"数字海洋"为重点，努力提高海洋开发和管理工作的信息化水平。构建"数字海洋"信息基础框架项目，现已成为中华人民共和国成立以来规模空前的国家海洋计划之一。

2. "经济海洋"建设——蓝色产业带建设的动力

海洋作为世界上最大的地理单元，以广博而富饶的资源影响和养育着一代又一代人。现在，人们都意识到地球资源的有限性，正在加紧向海洋进军。"经济海洋"使人类在开发海洋的过程中，得到自身利益的满足，为进一步开发海洋提供动力机制。然而，我们也该意识到总有一天海洋的资源也会枯竭，在蓝色产业带建设的"经济海洋"战略取向中，我们务必要走海洋循环经济的道路。

应当指出，海洋所蕴藏的巨大潜在资源和能力将为 21 世纪中国的和平崛起、建设小康社会、实现社会主义现代化提供不可或缺的物质条件，这是我们坚持"经济海洋"这一战略取向的内在动力。

毋庸质疑，发展是以提高人类生活质量为宗旨的。坚持"经济海洋"建设，走可持续发展道路是构建和谐人海关系的前提和基础。"经济海洋"战略取向应该是在可持续意义下强调发展，不超越生态环境系统的更新能力，实现海洋生态的良性循环。其实质是一种资源节约型、环境友好型经济发展模式，把发展经济看作是一个社会-经济-自然复合生态系统的进化过程。这个过程因其能不断地给人类提供经济利益，而被人们所坚持，成为强烈的动力机制。发展"经济海洋"就是要实现一条从对立型、征服型、污染型、掠夺型、破坏型向和睦型、协调型、恢复型、建设型、闭合型演变的人海和谐生态轨迹，实现从只追求经济利益的一维繁荣走向社会、经济、生态、健康、物质文明、精神文明和生态文明的多维立体繁荣。

---

① 侯文峰：《中国"数字海洋"发展的基本构想》，《海洋通报》，1999 年第 6 期。

　　虽然从海洋中获得经济利益是人类开发海洋的动力机制，但是如何使海洋持续不断地提供这种经济利益也是我们必须考虑的。也就是说，"经济海洋"必须处理好人与海的关系，人海关系即人类与海洋之间的关系，是人地关系的一种类型，其主要反映在人类对海洋的依赖性和人类的能动性两方面。纵观漫长的历史过程，人类很早就开始了"兴鱼盐之利，通舟楫之便"的依海式生活，海洋也为人类带来了更多的财富和恩泽。然而，20世纪开发海洋的热潮，使得我国近海区域的一些海洋资源开发过度，环境遭到破坏，物种锐减，海洋污染逐年加重，这在很大程度上制约了海洋经济的健康发展，也影响了沿海地区经济的发展，影响海域的综合开发效益，难以持续利用。所以，在新时代提出了在可持续发展观念下的新型人海关系的概念，其实是一种互利互惠，共生共长的关系。人要尊重海洋，尊重自然，这样才能与自然和谐相处，人类才能永续发展。一方面，人类要向海洋索取更多的资源，寻求更多的利益；另一方面，人类要积极地优化海洋环境，让海洋的生产力不断提高，以满足人类日益增长的需要。因此，构建和谐人海关系是实现"经济海洋"战略的必然选择。

3. "法制海洋"建设——蓝色产业带建设的保障

　　"法制海洋"是关于海洋法律制度、法治机构、人们的海洋法治意识及其活动的总称。它不仅作用和影响着一个国家的治海方式，而且支配和引领着人们的涉海行为。我国是一个海洋大国，改革开放以来，海洋事业得到了长足的发展。然而，在取得巨大经济效益的同时，也带来了诸如生态环境恶化、海洋灾害增多等一系列的问题，直接影响到和谐海洋的建设。这一切，原因固然是多方面的，而深层原因就在于中国社会海洋法制建设缺失。[①]

　　随着1978年我国第一次把"国家保护环境和自然资源、防治污染和其他公害"纳入宪法，我国海洋环境立法和其他环境立法一样走上"快车道"。1996年我国加入了《联合国海洋法公约》，这标志着我国从此进入了依法用海的时代。1994年，根据联合国《21世纪议程》和我国的国情制定颁布了《中国21世纪议程》，提出了我国可持续发展的战略、对策及行动方案，在这其中有关海洋可持续发展的战略成为重要的组成部分。而我国目前制定的上述单项海洋法律、法规，在指导思想上并没有把可持续发展以及资源立法作为重要的立法目的，对可持续发展和资源立法缺乏具体明确的规定，致使这些法律、法规难以适应保护海洋国土资源，实现经济可持续发展的需要。因此在这种形势下，有必要检视我国的海洋立法，尽快制定、颁布、修改相关的法律，依据《联合国海洋法公约》的规定，健全、完善我国海洋立法。

　　（1）健全和完善海洋法律体系。首先，要在我国现有的单项涉海法律、法规的基础上，不断完善和充实这一法律体系，尽快制定一部海洋管理的根本大法，理顺海洋各行业

---

　　① 盛清才，盛楠：《海洋法制文化建设刍议》，《中国海洋报》，2008年6月6日。

主管部门与国家海洋管理部门之间的关系，协调相关法律、法规之间的关系。依据海洋根本法确立主管部门的地位和权威，协调平衡各涉海产业部门的利益，并与国际海洋管理工作接轨。其次，要根据《联合国海洋法公约》的规定，健全、完善《中华人民共和国专属经济区法和大陆架法》《中华人民共和国毗连区法》等法律以及相关配套政策和措施。再次，要建立海域使用法制度，来保证海域的科学合理开发和可持续利用。最后，要切实有效地制定、完善海洋环境保护方面的法律。

（2）把可持续发展原则作为指导思想写入我国海洋法立法之中。我国有关涉海法律、法规中，都把实施可持续发展战略作为现代化建设的重要组成部分，但不足的是，没有明确地将可持续发展原则作为环境与资源保护的指导思想。这就说明了我国海洋法与资源的政策之间存在着脱节的现象。为了更好地实施可持续发展战略，我国现在的涉海法律、法规必须进行修改和完善，应该把可持续发展原则作为指导思想写入其中，将其贯彻到修改完善有关法律、法规过程的始终，以适应可持续发展战略的需要。这样就可以保障对海洋环境和海洋资源的永续利用，使环境既满足当代人的需要，又不损害后人的生存与发展；既获取眼前利益，又兼顾长远利益，使海洋环境的发展与提高人类物质生活水平的需要协调发展，为把我国建设成一个海洋强国而打下坚实的基础。

（3）依法建立集中统一的海洋综合管理体制。长期以来，我国海洋资源的开发利用和环境保护基本上实行以行业和部门为主的管理。为适应《联合国海洋法公约》生效这一新的形势，为切实维护海洋权益，提高海洋经济效益，应对来自国际和国内的各种挑战，必须改革现行海洋管理体制，强化国家对海洋工作的管理职能，设立一个较高层次的、能够向中央直接负责的、集中统一的、独立的海洋管理部门，以协调国家各部门、各地区的海洋经济活动；沿海各省也应建立相应的海洋管理机构，通过目标责任制，将职责分解落实到各有关职能部门，做到责任到位，防止互相推卸责任的情况发生。在管理过程中，要依据《联合国海洋法公约》加强对海洋产业、海洋科技等方面的协调、监督、服务，做到赏罚分明，对各部门产生激励作用，真正做到以健全的海洋法律体系为基础，促进我国涉海管理部门管理海洋能力的进一步提高。[①]

4. "文化海洋"建设——蓝色产业带建设的价值支撑

人是什么？人期望什么？从数百万年前走到今天，人不应该向"兽性"沉沦而应当向"灵性"提升。法国启蒙思想家卢梭面对西方社会一方面拥有巨大的物质成就和文明的进步，另一方面是精神的空虚和道德的堕落的现实，尖锐地指出：如果丰富的物质伴随着人性的丧失，如果人的世界充满着财物，而唯独人的心灵、人的德性、人的情操失落了，那

---

① 姚慧娥：《论面向新世纪我国海洋法制建设的完善》，《2003 年中国法学会环境资源法学研究会年会论文集》。

么，这不是人类的幸福，而是人类的悲哀和没落。尼采曾尖锐地指出现代工业文明摧残了人的个性，导致文化衰落，人的非精神化。"人们手里拿着表（时钟）思想，吃饭时眼睛盯着商业新闻——人们像总怕耽误了什么事似的一样生活着。"① 日本学者池田大作指出，经济的极大发展已经使人类社会的整体体系在全球范围内逐渐崩溃着。只要放任这种经济的孤立发展，就会导致人类在地球上丧失生存权利。我们必须立即改变优先发展经济的想法，站在经济从属文化、教育的立场上始终不懈地为建立富有人性的文化社会而倾注全力。在这种高度发展的文化社会里，经济也就会为提高人的思想，发挥人的创造性，而起到基础的或润滑剂的作用。②

海洋文化，顾名思义，一是海洋，二是文化，三是海洋与文化结合。海洋文化，作为人类文化的一个重要构成部分和体系，就是人类认识、把握、开发、利用海洋，调整人与海洋的关系，在开发利用海洋的社会实践过程中形成的精神成果和物质成果的总和，具体表现为人类对海洋的认识、观念、思想、意识、心态以及由此而生成的生活方式，包括经济结构、法规制度、衣食住行、民间习俗和语言文学艺术等形态。海洋文化的本质，就是人类与海洋的互动关系及其产物。海洋文化的内涵具体可分为四个层面：一是物质层面，包括一切与海有关的物质存在与物质生产；二是精神层面，包括一切与海有关的意识形态；三是社会层面，包括一切因时因地制宜的社会典章制度、组织形式、生产方式与风俗习惯；四是行为层面，包括一切受海洋大环境制约与影响的生产活动与行为方式。③

从海洋文化的内质结构而言，它具有涉海性。人们常说海洋文化是"蓝色文化"，"蓝色"的"色彩"属性就是海洋文化的属性。人类缘于海洋而创造的文化，涉海性是它首要的也是本质的特征。从海洋文化的价值取向而言，它具有商业性和牟利性。从海洋文化的历史形态而言，它具有开放性和拓展性。古今中外的历史发展证明，什么时候、哪里面向海洋了，开放了，什么时候、那里的经济、文化就繁荣了，发展了。

海洋文化与海洋密不可分，但并非凡是沿海地区的人群都具有海洋文化精神，沿海只是具有海洋文化精神的必要条件，但还不是充分条件。它还与特定的历史传统、特定的生计方式及产业结构相联系。即使同属海洋文化区域，其海洋文化精神也有强弱之分。

"人文化"背景下的海洋文化担当是一种什么样的担当？如果我们感觉"活得太累了"，如果我们埋怨"穷得只剩下钱了"，如果人与人之间的关系成了"赤裸裸的金钱关系"，那么，让我们关注一下文化，关注一下海洋，关注一下海洋文化。

海洋文化是人海互动及其产物和结果，是人类文化中具有涉海性的部分。海洋文化的

---

① 尼采：《悲剧的诞生》，上海：上海三联书店，1986 年。
② 张开城：《哲学・世界・社会》，南宁：广西民族出版社，2002 年。
③ 丁玉柱：《海洋文化》，北京：海洋出版社，2009 年。

生发，在于人与海的关联和互动，在于人类的涉海生产实践和生活方式，在于海洋的"人化"。"人的本质力量对象化"于海洋这一特殊的客体，以及在这种"对象性"关系中的客体主体化的向度，全面展示在人海关系中的认识关系、实践关系、价值关系和审美关系之中。

我们坚持认为，文化的载体不仅是"人化"了的对象物，而且也包括主体自身。也就是说，在主体的文化创造中，不仅"化"物，而且"化"人。在改造客观世界的同时，人类也改造自己，在"互动"中改变人的价值观念，提高人的行为能力，影响人的行为模式和生活方式。马克思说过：在改造世界的生产活动中，"生产者也改变着，炼出新的品质，通过生产而发展和改造着自身，造成新的力量和新的观念，造成新的交往方式，新的需要和新的语言"。①

海洋文化研究应体现真善美的统一，海洋文化具有功利价值、科学价值、道德价值和审美价值。海洋与渔业文化的道德价值就是求善，包括三个方面：一是以海洋为参照系的道德价值观照，以海洋观照人格，以人类眼光中海洋的自然特征所具有的人格意义来领悟理想人格的某些要素。二是在人海互动中，主体受到对象物大海的洗礼，完成人格塑造，实现人格提升。三是继承、提炼海洋与渔业从业人员在长期的休养生息中积累和形成的道德品格和道德规范，提升海洋与渔业工作者的道德素质。海洋文化的审美价值就是求美。求美是海洋与渔业文化研究中的审美眼光和审美体验。海洋的自然属性本身就具有审美意义，人类海洋文化遗存也具有丰富的美学内涵，人海互动所生发的审美体验更是一种特殊的满足。海洋文化研究是先进文化建设的重要组成部分，是应对新世纪国际竞争、不断提高综合国力的需要；是解决文化建设与经济社会发展程度不平衡问题的需要；是解决人们文化素质相对偏低问题的需要；是克服落后观念，使心与时代同步的需要；是提升价值观念和社会道德水平的需要。要积极开展海洋文化建设，大力弘扬海洋文化精神，使海洋与渔业工作者形成与时代发展要求相适应的价值观，增强涉海产业系统的凝聚力和向心力，更好地调动海洋与渔业工作者的积极性、主动性和创造性，推动海洋与渔业事业全面、协调与可持续发展。

21 世纪的海洋文化研究，作为整个人类文化建设的一个组成部分，在呼唤和期待人文精神和人文关怀的年代，担负着神圣的使命。这一使命的旨归，就是文化海洋。文化海洋建设不仅是涉海产业和涉海群体的需要，也是民族和人类发展的需要；不仅是文化建设的需要，也是经济建设的需要；不仅是现实的紧迫任务，而且是长远的战略任务。

5. "生态海洋"建设——蓝色产业带建设的题中之义

海洋生态系统是全球生态系统的重要组成部分，在日益发展海洋经济的今天，海洋生

---

① 　张开城：《哲学视野下的文化和海洋文化》，《社科纵横》，2010 年第 11 期。

态系统发挥出越来越重要的作用。海洋以其特有的生物和非生物环境组成的开放复杂系统为人类提供着不可或缺的生态系统服务。发生在海域的经济活动与发生在陆域上的经济活动一样，自然资源和环境是最基本的生产资料和生产场所。①

从 20 世纪后半叶开始，生态问题就成为人们关注的话题，把发展纳入生态化轨道，已成为人们的共识。

1962 年，美国海洋生物学家 R. 卡森所著《沉寂的春天》一书出版。该书指出：化肥、农药、杀虫剂对生态环境将造成破坏，人类如果不及时防范，便有可能自毁于科技成就之中。1972 年，斯德哥尔摩举行的"人类环境会议"对《寂静的春天》一书给予了高度评价。

由麻省理工学院教授 D. 梅多斯主撰，20 世纪 70 年代作为"罗马俱乐部"② 报告面世的《增长的极限》指出，自 18 世纪工业革命以来，人类沿用的生产方式一直是消耗大量资源和能源，靠大量投入取得经济发展。如果人类继续这种掠夺式增长，继续高能耗、高物耗的生产方式和高消费、高享受的生活方式，人类将耗尽地球，总有一天自身会走上绝路。

一个重要的思想——可持续发展，则是由世界观察所所长莱斯特·R. 布朗在他的《建设一个可持续发展社会》（1981）中首次进行了系统的论述。1987 年 4 月，世界环境与发展委员会在《我们共同的未来》的报告中，将可持续发展作为关键概念采用。1989 年 8 月，联合国"国际人口、环境和发展研讨会"通过了《寻求持续发展的宣言》。同年 9 月，众多科学家签名发表了《关于 21 世纪生存的温哥华宣言》，并在宣言中指出："可持续发展是'科学技术能力、政府调控行为、社会公众参与'三位一体的复杂系统工程。"1992 年联合国环境与发展大会以后，可持续发展成为各国的共识。

全球海洋是一个大生态系，其中包含许多不同等级的次级生态系。每个次级生态系占据一定的空间，由相互作用的生物和非生物，通过能量流和物质流形成具有一定结构和功能的统一体。海洋生态系分类，目前无定论。按海区划分，一般分为沿岸生态系、大洋生态系、上升流生态系等；按生物群落划分，一般分为红树林生态系、珊瑚礁生态系、藻类生态系等。海洋生态系研究开始于 20 世纪 70 年代，一般涉及自然生态系和围隔实验生态系等领域。近几十年，以围隔（或受控）实验生态系研究为主，主要开展营养层次、海水中化学物质转移、污染物对海洋生物的影响、经济鱼类幼鱼的食物和生长等研究。

海洋生态系的类型划分，要比陆地上困难得多。陆地生态系的划分，主要是以生物群落为基础。而海洋生物群落之间的相互依赖性和流动性很大，缺乏明显的分界线。但是，

① 孙吉亭等：《海洋经济理论与实务研究》，北京：海洋出版社，2008 年。
② 是关于未来学研究的国际民间学术团体，也是一个研讨全球问题的民间智囊组织。

海洋环境是有不同的分区，各分区也都有各自的特点。

"生态海洋"由海洋生物群落和海洋环境两大部分组成，每部分又包括众多的要素。这些要素主要有 6 类：①自养生物，为生产者，主要是具有绿色素、能进行光合作用的植物，包括浮游藻类、底栖藻类和海洋种子植物；还有能进行光合作用的细菌；②异养生物，为消费者，包括各类海洋动物；③分解者，包括海洋细菌和海洋真菌；④有机碎屑物质，包括生物死亡后分解成的有机碎屑和陆地输入的有机碎屑等，以及大量溶解有机物和其聚集物；⑤参加物质循环的无机物质，如碳、氮、硫、磷、二氧化碳、水等；⑥水文物理状况，如温度、海流等。

生态化思维考问科技进步与应用的双重结果，反思人类行为的生态效应，关注生态效益，关心社会与自然的协调共荣。这不仅给遭受污染重创的陆地带来新的生机，而且也规约着人们的海洋开发行为。

海洋不是一个孤立的存在，而是人类生存和发展所依赖的地理环境的一个组成部分，也是生态系统的重要组成部分。海洋与陆地有很大的关联性和渗透性。目前，陆源污染是海洋污染的重要方面，加上航运污染、盲目开发、过度捕捞，已对海洋生态造成严重破坏。保护海洋环境，建设"生态海洋"已成为人们的共识。2004 年，联合国环境规划署把"海洋存亡，匹夫有责"定为第 33 个世界环境日的主题，旨在号召每个人都行动起来，成为推动可持续发展的积极行动者，促进污染防治与重视海洋环境保护，为人类留下清洁的海洋。

（二）文化思维统摄现代海洋战略

中国蓝色产业带建设应以文化思维统摄"数字海洋、经济海洋、法制海洋、文化海洋和生态海洋"五位一体的现代海洋战略。也唯有文化能以独特的视角和张力承负这一历史性的担当。

"数字海洋""经济海洋""法制海洋""生态海洋"建设，实质上都是人类的意志行为，属于广义的文化范畴。具体说，"数字海洋"其实是海洋科技文化的现代形式，"法制海洋"其实是海洋制度文化的高层次表现。说到"经济海洋"，不能不想到海洋"人化"、人的本质力量对象化的实现形式，即海洋文化的生发主要是通过人类的经济活动。人类经济活动的过程，也是一个文化的创造过程。反之，文化的注入，则使人类的经济活动更具活力和理性化的特征；至于"生态海洋"的提出，则表达了人类对海洋的人文关怀，是文明时代的生存理念，"生态海洋"是人类生态文化的重要组成部分。无论是"数字海洋""法制海洋""经济海洋"还是"生态海洋"建设，都需要文化的独特视角。

"数字海洋"建设常服务于功利需要，但从更广泛的意义上，"数字海洋"建设是要消除人类对海洋的陌生感，使"自在之物"成为"为我之物"，引导"自在"的海洋成为

"人化"的海洋。对海洋的科学审视是必要的，但"再美的美女，在理性的解剖刀下，也会变成一堆骷髅"。科学不能填补心灵的空白，"数字海洋"建设也需要文化眼光，做到真理和价值的统一，外在尺度和内在尺度的统一。我们必须明了，海洋不是解剖台上的白鼠，人类也不是毫无感情的冷面杀手。其实，"数字海洋"建设是要拉近人类与海洋的距离，以朋友的心态来善待海洋而不是相反。

人类并不喜欢追问为什么需要"法制海洋"，"法制海洋"也不是要把人类引导到一个对立、对峙的生存环境中。我们不能认为，单靠"法制海洋"建设就能把人类带入一个和平利用海洋的时代。也许，一个更人性化、理性化的海上生存族类更多地需要文化思维。把生命关怀、"类关怀"引入法制海洋建设，将引导人们在科层社会中以共存、共生、共荣的心态扮演友好合作的角色，处理好手段与目的、动机与效果的关系，并把制度文化拓展到更宽泛的领域。全球化背景下的地球村民要确立对海洋的道德意识和人类意识，确立对海洋的责任感和义务感，确立共同家园和共同利益的理念。

"经济海洋"建设也离不开文化。一国综合实力的强弱，不仅体现在经济发达程度上，而且也体现在文化发展水平上。文化、文明的竞争，是更深层次的竞争。"文化力"是一个国家国际竞争力的综合实力的重要标志。从一定意义上讲，现代经济也是"文化经济"。要充分利用本国、本地区的文化资源优势包括海洋文化的优势，促使文化与经济互动，多方面、多渠道地加快经济的发展。要关注海洋文化所具有的巨大张力，海洋文化的经济功能，除了体现在海洋文化产业的开发，还要发挥其精神方面的特殊功能。要继承和培育海洋文化精神和渔业文化精神，保证和促进涉海产业的健康发展，提升涉海群体的整体素质。另外，海洋文化还可制约海洋经济的盲目扩张。海洋博大而深邃，但也敌不住资本的贪婪大口。对海洋的商业眼光是必要的，但只看到海洋的商业价值是远远不够的；文化的前提是温饱，但文化是高于温饱的。在当今中国，"科学发展观"和"绿色GDP"概念的提出，昭示一个新的发展理念为人们广泛接受。在后工业时代，对发展的评价要做到道德评价和功利评价的统一，经济效益标准和社会效益标准的统一，公平性原则和持续性原则统一。

这里有必要提一下人类的海洋心态。海洋心态是人海关系的心理投射，是人海关系中的主体体验和对待。海洋心态有一个历史的发展过程，即恐惧心理—征服心理—朋友心理。早期人类对海洋的恐惧心理可以理解。无论是个体还是群体，在生存和生命面临威胁时产生恐惧是正常和普遍的现象。由恐惧心理发展到征服心理，是智慧生物的心理倾向和必然选择。当人类在这种"征服"和"命令"的心态驱使下，意志行为带来了严重的恶果的时候，通过反思摒弃了绝对的人类中心主义的取向，确立了与自然与海洋的朋友关系。显然，人与海的关系经历着一个由"奴隶"到"主人"再到"朋友"的过程。在这个过程中，文化以其独特的视角为人海关系的思考和对待提供参照系和精神工具，避免片面功利主义、工具理性、操作主义和唯科学主义的指导。

对海洋的文化审视，首先是一个形而上的课题。这一研究的出发点是海洋，最终目标却是人，是从海洋的价值中发现人的价值——个体的价值、民族的价值和人类的价值。与宇宙、太阳系和地球相比，人类真可谓姗姗来迟。但人类一经出现，就使苍茫的宇宙为之一变。作为智慧的生物、"万物的灵长"，人类使自己的摇篮变成了大显身手的舞台，使本然的自然变成了人化的自然，使"自在"的世界变成"人化"的世界，把越来越多的彼岸世界的"疆土"变成此岸世界的"领地"。当人类高举科技的利剑在生态系统中所向披靡的时候，自然终于忍无可忍而发怒了。片面的征服主义和绝对的人类中心主义引发人类的深刻反思，"罗马俱乐部"用悲观的语调诉说人类与自然、科技与未来的关系。在 21 世纪，我们要把人类和文化放在人类与自然、人类与地球、人类与太阳系、人类与宇宙的广阔时空中来把握，"澄怀"而"味象"，"同于大化"。聆听"天籁"之音，感受宇宙生命的"律动"。人类的眼光很远很远，人类的使命之路也很长很长……人类及其文化，包括海洋文化，都在新的起点上延伸，从此在有限中走向无限和永恒。在这样的语境中，文化的使命在于使人类的未来属于自己。

第四章　蓝色产业带的形成机理与演化机制

从蓝色产业带的形成机理与演化机制上看，增长极理论、点轴开发理论、产业布局理论等为产业带形成与布局提供理论依据。以港口为产业集聚的增长极是蓝色产业带形成的经济前提，沿海城市交通互联是蓝色产业带形成的物质基础，海陆产业价值链共融是蓝色产业带的扩张动力，城市间政府合作体系是蓝色产业带形成的政治基础。作为独立的系统，蓝色产业带的演化机制在其空间演化、结构演化以及企业组织系统的演化不仅具有一般经济带演化的性质，也表现出一般经济带所没有的特性。

一、产业带形成与布局的理论依据

（一）增长极理论

1955 年法国经济学家弗朗索瓦·佩鲁提出"增长极"理论，其理论要点包括：高度工业化的背景下，社会生产集聚是在经济快速发展的地点首先实现的[①]。因借喻磁场内部运动在磁极为最强这一规律，称经济发展的这种区域"极化"为"增长极"（Growth pole）。作为增长极发展及作用基础的产业被称为关键产业（Key industry），它的特征是：生产规模大，创生强大的增长推动力并且与其他产业广泛关联。当关键产业开始增长，该企业（或部门）所在区域的其他产业也开始增长。经济增长的动力将逐步渗透，最终波及整个地区。

增长极在两个方向作用于周围地区。一是"极化过程"，也就是集聚化过程。即增长极以其较强的经济技术实力和优越条件将周围区域的自然及社会经济潜力吸引过来，如资源、原材料、劳动力、投资、地方工业或企业，迅速扩大了两个地区之间经济发展的差距（如图 4-1 所示）。二是扩散过程，也称之为"渗漏过程"，即增长极对周围地区投资及其他经济技术支援，形成附属企业或子公司，为周围地区初级产品提供市场，吸收农业剩余劳动力等。中心与周围腹地的经济发展水平的差异越来越小，区域内部经济趋于一体化，曲线在更高的发展水平上收敛。

极化与扩散过程虽然在空间上相对分离，但是极化过程和扩散过程对于极化地区和扩

---

① 陆大道：《关于"点-轴"空间结构系统的形成机理分析》，《地理科学》，2002 年第 1 期。

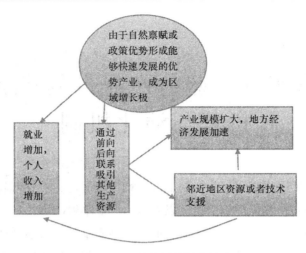

图4-1　区域发展的极化效应

散地区在此阶段有着不同的经济发展轨道。见图4-2。从图中我们可以看出，在初始阶段，极化区的增长水平略高于周边地区，随着极化区的高增长，进入极化阶段。由于周边地区的资源流动到极化区域，增长极的邻近区由于要素资源的投入不足，经济增长速度开始趋于下降，而此时极化区则是高速增长率，二者经济增长率的差距迅速扩大。当极化区增长率稳定之后，极化区为邻近区提供了较大的市场空间，其技术溢出也在邻近区显现，邻近区在极化阶段的经济增长呈现"U"形。在扩散阶段，邻近区出现了较快的增长速率，与极化区的经济增长速度差距不断缩小，二者保持较小的经济增长速度差距。

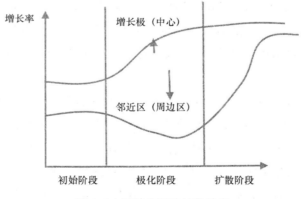

图4-2　区域发展的扩散效应

（二）点轴开发理论

点轴开发理论源于波兰经济学家萨伦巴、马利士等人提出的增长极理论、生长轴理论等区域不平衡发展理论。"点"是指以高创新能力带动区域发展的各类区增长极，"轴"

指连接各增长极的线状基础设施。事实上，区位条件和交通干线对经济增长具有巨大的推动作用。交通干线如铁路、公路、河流航线的建立，一方面会降低生产和运输成本，另一方面，沿线物流和人流的增加使得一些中心城镇或经济发展较好的区域发展成为增长极，产业和人口向交通干线上聚集，会在交通干线上形成线状基础传承设施，并能够将点状的经济增长点联系在一起而形成经济增长轴。

要确定各阶段经济发展在空间上如何集中与如何分散，关键在于规定各阶段重点开发的轴线和点，组成"点-轴"开发系统。点轴开发，就是在全国范围内，确定若干有利于发展的大经济区间、省区间及地市间线状基础设施轴线，对轴线地带的若干个点（城市）予以重点发展。

随着经济实力的增强，经济开发的点愈来愈多地放在初始级别的发展轴和发展中心上。与此同时，发展轴线逐步向较不发达地区延伸，将以往不作为发展中心的点确定为次级别的发展中心。这一理论还认为，点轴开发对地区经济发展的推动作用要大于单纯的增长极开发，也更有利于区域经济的协调发展。

（三）产业布局理论

产业布局指在一定的区域范围内，所有的产业或部门在空间上的动态分布与组合，它是产业发展规律的一种动态体现和表达。与此相关的理论，即产业布局理论，表达了随着经济、社会等的发展，产业在空间的扩张和分布。

产业布局优化是指根据产业发展的一般规律，遵循资源最优配置原则，通过产业在空间组织的合理分布，实现相关资源的充分利用和一定区域内的最大经济效益和社会效益。产业布局优化是一个动态概念。假设生产函数 $Y_{it} = A_t (K_{it}, L_{it})$，其中 Y_{it}、K_{it}、L_{it} 分别表示 i 产业的 t 时期总产出、劳动投入和资本投入，A_t 代表该产业的 t 时期的技术水平。则劳动的边际产出 $MR_{Lit} = A (Y_{it}/L_{it})$，资本的边际产出 $MR_{Kit} = A (Y_{it}/K_{it})$，则该产业布局的理论最优应满足：

（1）同一投入要素在不同产业的边际产出相等，即 $E_i (K) = E_j (K)$，$E_i (L) = E_j (L)$；

（2）不同要素在同一产业的边际产出相等，即 $E_i (K) = E_i (L)$。

但在实践中，上述条件很难满足，而是与平均产出存在一定偏差。通过计算资本和劳动的边际产出与平均产出的偏离程度得出资源配置合理化系数，以此来衡量产业结构的合理化水平。

（四）城市圈域经济理论

第二次世界大战后，随着世界范围内工业化与城市化的快速推进，以大城市为中心的圈域经济发展成为各国经济发展的主流。各国理论界和政府对城市圈域经济发展逐渐提起重视，并加强对城市圈域经济理论的研究。该理论认为，城市在区域经济发展中起核心作用。区域经济的发展应以城市为中心，以圈域状的空间分布为特点，逐步向外发展。该理论把城市圈域分为 3 个部分：一是有一个首位度高的城市经济中心；二是有若干腹地或周边城镇；三是中心城市与腹地或周边城镇之间所形成的"极化-扩散"效应的内在经济联系网络。

城市圈域经济理论把城市化与工业化有机结合起来，意在推动经济发展在空间上的协调，对发展城市和农村经济、推动区域经济协调发展和城乡协调发展，都具有重要指导意义。

（五）工业区位论

韦伯 1909 年发表的《工业区位理论：区位的纯粹理论》，提出了工业区位论的最基本理论。以后他又于 1914 年发表《工业区位理论：区位的一般理论及资本主义的理论》，对工业区位问题和资本主义国家人口集聚进行了综合分析。

韦伯理论的中心思想，就是区位因子决定生产场所，将企业吸引到生产费用最小、节约费用最大的地点。韦伯将区位因子分成适用于所有工业部门的一般区位因子和只适用于某些特定工业的特殊区位因子，如湿度对纺织工业、易腐性对食品工业。经过反复推导，确定 3 个一般区位因子：运费、劳动费、集聚和分散。他将这一过程分为三个阶段：第一阶段，假定工业生产引向最有利的运费地点，就是由第一个地方区位因子运费勾画出各地区基础工业的区位网络（基本格局）；第二阶段，第二地方区位因子劳动费对这一网络首先产生修改作用，使工业有可能由运费最低点引向劳动费最低点；第三阶段，单一的力（凝集力或分散力）形成的集聚或分散因子修改基本网络，有可能使工业从运费最低点趋向集中（分散）于其他地点。

第一，运输区位法则。假定铁路是唯一的运输手段，以吨公里之大小计算运费。已知甲方为消费地，乙方为原料（包括燃料）产地，未知的生产地丙方必须位于从生产到销售全过程中吨公里数最小的地点。吨公里数最小地点在什么地方，是根据运费确定区位的核心问题。韦伯研究了原料指数（即原料重量与制品单位重量之比）与运费的关系，指数越小，运费越低。从而得出运输区位法则的一般规律：原料指数大于 1 时，生产地多设于原料产地（例如钢铁、水泥、造纸、面粉、葡萄酒）；原料指数小于 1 时，生产地多设于消费区（例如啤酒、酱油）；原料指数近似为 1 时，生产地设于原料地或消费地皆可（例如石油精制、医疗器械）。几乎完全根据原料指数确定工业区位。

第二，劳动区位法则。某地由于劳动费低廉，将生产区位从运费最低地点吸引到劳动费用最低的地点。工业的劳动费是指进行特定生产过程中，单位制品中工资的数量。

第三，集聚（分散）区位法则。分散和集聚是相反方向的吸引力，将工厂从运费最少的地点引向集聚地区或分散地区。如果集聚（分散）获得的利益大于工业企业从运输费用最少的地点迁出而增加的运费额，企业可以进行集聚或分散移动。具体推算方法也可利用等费线理论。

（六）新经济地理理论

1991 年，克鲁格曼在《政治经济学杂志》上发表了论文《收益递增与经济地理》，对新经济地理理论进行了初步探讨，并在随后的一系列论著中对其思想进行了深入的阐述。传统的区域经济理论主要建立在新古典经济学基础之上，通过无差异空间、无运输成本等严格假定，提出相应的区位理论、区域增长理论等。克鲁格曼认为，以往的主流经济学，正是由于缺乏分析"规模经济"和"不完全竞争"的工具，才导致空间问题长期被排斥在主流经济学之外。现在，由于"规模经济""不完全竞争"等分析工具的发展，有望将空间问题纳入到主流经济学的范畴。

克鲁格曼的新经济地理理论主要研究"报酬递增规律"如何影响产业的空间集聚，即市场和地理之间的相互联系。他的基本观点是，产业在空间上的分布不均匀性是"报酬递增"的结果。现实经济生活中"报酬递增"现象广泛存在，而且可以应用到多个领域。比如我们把一家工厂孤立地建在大荒原上，无论工厂如何做大做强，最终也逃脱不了"规模报酬递减"的命运。但是，如果我们把工厂设立在大城市里，情况就大不相同，因为城市的规模越大，一般来说工业基础就越健全。这样，无论所建工厂在原料供给上有什么新要求，在生产工艺上有什么新标准，都可以在城市这个空间范围内得到满足。伴随着工厂的扩张和城市的发展，劳动生产率会越来越高，收益也随之提高，这样就实现了"报酬递增"。克鲁格曼认为这才是把握住了现代国际贸易的核心。

克鲁格曼运用了一个简单的"中心-外围"模型，分析一个国家内部产业集聚的形成原因。在这个模型中，处于中心或核心的是制造业地区，外围是农业地区，区位因素取决于规模经济和交通成本的相互影响。假设工业生产具有报酬递增的特点，而农业生产的规模报酬不变，那么随着时间的推移，工业生产活动将趋向于空间集聚。在资源不可流动的假设下，生产总是聚集在最大的市场，从而使运输成本最小并取得递增报酬。但需要注意的是，经济地理集中的形成是某种力量积累的历史过程。"中心-外围"理论的意义，在于它可以预测一个经济体中经济地理模式的渐进化过程：初始状态时，一个国家的地理区位可能有某种优势，它对另一地区的特定厂商具有一定的吸引力，并导致这些厂商生产区位的改变；一旦某个区位形成行业的地理集中，该地区的聚集经济就会迅速发展，并获得地区垄断竞争优势。

克鲁格曼还进一步详细论述了产业集聚的形成过程。他肯定了早期马歇尔的外部经济性思想，认为这是经济活动在地理位置上趋向集中。在此基础上，克鲁格曼又重新诠释了马歇尔的观点，认为产业地方化现象有 3 个原因：基本要素、中间投入品和技术的使用，它们都产生了来自供应方面的外部经济性。

第一，劳动力市场的"蓄水池"效应。在同一个地方，来自同一行业众多企业的集聚力量，可以吸引越来越多的技术工人。这个"蓄水池"的不断扩大，可以帮助企业克服种种不确定性，加上规模经济的作用，报酬递增的效应便出现了。

第二，中间投入品效应。一种产业长期集聚在某地，可以吸引许多提供特定投入和专业化服务的供应商，并使之逐渐成为地区的生产中心；由于规模经济和范围经济的作用，这种生产中心规模越来越大，能吸引更多有效率的供应商。

第三，技术的"外溢"效应。假设有关新技术、新产品和新工艺的信息，在某地区内部比其他地区更容易流动和获得，那么相对于远离该地区的企业来说，集聚在该地区的企业更容易获得正面的外部性效应。

二、蓝色产业带的形成要素

(一) 以港口为产业集聚的增长极——经济前提

港口具有天然的外向性，作为城市对外开放的窗口，货物海陆联运的枢纽，国际商品的贮存、集散和分拨中心，贸易、加工业和相关服务业的聚散地，可以把内外两个市场有机地联系起来，对港口城市经济发展促进作用日益增强。自古以来，以港而兴的城市甚至是国家并不鲜见。以新加坡为例，充分利用其扼守能源通道的特殊位置，审时度势，发展了炼油工业和石油化学工业，并一跃成为世界重要的炼油中心和亚洲石油交易市场，从而造福国民，充分参与世界分工，在助推世界经济发展的同时，也成就了新加坡经济腾飞的梦想。靠海而作，向海而兴，以大港口带动大开发早就列入了各港口城市发展的规划版图。

国内外大型城市经济圈的形成与发展，无不与港口经济的作用紧密相关。20 世纪 90 年代崛起了以上海为中心的长江三角洲经济圈，辐射范围是 40 万平方千米，长江黄金水道贯穿其中。港口建设发展快，城市经济圈和区域经济发展也快；港口经济规模越大、现代化水平越高、功能越强、服务越全，其吞吐量就越大，对经济圈发展的拉动作用就越大。

事实上，港口通过降低运输成本、扩大市场范围而集聚产业的作用和影响也得到了实证研究的支持。姬冬梅、熊德平和姬旭升的研究[①]表明，临港产业表现出较高的集聚水平。图 4-3 中，左侧数字表示集聚度，可以看出装备制造业、木材加工业的集聚度一直高于全国平均水平。但是随着沿海地区"拥挤成本"上升倒逼产业结构调整加剧，装备制造业的

---

① 姬冬梅，熊德平，姬旭升：《沿海地区临港产业集聚地区差异研究——基于 17 个港口城市面板的数据》，《改革与战略》，2014 年第 10 期。

集聚水平在 2005 年达到最高值以后逐渐趋于较高的稳态，中国东部地区装备制造业的产业转移基本完成。

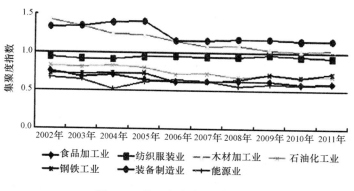

图 4-3　港口各类产业的集聚程度

（二）沿海城市交通互联——物质基础

　　交通与区域经济增长的关系一直是发展经济学家关注的领域。早在 18 世纪，亚当·斯密就提出，国家应建设并维护公路、桥梁、运河等公共设施以促进经济发展。[①] 马歇尔考察了运输发展对经济布局的影响。罗森斯坦·罗丹的"大推进"理论和沃尔特·罗斯托都认为，必须优先发展基础设施，才能实现经济起飞。艾哈迈德认为，发展中国家由于运输设施发展不足，阻碍了现代技术的传播、各种经济部门之间市场的联系，从而成为经济发展的重要瓶颈。[②] 然而，实践表明基础设施的带动作用并没有像经济学家理论预测的那样显著。更多的学者从交通本身的经济边界出发，研究交通运输对区域经济结构以及布局的影响。交通网络理论是这类研究的一个典型分支，它主要研究了运输业规模经济、范围经济以及运输网络经济之间的关系。荣朝和指出，运输网络经济主要表现为在运输业规模经济与范围经济的共同作用下，运输总产出扩大会引起平均运输成本不断下降。运输网络经济由运输密度、网络的幅员两者构成，网络内设施与设备的使用密度和服务对象增加，使得运输产出不断扩大，从而引起平均生产成本不断下降。[③] 随着蓝色产业带中港口或者枢纽的运输处理能力增加，运输网络上港站吞吐及中转客货量、配载车辆、停靠船舶等能力的提高引起平均成本逐渐降低，运输辐射范围的增加使得运输产出扩大，多种运输产品加上距离延长使得平均运输成本不断降低，产品行业中规模经济和范围经济交织在一起，构成了运输业网络经济。基础设施作为一种通道，使得经济要素（信息、原材料、能源、

---

　　① 亚当·斯密：《国民财富的性质和原因的研究》，北京：商务印书馆，1979 年。

　　② Ahmed，sujuno and wilson. Road Investment Progralllming：oevelopingeoun es：Aeasestudyofsouth Sulawesi. TransPortation Center，1976（12）：214.

　　③ 荣朝和：《关于运输业规模经济和范围经济问题的探讨》，《中国铁道科学》，2001 年第 4 期。

劳动力等）从一个区域流向另外一个区域，实现经济要素的空间移动。交通网络在客观上使各区域连接成一个整体，是各区域间经济活动和区域相互作用的纽带。

（三）海陆产业价值链共融——扩张动力

蓝色产业带是海陆产业荟萃的地带。在这个地带里，既有传统的海洋产业如海洋渔业、海洋交通运输业、海洋盐业，也有新兴的海洋生物制药、滨海旅游、海洋设备制造业，同时也聚集着相当密集的陆域产业如种植业、制造业以及服务业。我们知道，海洋是天然屏障，并不适合人类直接居住、工作和生活，这就意味着从事海洋开发利用的活动必须以其相邻的陆域为基或者借助陆域已有的科技发展成果。这种空间上、技术上的天然联系使得海陆产业之间有着固有的、内在的关联。比如海洋设备制造产品如石油设备平台、采矿平台、水下探测设备等主要在海上从事资源开发和监测活动，而设备制造的技术以及劳动则主要是在陆地上完成的。这种因价值链条相互依赖的经济网络，生产活动范围在空间上不断拓展，提高了陆域和海域的总体生产率，从而促进了经济增长。

（四）城市间政府合作体系——政治基础

从全球范围来看，相邻城市之间的合作已经成为地方合作的主流形式。由此，治理超越了城市固有的边界范畴，城市间治理与跨界合作网络构建成为城市空间发展政策的核心。跨界合作的驱动力是基于共同利益，比如产业结构升级、区域公共产品提供、区域城市品牌打造，等等。在实践中，知识和信息的相互交流、资源的共同开发也逐步体现出来。政府之间的合作使得地方/城市政府横向关系比中央与地方间纵向关系得到了较为快速的发展，于是引发了研究者对政府间关系、跨界合作的政治和理论含义的新解释。有学者认为，城市间的合作治理有助于传统集权模式向分权化发展，有助于地方和城市政府的自治，而且，有的认为跨界合作网络在城市和区域空间发展中，有助于减弱或消除中心与外围地区的差异，最终走向区域经济一体化。[①] 政策网络理论很好地解释了地方政府间跨界合作动机和网络，该理论认为跨界合作网络不是包括诸多合作主体或合作动机的一个相互分离的概念，而是一个由社区、城市政府、区域政府都参与的完整政策体系。之所以采取这种积极的网络性合作政策，是因为每个合作主体力争作为公共过程的参与者，来实现对各方都有利的公共利益。通过跨界合作网络，一方面能够提高地方政府之间的相互依赖性，增加各方面的交流与协商，减轻城市或区域之间的利益冲突；另一方面也能够有效分散等级政府模式下高度集权化的格局，消除跨界区域经济发展的潜在制约因素。

一般而言，政府之间的合作并不是通过政府直接干预经济要素的配置实现的。政府通过制定区域的产业发展规划，明确产业发展的重点、次序及结构，运用财政、信贷以及税

---

① Van Der Wosten, H. Governing Urban Regional Networks : An Introduction . Political Geography, 1994.

收等政策手段，协调各产业的发展以及产业结构，使其符合区域经济增长的总体要求。各地地方政府的合作主要是通过消除要素在产业间流动的障碍，完善市场信息机制，规范企业和个体的行为并促进区域市场一体化，为市场机制资源配置过程保驾护航。市场机制与政府干预相互补充、相互制约，引导和推动着区域产业结构不断地发生变化。只有它们彼此配合，才能促进产业带产业结构趋向合理化，从而提升区域生产效率，促进区域之间的经济联系，实现区域共同发展的目的。

三、蓝色产业带的演化机制

　　蓝色产业带的坐落空间在海岸带，既包括海域也包括陆地，正因为此地带的独特区位赋予了蓝色产业带特有的经济系统属性，所以其地理结构的不一致并不妨碍我们将其看做一个独立的区域经济系统。作为独立的系统，其空间演化、结构演化以及企业组织系统的演化不仅具有一般经济带演化的性质，也表现出一般经济带所没有的特性。

（一）蓝色空间结构的演化机制

　　集聚和扩散是蓝色产业带空间结构形成演化的动力机制。

　　蓝色产业带宏观上的空间演化可以用图 4-4 来表述。随着港口的建设、矿产资源的开发和商品经济的发展，首先在 A、B 两点出现因港口而发展起来的城镇或者居民聚居区（Ⅱ），为适应社会经济联系的需要，在 A、B 之间建设了交通线；由于集聚效应因素的作用，资源和经济设施继续在 A、B 两点集中，这两点之间又建立了若干通信、能源、公路、铁路及航空基础设施。这些设施的设立影响了沿线 C、D、E、F、G 等点经济要素的集聚，因此主交通干线会相应延伸出一些直线，这些新的集聚区快速发展。在循环累积效应作用下，这种发展模式不断地重复，A、H、B、C 沿线成为发展条件好、效益水平高、人口和经济技术集中的发展轴线；A、B 点形成更大程度的集聚，C、D、E、F、G、M、N 成为新的集聚中心，大量的人口和经济单位往沿线集中，成为一个大的密集产业带。不仅如此，通过 A、B、H 3 个点还各出现另一方向的第二级发展轴线，通过 D、I、F 等点形成第三级发展轴线。如此下去，生产力地域组织进一步完善，形成以"点-轴"为标志的空间结构系统（Ⅳ）。

　　图 4-4 主要描述了在点轴空间系统中较为宏观的点与点、点与轴之间的发展与依赖，而对于每个点内部的发展描述较为粗糙。对于点轴系统中单个城市的发展，经济学界在城市形成原因问题上已基本达成共识，一般认为生产的比较优势、企业内部规模经济、定域化经济和城市化经济是城市存在的原因。[①] 早期研究城市形成过程的学者克里斯·泰勒和廖什认为，城市以及城市体系的形成可以用中心地理论和市场区理论解释。随着一个城市

---

① Anthur. O' sullivan. Urban Econoies，FourthEdition，MeGraw. Hill，2000.

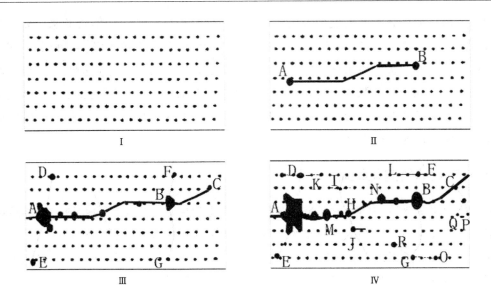

图4-4　蓝色产业带点轴空间系统演化

人口规模的扩大，消费规模即市场规模随之扩大，原有企业在不扩大产能和规模的情况下，市场需求不能得到满足，原有企业的利润增加。在非完全垄断的情形下，必然有更多新的企业进入。根据不完全竞争理论，新进入的企业选址最大可能是离市场较近的地方即新增人口快速发展的区域，新企业和原有企业的集聚促进了该区域的快速发展，从而形成了中心城市。

　　实践中，蓝色产业带的建设基本上以大型港口城市为中心，产业要素逐步扩散，形成了"中心-外围"结构的空间结构。以"珠三角"蓝色产业带为例，改革开放以来，最早以广州这个大型港口为中心城市，逐渐带动周边中山、珠海以及佛山的发展。深圳特区的建立增强了产业带之间的建立，其快速发展和特大型港口的建设确立其在"珠三角"蓝色产业带发展过程中的主导地位。

（二）产业结构演化的动力机制

1. 海陆两类产业演进机制

　　蓝色产业带就是一个由若干不同海洋产业和陆域产业构成的产业巨系统。经验发现，产业带中各类产业的生存和发展过程是异质的，在不同的历史时期，各类产业自身的发展能力和发展速度是不同的。早在人类社会早期，由于技术比较落后，海洋是人类天然生活的屏障，人们利用海洋主要局限在简单的采集、捕捞。船舶的发展大大拓展了人类在海洋这一地理单元上的活动空间，也促进了不同大陆之间经济要素的交流。进入21世纪，随着科技的发展和人们对海洋资源价值认识的深入，海洋开发活动越来越广泛，海洋产品数量、单位资本产出率、劳动产出率等状态变量指标值不断提高，海洋产业发展较快。改革开放以来，海洋产业富有活力，长期以来增速保持高于同期国内生产总值的增速。尤其是滨海旅游业、海洋工程业、海洋生物制药等新兴海洋产业快速发展，海洋产业对蓝色产业带建设的贡献率越来越大，逐步成为蓝色产业带建设的主导产业。从演化机制来讲，在海洋开发初期，许多海洋产业是融于陆地产业体系中的，只是随着海洋开发的深入，海洋产业群体日益成熟，各项海洋开发活动之间建立起纵向链状关系和横向交叉关系，它们相对于陆地经济的特征初步显现，海洋产业加速成长。但是，海洋资源的开发必须以陆地为支点，同时需要陆域配套设施与相关产业的发展。

在这种相互关联的作用下，海陆产业产量状态演化曲线呈现交叉"S"形状态（图4-5）。从图中我们可以看出，在陆域产业发展受到资源限制的情况下，人们将陆域经济要素投入到海洋中去，海洋产业快速进入高增长，陆域产业成为海洋产业的助推器。与此相应的是，海洋产业的快速发展和升级在带动陆域相关产业发展的同时，也受到陆域相关产业技术和配套的制约。在同一时间维下，海洋产业和陆域产业产量和速度增长曲线会有一定程度的背离。但经过长期发展，二者之间的差距逐渐缩小，最终走向均衡。

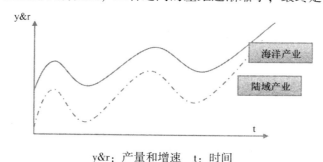

y&r：产量和增速　t：时间

图4-5 海洋产业和陆域产业产量及增速演化

2. 蓝色产业带结构升级的演进机制

蓝色产业带区具有内陆区域无法比拟的区位优势，可以充分发挥国内、国外两个市场的功能，可以及时察觉到国内和世界范围产业发展动态以及产业前沿技术，及时引进新产品、新技术并进行消化吸收和再创新，实现蓝色产业带区域的产业结构优化。

改革开放以后，沿海地区由于渔业发展加快，第一产业比重出现反弹，但工业化的趋势和第三产业旅游业和交通运输业的发展使得蓝色产业带的产业结构不断优化，第一产业的比重逐渐下降，第二产业的份额经历了先上升后下降的显著变化。进入 21 世纪之后，第三产业已经处于绝对的支配地位。产业结构升级还体现在各产业内部结构的不断改善上。比如第一产业中种植业、捕捞业的比例逐渐下降、养殖业的比例逐年增加，表明蓝色产业带地区单纯依赖较低技术水平的状况已经得到改观，生产结构日趋合理，出现了生产由数量型向效益型转变的良性趋势。再比如，第三产业之中的交通运输业在沿海开放深入的过程中保持高速增长，而且滨海旅游的蓬勃发展使得第三产业份额逐渐上升。

（三）蓝色产业带企业系统演化机制

蓝色产业带的企业系统可以视为一个由若干相互关联的企业和相关组织构成的复杂网络。在这个系统中，既有规模较大的海洋运输企业，也有规模较小的陆域企业。根据企业系统演化理论，这些企业可以抽象为复杂网络中的一个个节点，这些节点之间的相互关系为复杂网络的"边"。蓝色产业带企业网络演化机制可以从5个方面理解：一是在现有的网络中加入一个新的海洋企业，使得该企业与网络中其他的企业节点建立若干连接；二是现有网络中退出一个企业，与此同时，与该企业之间的联系也消失；三是随着分工的进一步深入和市场拓展，现有网络中各节点之间建立了若干新的连接，使得部分节点之间的连接密度增加；四是随着产业升级和价值链的变化，部分节点之间的连接被瓦解；五是网络中已经存在连接的一个端点断开，与网络中另外的点相连，即部分连接发生改变。

企业系统作为一种组织形式，有其产生、成熟、衰退的过程。蓝色产业带企业系统产生之初，可能是因为海洋资源丰富，或者是偶然事件，几个企业在港口或者临海区域内扎堆，此时由于企业数量不多，分工不强，企业系统内企业单位网络成本比较大；由于产业带的启动或者是各项基础设施的建设导致企业系统网络成本过高，故产业带企业系统收益低。该阶段参与产业带的企业比较少，没有形成完整的产业链，但由于地区的资源要素禀赋或者政府政策的支持，仍吸引众多的企业加入到产业带中。这一阶段各种网络都未形成，产业带内企业仍"单兵作战"，产业带内的政府或者行业协会应当加大基础设施的投入，增强自身对带外企业的吸引力。

随着经济的发展，企业系统内部企业数量越来越多，分工越来越强，企业之间的信息搜索成本、技术知识传播成本、基础设施共享成本等开始降低，企业系统内部企业与外部企业相比收益开始提高，更多的企业被吸引到蓝色产业带中；产品网络已经初具规模，开始形成自己的主导产业，同时大量辅助性、补充性产业的企业也开始加入其中。学习网络开始搭建，知识溢出速度加快，企业系统初步具备学习创新能力。由于各种类型的企业开始进入产业带，规模经济开始发挥作用，企业间的交易成本开始下降。这一阶段，企业应该加大产品的研发投入，充分利用知识溢出效应进行创新，增强企业系统学习能力，构建产业带的对外竞争力。

当企业系统内部企业的单位网络成本降到最低，企业系统达到发展的鼎盛期，此时企业系统内收益（由规模效应给企业带来的收益）达到最大；多样化的市场需求，不断扩张的企业系统规模以及企业系统内部企业间的竞争合作使企业系统成为一个高度动态有序的自组织创新系统。产业带内部的学习网络、社会网络已经完善，产业带企业系统基本实现经济、知识、社会资本的最优组合；产品具备了一定的市场竞争能力，对外形成产业带自己的区域品牌。此阶段产业带企业应该努力进行技术创新，在主导产品稳定获利的基础上开发潜力产品，为下一阶段的产业带转型做准备；作为政府部门应当对产业带的发展方向进行引导。

由于企业系统的锁定效应，或者是因为企业系统内企业技术枯竭，或者是某些企业行为的影响，导致网络成本上升，企业系统开始逐步衰退，或者进行技术变迁转型，发展成新的企业系统。因而，蓝色产业带企业系统发展过程中，企业网络成本曲线可近似看作随时间变化而呈抛物线变化，企业网络收益曲线可近似看作随时间变化而呈直线变化。

第五章　蓝色产业带的建设原则

21 世纪是海洋世纪，海洋是人类生存发展的第二空间，海洋是经济发展的重要支点，海洋是人民生活的重要依托，海洋是战略争夺的"内太空"，海洋是人类未来文明的出路所在。21 世纪是海洋经济时代，世界经济重心正向海洋转移：美国声称未来 50 年开发重心要转向海洋；日本借助科技优势加速海洋开发；国内沿海各省市也纷纷把发展目光投向海洋，做出了许多开发海洋的重大战略部署。浩渺大海，流金淌银。如何将这笔巨大的潜在财富转化成经济优势是一个重大课题。合理开发海洋资源，大力发展蓝色经济，利用海洋和海岸区位优势和资源发展各种蓝色产业，已经成为当代世界经济发展的主旋律。[①]

根据《联合国海洋法公约》的规定，中国政府主张管辖的海域面积约为 300 万平方千米，居世界第 9 位。浩瀚的海洋，激荡着财富。但这笔巨大的财富是潜在的，仅是中国的资源优势，并没有完全转化为市场优势、经济优势。中国是海洋大国，不是海洋强国。中国要实现由海洋资源大国向海洋经济强国转变的战略构想，就必须激活这笔巨大的潜在财富，将资源优势转化为市场优势、经济优势。做大做强蓝色产业，是实现这一构想的最坚强的支撑点。

依托海洋，大力发展蓝色产业，建设蓝色产业带，已成为现代海洋经济的必然选择。由海洋经济到蓝色经济，体现了发展理念的不断创新。与传统的海洋经济相比，蓝色经济有着更加科学、更加深刻、更加丰富的内涵。蓝色经济更加注重海洋的深度科学开发和保护，实现全面协调可持续发展；更加积极推进海洋高端产业发展，培育具有较强竞争力的海洋优势产业；更加注重海陆统筹布局，科学开发和综合利用各类海陆资源；更加注重科技创新引领，提升海洋经济的核心竞争力；更加注重突出海洋生态文明，强化生态建设，实现资源节约、环境友好、永续发展。为此，蓝色产业带的建设需要坚持以下几个原则。

一、海陆一体原则

21 世纪，中国的主权利益、安全利益、经济利益在海洋方向上日趋重合，对海洋问题的研究提出了更高的要求，但是重陆轻海的状况还没有得到根本性扭转，中国既是一个陆地大国，又是一个海洋大国的观念还没有深植人心。

---

① 张开城：《广东海洋文化产业》，北京：海洋出版社，2009 年。

为了迎接海洋开发新时代，首先要树立海洋国土和"大海洋"观念，破除重陆轻海、重国土轻公海的保守观念。在此认识基础上，确立海陆一体、向海洋倾斜的海陆整体发展战略。"海陆一体"是一种战略思维，是指统一筹划我国海洋与沿海陆域两大系统的资源利用、经济发展、环境保护、生态安全和区域政策。[①]

第一，海陆一体就是要树立正确的海陆整体发展的战略思维，正确处理海洋开发与陆地开发的关系，加强海陆之间的联系和相互支援。海洋开发既要以陆地为后方，又要积极地为内陆发展服务，把海洋资源开发与陆域资源开发、海洋产业发展与陆上其他产业发展有机联系起来，促进海陆一体化建设，实现海陆经济统筹协调发展。

第二，海陆一体化就是在大力发展海洋产业的同时，不遗余力地发展临海产业。所谓临海产业就行业而言，是介于海洋产业与其他产业之间，需要依托海洋空间和间接利用海洋资源而发展起来的产业。就区域而言，一般是指在海岸带开发基础上发展起来的，某些特别适于将海岸带空间作为发展基地的产业。[②]临海产业的发展将起到两方面作用：一方面是通过临海产业这个载体，把海洋资源的利用及海洋优势的发挥由海上向陆域转移和扩展；另一方面，促使陆域资源的开发利用及内陆的经济和技术力量向沿海集中。这两方面作用的结果是把海洋资源的开发与陆域资源的开发、海洋产业的发展与其他产业的发展有机地联系起来，促进了海陆一体化建设。

第三，海陆一体就是要兼顾"海"与"陆"两个方向，科学把握海陆经济之间的内在联系，以发展海洋产业为重点，把海洋和陆地作为一个整体来谋划，通过海洋经济的大发展，带动内陆腹地的大开发、大开放，创造以海带陆、依海兴陆、海陆共荣、海陆一体的新局面，让"蓝色国土"及其资源在国民经济和社会发展中发挥更大作用。

广东省海陆统筹空间格局如图5-1所示。

总之，海洋与陆地是全球生态系统的两大组成部分，存在着内在的密切关系，相互影响，互为依存，是不可分割的，二者的发展有机地联系起来。国内外的实践表明，单纯的海洋资源开发，对国民经济的贡献是有限的，只有坚持海陆一体共同开发，才能大大提高海洋经济的地位和作用，从而为沿海地区经济发展做出重大的贡献。促进海陆一体化建设，应本着以海带陆、依海兴陆、海陆共荣、海陆一体的原则。开发海洋资源的同时，充分利用临海区位优势和海洋的开放性，发展临海产业，形成经济和技术由沿海向内陆地区的转移和扩散，促进区域协调发展，发挥海洋区位优势，实现国家区域协调发展目标。

二、统筹协调原则

统筹协调，是指根据海、陆两个地理单元的内在联系，运用系统论和协同论的思想，

①　王芳：《对海陆统筹发展的认识和思考》，《国土资源》，2009年第3期。

②　周亨：《论海陆一体化开发》，《经济论坛》，2000年第6期。

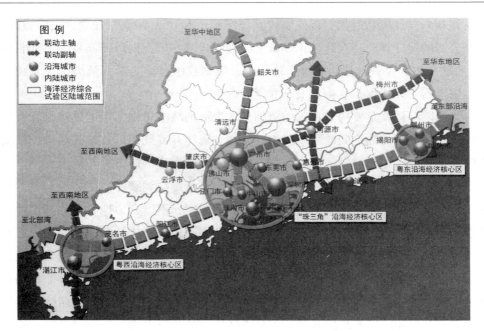

图 5-1 广东省海陆统筹空间格局示意

通过统一规划、联动开发、产业组接和综合管理，把海陆地理、社会、经济、文化、生态系统整合为一个统一整体，实现区域科学发展、和谐发展。[1]

要遵循统筹协调的必要性原则，防止沿海与内陆之间发展差距拉大。通过打造中国东部沿海蓝色经济区，进一步引导海洋和涉海产业链由东向西、由海向陆延伸，带动全国产业结构优化升级，促进全国不同区域加快发展，形成东西结合、优势互补、产业互动、布局互联、统筹协调的新局面。

要遵循统筹协调的联系性原则，把握海陆经济的内在联系，打破海陆分割的二元结构，实行海陆经济的统一规划布局，推进海陆经济一体化发展。各地区打造蓝色产业带，要立足当地乃至全国的经济社会发展全局，实施海陆统筹协调发展。

要遵循统筹协调的以人为本的原则，要着眼于群众、服务于群众。在发展蓝色经济的道路上，既要充分发挥政府的主导作用，又要发挥广大群众的主体作用，始终把群众呼声作为"第一信号"、把群众满意作为"第一追求"、把群众富裕作为"第一目标"。依靠群众，调动人民群众的主动性、积极性和创造性，激发广大人民的创业潜能，努力营造鼓励人民干事业、帮助人民干成事业的良好环境。

要遵循统筹协调的可持续发展原则。可持续发展原则的实质是实现人口、资源、生态与经济社会发展的平衡和协调。具体地说，蓝色产业的发展要做到社会发展与生态平衡统

---

[1] 张开城：《海洋社会学与海洋社会建设研究》，北京：海洋出版社，2009 年。

一、当前发展与未来发展兼顾、地区的发展与人类发展相协调。

三、适度开发原则

在建设"人类第二家园"号召的激励下，沿海国家争先恐后地加入海洋开发的行列，海洋经济成为新的经济增长点。但是，一些海域因开发不合理或过度开发，出现生态目标与经济目标的冲突。

蓝色产业是可持续发展的产业。海洋资源的适度开发和可持续利用，是发展蓝色产业的前提。蓝色产业的可持续发展既要满足当代人的需求，又要不危及子孙后代的发展；既要保证适度的开发与利用，又要保持资源的永续利用和环境保护。

适度开发的含义是：对密切相关的物种和生态系统进行适度的利用和认真的管理以使人们目前或潜在的利用不受影响；对资源的获取、开采或利用不应该超过同一时期资源的可再生的量。

适度开发的准则是：既知用海，又知养海，人海和谐共处。一是对海洋资源的获取、提取或利用不能超过在同一时期内可能产生或者再生的数量；二是了解沿海环境退化所能接受的限度和沿海资源可持续利用的极限；三是确定生态系统的承载能力和生态系统的管理，使其永远保持在最低限度以上。

随着科技的发展，人们利用海洋资源的范围不断扩大，对海洋资源开发和加工的能力也大大提高。但是，如果一味地追求经济效益而不顾海洋的生态和资源特点，将使海洋的开发得不到预期的经济效益，同时还会对海洋资源的可持续利用造成威胁。比如，海洋渔业资源是一种特定的"共有财产"。由于鱼类活动的流动性和归属的模糊性，所谓"共有财产"等于不属于任何人的财产，人人都可以无偿索取，所以大肆造船、长期滥捕成为普遍现象，屡禁而不止。过度捕捞酿成海洋最残酷的悲剧，造成某些海洋生物资源的枯竭。海洋生物学家警告说，如果不加制止无所作为，几十年后从大海捞上来的可能就只有浮游生物![1]

四、生态维护原则

海洋是地球生态系统的一个相对独立的区域，是生命支持系统的基本组成部分。海洋不但为人类提供了无尽的鱼类和其他生物资源，而且还吸收和稀释人类活动所产生的污染物。见表5-1所示。

---

[1]　杨国桢：《瀛海方程：中国海洋发展理论和历史文化》，北京：海洋出版社，2008年。

表 5-1　海洋生态系统功能和服务

项目	大洋区	大陆架	上升流区	合计
面积（百万平方千米）	326	36	0.36	362.4
占总面积（%）	90	9.9	0.1	100
年初级生产力（克/米²）	50	100	300	—
总初级产量（亿吨/年）	16.3	3.6	0.1	20
营养级数	5	3	1~2（1.5）	—
生态效率（%）	10	15	20	—
年平均鱼类生产力（毫克/米²）	0.5	340	36 000	—
鱼类总产量（百万吨/年）	0.2	12	12	24.2

　　长期以来，人们错误地把海洋当成了一个天然的垃圾池。任意向海洋倾倒废弃物、污染物的劣习，至今没有得到根本性扭转。各种各样的陆源污染物经过地表径流携带入海，在污染物的迁移过程中，海岸带最先成为受纳者，然后污染物再向深海扩散。

　　我国经济发达地区多集中在沿海地区，这些地区不仅人口密度大、工业集中，而且大量河流、排污渠在此汇集入海。如渤海沿岸 217 个排污口不分昼夜地向海岸带排放污染物，每年向渤海排放的污水高达 29.9×10⁸ 吨，渤海已有近一半海域被污染，污染已达到临界状态。[①] 海洋污染或造成海水质量下降，或造成水体缺氧，直接毒死海洋生物或破坏生物体的正常生理、生化功能；或造成海水富营养化，导致某种或多种浮游生物爆发性繁殖或高度聚集，形成赤潮，使大面积的鱼、贝窒息死亡。此外，人类加大海洋开发力度之后，海上运油船溢油事故、海上油气田漏油事故、养殖污水等，又加重近海环境恶化。2010 年 7 月 16 日，大连输油管道爆炸，大连湾 1 500 吨石油入海。尽管大连市迅速发起了清污的"人民战争"，阻止了石油流入公海，但海洋环境学专家预测，这起事故对渤海生态环境的影响将超过十年。

　　"海洋兴亡，匹夫有责。"在不断开发海洋、发展蓝色经济的同时，我们还需要关注海洋生态的维护，只有正确处理好经济、资源、环境之间的内在联系，以及近期利益与长远利益、局部利益与整体利益的关系，促进经济效益、社会效益和环境效益的协调统一，才能保证蓝色经济的可持续发展。蓝色经济的可持续发展必须具备三个基本条件：一要有足够的海洋空间和海洋资源；二要保持海洋生态环境的基本平衡；三要有现代科学技术的支撑。海洋生态环境的保护要与海洋经济结构性调整结合起来，逐步淘汰污染严重、浪费资源的开发活动，控制污染物排放总量，减轻环境污染和生态破坏的压力。近年来，我国为了对海洋资源实施更加有效的科学管理，保护海洋资源，确保海洋经济的可持续发展，实

———————————

① 　冯天驷：《中国海洋资源及其管理对策》，《中国地质矿产经济》，1999 年第 3 期。

行了渔业资源限额捕捞、建立生态资源补偿机制、建立健全海洋生态环境监测监控体系等，以保护海洋资源的生态平衡。发展生态型养殖业和滨海旅游业，建立沿海生态城市、生态示范区，把海洋经济快速增长建立在海洋生态良性循环的基础上。研究编制海洋生态经济区划，加强总量控制、污染防治和生态保护，减缓和遏制近岸重点海域环境污染和生态环境破坏的势头。加强海洋生态建设与海洋保护区管理，切实保护海洋生物的多样性，建立良性循环的海洋生态系统，以利于海洋经济的可持续发展。

绿色海洋社会建设框架如图 5-2 所示。

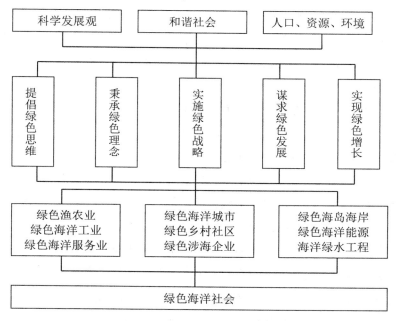

图 5-2　绿色海洋社会建设框架

总之，我们既不能先污染后治理，也不能边污染边治理。我们要在海洋生态维护研究方面多下功夫，扎实做好海洋环境与海洋资源保护的研究，采取切实有效的措施，把科学开发海洋资源与保护海洋生态环境紧密结合起来，在开发中保护，在保护中开发，努力实现开发与保护双赢。

五、市场导向原则

从长时段远距离观察，海洋经济既有自给性、封闭性的一面，又有商品性、开放性的一面，但后者是主导的方面。蓝色产业连接国内市场与海外市场，蓝色产业带的构建，就是商品性、开放性不断扩大的过程。蓝色经济就是以海洋为舞台的市场经济，这是毫无疑问的。蓝色产业的存在和发展必须以市场为导向，这是市场经济条件下发展经济的根本指导方针。

1. 了解市场需求

突破传统的"资源决定论"和资源产品经济模式，把海洋资源合理配置与市场需求紧密结合起来，充分发挥市场在资源配置中的基础性作用，以市场为导向，将市场需求作为蓝色产业发展的主要推动力，促进技术、人才、资源、市场与资本的紧密结合。这是使海洋资源转化为经济优势，加快海洋经济发展的必由之路。

2. 预测市场未来

市场经济具有开放性、平等性和竞争性等特征。市场价格信号正在灵敏地引导生产。面对瞬息万变的大市场，我们要准确预测市场未来，眼界要宽，信息要灵，头脑要活，决策要快。市场变，我亦变。不要总往后看，不能闭目塞听，不要寄希望于"吃偏饭"。

3. 分析市场动态

这里说的市场，不是小市场，而是国内、国际的大市场。有产品，而没有市场，既不会实现产品价值，还会使再生产受阻。如海产品的买难卖难，珍珠生产的周期波动，滨海旅游的大起大落，等等，无不缘于流通受阻，市场销售不畅。眼睛盯住市场，及时分析市场动态，以市场需求作为编制计划的基本出发点，才是最聪明的选择。

总之，蓝色产业要想做大做强，实现良性循环，就必须把生产和市场连接起来，坚持市场导向原则。一方面可以搞顺向开发，发展产业占领和开拓市场；另一方面也可以搞逆向开发，根据市场需求开发产业和产品。不管采取哪种办法，关键是看市场。市场的竞争是激烈的，也是无情的。同样生产"蓝色产品"，如果能在品种、质量、色泽和口味上高人一筹，就会有效益。反之，就会滞销，甚至赔本。不仅要跟上市场，还应有超前意识，科学分析市场变化趋势，拿出独特产品，才能立于不败之地。

六、综合利用原则

21世纪人类进入海洋时代之后，人口、资源、环境问题日益严峻，综合利用几乎成为世界任何沿海国家进行海洋开发的根本指导原则。综合利用是指对自然资源、原材料效能的多方面利用，或制成多种产品以及利用工业"三废"（废渣、废气、废液）制造和提取多种产品。

由于我国经济长期沿用粗放型的增长方式，造成资源供给不足，环境污染严重，经济增长的质量和效益不高。目前，我国能源利用率只有34%左右，比国外先进水平低10多个百分点。我国每年可综合利用的固体废弃物和可回收利用的再生资源，由于没有充分利用而造成的经济损失达500多亿元。这一方面说明我们的经济高增速相当一部分是靠资源的高消耗换来的，是不可能持久的，必须转变经济增长方式，变粗放经营为集约经营；另一方面说明资源节约综合利用的潜力巨大。

资源综合利用是减少污染、改善环境的有效手段，是实施可持续发展战略的重要措施。所以说，不注意海洋资源综合利用的开发，绝对不是成功的开发，更不是完美的开发。为此，我们应该：

第一，各级政府要将资源综合利用作为市场经济体制下政府职能中最长远的一项工作来抓。

第二，不断提高和创新资源节约综合利用技术，要用先进的工艺装备武装企业，不断提高企业资源节约综合利用技术水平。

第三，中华民族勤俭持家、勤俭建国的传统美德是我们搞好资源节约综合利用工作的历史渊源和社会基础。所以我们要抓好宣传，节能降耗，综合利用，怎么宣传都不过分，现在宣传得还不够。

第四，广泛开展国际交流与合作。

七、多元投入原则

蓝色经济的发展与壮大，单靠政府的力量是远远不够的。蓝色经济的发展要按照"政府投入作引导，金融贷款作支撑，企业投入为主体，社会集资作补充"的要求，建立和完善政府引导、市场推进、公众参与的多元化投入机制，鼓励不同经济成分和各类投资主体，以独资、合资、承包、租赁、股份制、股份合作制等不同形式参与海洋开发建设。

政府增加财政对蓝色经济的投入：一是强化基础设施建设。基础设施是国民经济发展一般的物质前提条件。对任何国家和地区而言，充足和良好的基地设施服务对实现经济增长和海洋经济发展都是至关重要的；二是增加海洋资源和生物多样性保护、生态恢复的资助，主要用于生物多样性保护、生态恢复示范工程、海洋污染综合防治示范工程以及生态村镇建设补助等。

蓝色经济的发展需要开拓融资渠道。一方面，广泛吸纳工商资本、民间资本、社会资金共同投入，按照"谁投入谁收益"的原则，调动投资者的积极性；另一方面，政府部门要加强投入和引导，在政策上放活、资金上扶持、项目上优先、服务上跟进，制定相应的政策和激励措施。

此外，良性的海洋发展还需要政府、学术界、产业界和公众四方的协同努力。一方面，设计出政府、学术界和产业界三方能够共赢的制度安排，实现多层次的海洋可持续发展；另一方面，提高各界的海洋知识水平和海洋事务意识，尤其需要改进公共教育并加强舆论关注，透过常规教育和公共媒介提高国民的海洋意识，改变人们海洋认识水平往往滞后于客观形势要求的状况。

八、有序竞争原则

所谓有序竞争，就是指打破沿海经济带条块分割，加强区际联合与合作，优势互补，互利双赢。

随着改革开放、经济体制改革的持续深入和社会主义市场经济体制目标的确立，中央政府作为唯一经济利益主体的旧格局已逐渐被国家、地方、企业和个人等多元经济利益主体所代替。并且在中央权限下放、地方积极性高涨的同时，中央与地方、地方与地方之间的利益冲突也日趋激化，出现了所谓的"诸侯经济""地方行政分割"等现象。① 反映在蓝色产业带建设中，上述现象就势必造成如下恶果：

（1）地区间利益摩擦增多；

（2）地区间产业经济和产业地域分工协作淡化；

（3）地区间无序竞争乃至恶性竞争。

以上三点，最后必将导致地区间地方保护主义泛滥，沿海经济带被人为条块分割。市场经济本来是不分区域的，是公开公平的。但如果地方政府为了本地的利益，保护本地的地方产业，通过行政手段设置关卡，禁止外地产品进入本地区，或采取征收高额管理费等非法行为，阻碍外地产品的销售，这种地方保护主义就会使市场经济的主体多元化特点无法实现，也使全社会的资源互补、优化配置无法实现。这无疑将阻碍生产力的发展。

有序竞争，才能共赢。有鉴于此，应当采取有效措施来打破沿海经济带条块分割的不利局面，确保蓝色经济快速、稳定、持续地发展。

九、量力而行原则

"动必量力，举必量技"语出《管子》，其原意是"行动一定估计力量，举事一定考虑能力"，揭示了我国传统管理思想中的一条原则，那就是凡事要从实际出发，充分考虑主观、客观条件，量力而行。

量力而行，就是立足于促进沿海地区蓝色产业带建设，根据自己的实际情况，能干什么就干什么，能干多少就干多少，有多少钱办多少事，能快则快，不能快则慢。

1. 一切从实际出发，遵循党的实事求是思想原则

蓝色产业带建设一定要从实际出发，不要一哄而起。蓝色产业带建设必须遵循党的实事求是思想原则，要从实际出发，循序渐进，逐步完善。

2. 要有严密的科学态度，不能搞运动

中华人民共和国成立至今，我国经济社会建设取得了举世瞩目的成就，但中间也走了

---

① 周亨：《论海陆一体化开发》，《经济论坛》，2000 年第 6 期。

不少弯路，比如以轰轰烈烈的"大跃进"运动的形式组织经济活动。蓝色产业带建设不能搞运动，一定要有严密的科学态度，决策一定要科学，要自觉遵循和主动适应经济发展客观规律，从实际出发，不要一哄而起，不要乱提口号，不要乱铺摊子，不要盲目攀比，不要不顾实际大拆大建，不要搞"一刀切"。我国个别沿海地区综合开发中，由于经济发展条件不成熟，开发陷入盲目性，拔苗助长，以致出现了大把资金投下去后，市场出现"空壳"和"虚脱"，经济收效甚微，浪费相当严重。

3. 在实践中把握好量力而行

量力而行是经济社会发展的需要，是构建和谐社会的必然选择。要使整个社会呈现"善善相生"的理想状态，实现科学领导，就必须凡事都量力而行。量力而行，一言以概之，即"求实"，应该着眼三个方面：一是要创新理念；二是要注重方法；三是要提升绩效。

第六章 蓝色产业带建设的依托

"蓝色的星球"是人们对地球的形象比喻，因为有近71%的地球表面积是被海水所覆盖的。可以说海洋是地球生命的摇篮，是自然资源的宝库，也是全球生态环境最重要的组成部分。海洋对于人类的生存和发展至关重要，人类社会正在以全新的姿态走向海洋，国际海洋竞争日趋激烈。

建设蓝色产业带，加快发展海洋产业，促进海洋经济发展，对形成国民经济新的增长点，实现现代化建设的目标具有重要意义。蓝色产业带建设需要一定的自然和社会依托。

一、自然地理依托

蓝色产业带建设需要自然地理依托，诸如海岸线、海岸带、海洋城市、海港和海岛等。

（一）依托海岸线

海岸线是海洋与陆地的分界线，它的更确切的定义是"海水向陆到达的极限位置的连线"。由于受到潮汐作用以及风暴潮等影响，海水有涨有落，海面时高时低，这条海洋与陆地的分界线时刻处于变化之中。因此，实际的海岸线应该是高、低潮间无数条海陆分界线的集合，它在空间上是一条带，而不是一条地理位置固定的线。为了管理方便，相关部门和专家学者将海岸线定义为"平均大潮高潮时的水陆分界的痕迹线"，一般可根据当地的海蚀阶地、海滩堆积物或海滨植物确定。如图6-1所示。海岸线一般分为岛屿海岸线和大陆海岸线。如图6-2所示。

中国不仅是一个陆地国家，同时也是一个海洋国家。

我国自北向南跨越寒带、温带、亚热带3个自然地理区域，大陆岸线长约18 000千米，海岛岸线长约14 000千米，海岸线总长居世界第4位；大陆架面积为130万平方千米，位居世界第5位；按照《联合国海洋法公约》规定，200海里以内水域面积约300万平方千米，位居世界第10位，占陆地国土面积的1/3左右；沿海深水岸线长400多千米，适宜中级以上泊位的港址有160多处，其中深水港址有62处；我国海域有2万多种海洋生物，有丰富的渔业资源；滩涂面积达21 711万公顷，30米等深线以内海域面积有133.2万平方千米，充分利用其生物生产力，则相当于拥有约66.6万平方千米农田。4亿多人口

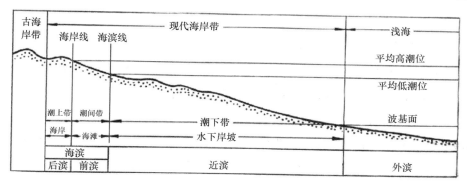

图 6-1　海岸线和海岸带剖面

图 6-2　大陆海岸线（左）和海岛海岸线（右）

生活在沿海地区；沿海地区工农业总产值占全国总产值的 60% 左右。海域构成了中华民族的"半壁江山"，是中华民族实施可持续发展的重要战略资源。

在《中华人民共和国海域使用管理法》中明确了海域包括中华人民共和国内水、领海，同时明确了"内水"是指中华人民共和国领海基线向陆地一侧至海岸线的海域。在国家标准《中国海图图式》（GB 12319—1998）和国家标准《1：5 000，1：10 000 地形图图式》（GB/T 5791—93）中都给出了海岸线的定义，即"海岸线是指平均大潮高潮时水陆分界的痕迹线"。海岸线的定义或概念已十分清楚，但由于各地海岸形成的动力条件不同，海岸类型不同，人工开发活动的影响等原因，我国的海岸非常复杂，某一地区海岸线的具体位置必须经过现场勘测才能确定。为了理顺关系，明确职责，加强管理，许多地区已经或正在开展海岸线的勘定工作，有些地区的海岸线已经经过地方政府公布。海岸线划定不仅涉及海洋管理与土地管理的问题，也关系到沿海相邻地区的稳定，更关系到我国的海洋权益。

(二) 依托海岸带

关于海岸带，至今尚无统一的定义。较为笼统的说法是"指陆地与海洋的交接、过渡地带"。广义的概念则指"直接流入海洋的流域地区和外至大陆架的整个水域，但实际通常指海岸线向海、陆两侧扩展一定距离的带状区域"。海岸带的宽度无统一标准，因海洋类型和研究目的不同而异。美国海岸带管理法中规定：海岸带是指若干"沿海州"的近岸水域（包括水中及水下的陆地）和海滨陆地（包括陆上的水域）及彼此强烈影响且靠近海岸线的地带，它包括岛屿、过渡地带或潮间带、盐沼、湿地和海滩，其外界又与美国邻海的外界相一致，向陆地一侧包括所有对近岸水域有直接影响的滨海陆地。海岸带其实是指陆地与海洋的交界地带，是海岸线向陆、海两侧扩展到一定宽度的带状区域，是陆地和海洋相互作用的地区。按"国际地圈生物圈计划"（IGBP）提出的海岸带新概念，其大陆侧的上限为200米等高线，其海洋侧的下限是大陆架的边坡，大致与200米等深线相当。海岸带资源依仗于海岸带特殊的地理位置，不同于其他资源，如林业资源、水资源、动物资源等对地域的选择性不强，而海岸带资源是限定于海陆交界的特殊地理单元范畴内的，脱离其地理位置则无从描述和评价，就不再称其为"海岸带资源"了，其功能和价值也无从体现。

我国全国海岸带和滩涂资源综合调查规定：海岸带的宽度为离海岸线向陆地延伸10千米，向海延伸到15千米处。

海岸带不仅具有自然地理属性，而且还兼有独特的社会经济属性。海岸带的自然地貌类型可包括海滩、湿地、河口、湖、珊瑚礁、基岩海岸和沙丘等。而人工形态则包括港口、渔业与水产养殖场、工矿设施、旅游与休闲场所、古迹和城镇。我国海岸带、滩涂面积约13.3万平方千米，相当于全国耕地面积的13%，目前已开发的只占其中很少的部分，浅海养殖潜力巨大。优越的自然环境形成了许多天然良港，宜于建设中等以上泊位和港址的地方有160多处。生物种类多，已记录的物种数达2万余种，渔场面积281万平方千米。油气、矿床、再生能源、海上旅游等资源也十分丰富。[①] 海洋是我们新世纪的不可多得的生存空间，是我们赖以生存的最后一块多种资源的富集地。

自古以来，海洋的开发就以海岸地带为重点和基地，现代社会也不例外。当代世界一半以上的人口生活在距海岸50千米以内的沿海地区。海岸地区的平均人口密度比内陆大10倍，而且世界上绝大多数国家的经济发达地带都是临海或距海较近地区。这主要是因为海岸带资源丰富，便于开发，自然环境适宜生产和生活。这里具有丰富的生物资源、能源和矿产资源，维持着对当地和区域以至全球都十分重要的"三生"（生活、生产和生

---

① 杨明，洪伟东：《全球海洋经济及渔业产业发展综述》，《新经济杂志》，2009年Z1期。

态）功能。①

海岸带资源是自然资源的重要组成部分，同世界上许多国家一样，海岸带也是我国的经济重心，这里分布着 40 多座城市，其中包括我国最大的工商业城市上海和天津。沿海地区占 13% 的土地面积，平均每平方千米有城市 1.5 座，城市的分布密度和城市化程度均在全国东部地区和平均水平之上。由于自然条件优越，交通便利，海岸带地区已成为我国工商业的核心地带，养活了 42% 的人口，并提供了全国 60% 以上的工农业产值，在我国经济建设和国防事业中占有极为重要的地位，是我国移植、消化、推广国外先进技术和经验，开展国际交流，发展外向型经济的前沿阵地。

发展海洋经济，必须高度重视海洋经济区的建设。我国海洋经济区域开发建设本着"由近及远，先易后难"的原则，实行优先开发海岸带及临近海域，加强海岛保护与建设，有重点地开发大陆架和专属经济区，加大国际海底区域的勘探开发力度和规划部署，以逐步形成东部大海洋经济带。

要把海岸带区域建设成为综合海洋经济带。根据沿海地带的自然条件、优势资源、经济基础等发展要素以及行政区划的现状，把我国海岸带及邻近海域划分为 11 个海洋综合经济区。这些区域是以海洋功能区划为基础，适应区域经济发展大趋势划分的。开发建设的过程中应着眼于共同发展的大局，顺应区域生态经济一体化的自然规律，尽量减少行政区划分割对海洋经济区内生态环境建设、海洋经济发展的制约。要发挥比较优势，发展有竞争力的产业和产品，在东部沿海地区形成各具特色的海洋经济区。②

研究海岸带资源和环境的可持续利用，加强海岸带地区资源环境的保护，实施海岸带可持续发展，对于我国建设海洋经济强国的战略目标有着重大的现实意义和深远的历史意义。海岸带是蓝色产业的集中区，对于蓝色产业带建设具有重要意义。

（三）依托沿海城市

1980 年 8 月，第五届全国人民代表大会常务委员会第十五次会议决定，批准国务院提出的在深圳、珠海、汕头和厦门设立经济特区。1984 年，中央决定进一步开放大连、秦皇岛、天津、烟台、青岛、连云港、南通、上海、宁波、温州、福州、广州、湛江和北海 14个沿海城市。它们与深圳、珠海、汕头和厦门 4 个经济特区及海南岛从北到南连成一线，成为中国对外开放的前沿地带。20 世纪 70 年代末以来，中国海岸带地区成为改革开放的前沿，包括渤海经济区、长江三角洲经济区和珠江三角洲经济区在内的海岸带，已是中国

---

① 朱庆林：《海岸带功能评价数学模型研究与应用》，青岛：中国海洋大学（博士学位论文），2005年。

② 《认真贯彻海洋经济发展规划》，中国网，http：//www.china.com.cn/fangtan/zhuanti/2009qdlt/2009-08/07/content_ 18295893_ 3.htm。

经济活力最为充沛的黄金海岸。①

1. 围绕沿海城市制定发展规划

沿海开放战略的实施，使我国经济发展驶入快车道。一个以沿海地区为先导的全方位、多层次的对外开放格局渐渐形成。沿海 12 个省、自治区和直辖市发挥各自优势，耕海牧渔，大唱"山海经"。从北到南，沿海各省市都提出了各自的海洋经济发展战略。除山东的"海上山东"、广东的"海洋经济强省"、浙江的"海洋经济大省"外，辽宁的"海上辽宁"、河北的"环渤海"战略、江苏的"海上苏东"、福建的"海上田园"、海南省的"海洋大省"和广西的"蓝色计划"等开发海洋战略正在稳步地实施，并且取得了丰硕成果。

20 世纪 90 年代初，山东省委、省政府远见卓识地提出了"建设海上山东"的战略，将其列为全省两大跨世纪工程之一。2010 年 5 月 24 日，国务院同意选择山东半岛蓝色经济区作为全国海洋经济科学发展实现路径的试点区域。山东半岛蓝色经济区在海陆空间布局上，将按照"一核、两极、三带、三组团"的总体框架展开。其中"一核"就是胶东半岛高端海洋产业集聚区，这是山东半岛蓝色经济区核心区域，该区以青岛为龙头，以烟台、潍坊、威海等为骨干。"两极"是壮大黄河三角洲高效生态海洋产业集聚区和鲁南临港产业集聚区两个增长集。"三带"是构筑海岸、近海和远海三条开发保护带。"三组团"充分考虑山东半岛各城市发展水平，按照城镇体系合理布局的总体要求，完善城镇基础设施建设，提升区域中心城市综合服务功能，支持烟台、潍坊成为较大的市，促进青岛—潍坊—日照、烟台—威海、东营—滨州三个城镇组团协同发展，打造我国东部沿海地区的重要城市群，为海洋经济集聚发展提供战略支撑。②

广东省要优化全省海洋生产力布局，结合海洋经济的分布态势，依照主体功能区的要求，形成不同特色的蓝色产业集聚功能区，在总体上形成"一带、三区、四岛群、六中心"的空间布局。"一带"即指从湛江到汕头的整个广东沿海的蓝色经济带。广东沿海各城市通过"一带"即蓝色经济带的串联作用，以点带轴、沿线突破（"珠三角"带动，东西突破）、沿线成带，形成在空间上具有有序格局的沿海蓝色经济走廊。"三区"即"珠三角"海洋产业集聚区，粤东海洋产业集聚区和粤西海洋产业集聚区。"珠三角"以广州、深圳、珠海为重点，加强与香港、澳门和东南亚的产业合作，重点发展临海重工业和现代海洋综合服务业。粤东以汕头为中心抱团融入海峡西岸经济区，加强与福建、台湾地区的产业对接，重点发展海洋能源业、临港重化工业、水产品深加工业。粤西以湛江为中

---

① 钟兆站：《中国海岸带自然灾害与环境评估》，《地理科学进展》，1997 年第 16 卷第 1 期。

② 《山东半岛蓝色经济区发展规划》，中国网，http://www.china.com.cn/news/zhuanti/kzgl/2011-05/06/content_ 22511995.htm。

心抱团融入北部湾经济区，加强与环北部湾城市和东盟的产业分工与合作，重点发展临海重化工业、外向型渔业、滨海旅游业。"四岛群"即东海岛-海陵岛海域岛群、珠江口岛群、南澳岛群和上、下川岛群。规划选取这四大岛群为岛屿开发重点，以临海重化工业和滨海旅游业等大项目拉动自主开发，打造区域海洋产业的发展中心。"六中心"即以广州、深圳、珠海、惠州、汕头、湛江这6个城市作为其所在海洋经济区的中心增长点，发挥其作为区域中心的辐射和带动功能，推动广东海洋产业整体发展。①

浙江省划为宁波-舟山、温台沿海和杭州湾两岸3个海洋经济区域，逐步形成以宁波和舟山为主体、温台沿海和杭州湾为两翼，以港口城市和主要大岛为依托，以"三大对接工程"为纽带，海洋资源和区域优势紧密结合，海洋产业与陆域经济相互联动的布局体系。

宁波-舟山海洋经济区：包括宁波市的滨海地区和舟山市的海岛及临近海域，拥有港、渔、景、涂等优势资源。宁波港和舟山港分别为全国第二、第九大港，海洋开发基础较好，海洋产业初具规模，海洋经济比较发达。主要发展方向为：加快舟山大陆连岛工程建设，全面推动陆海和宁波都市圈建设；开发海洋优势资源，形成港口海运业、临港工业、海洋渔业、滨海旅游业和海洋新兴产业综合发展的优势；加强宁波、舟山两港整合，推进宁波、舟山港口一体化，建设国际远洋集装箱和大宗散货中转基地，成为上海国际航运中心重要组成部分和现代物流枢纽；加快建设石油化工基地、能源工业基地、钢铁工业基地和船舶工业基地；建设沿海水产品养殖、加工基地，发展海洋药物、海洋食品、海洋化工、海水综合利用和海洋能开发等新兴产业；构建舟山海洋旅游基地和浙东滨海旅游板块。

温台沿海海洋经济区：包括温州市、台州市的滨海地区和海岛及邻近海域，深水岸线、风景旅游和滩涂资源丰富。温州港是我国沿海枢纽港之一，台州港是浙东沿海的重要港口。本区体制、机制活力强，民营经济发达，海洋经济发展基础较好。

杭州湾两岸海洋经济区：充分发挥杭州作为全省经济文化、科技教育中心的作用，加强对全省海洋开发的参与和科技、人才、金融等方面的支持。依托中心城市和沿海港口体系，加快发展现代物流业。②

《辽宁沿海经济带发展规划》于2009年7月1日获得国务院批准，根据相关内容，辽宁沿海经济带建设确立了大连核心城市地位，在发展定位中，赋予大连"三个中心、一个聚集区"的重要定位，进一步提升大连核心地位，强化大连—营口—盘锦主轴，壮大渤海翼（盘锦—锦州—葫芦岛渤海沿岸）和黄海翼（大连—丹东黄海沿岸及主要岛屿），强化

① 广东省社会科学院海洋经济研究中心课题组：《广东海洋经济发展总体布局战略研究》，《新经济》，2014年第13期。

② 陆菁：《走在前列 浙江省全面迈向海洋经济强省》，中国广播网，http：//www.cnr.cn/2004news/internal/200506050054.html。

核心、主轴、两翼之间的有机联系，形成"一核、一轴、两翼"的总体布局框架。依据战略定位，充分考虑现有开发强度、资源环境承载能力和发展潜力，因地制宜、发挥优势，培育建设一批发展思路清晰、功能定位准确、产业分工合理、示范带动作用突出的重点区域和产业集群。

2009 年 6 月 10 日下午，国务院常务会议审议并原则通过《江苏沿海地区发展规划》，计划将江苏沿海地区建设成为中国东部地区重要的经济增长极。而连云港、盐城、南通这三个中心城市，也将成为江苏省集中布局临港产业，形成功能清晰的沿海产业和城镇带的"桥头堡"，形成"三极、一带、多节点"的空间布局框架。"三极"：重点加快连云港、盐城和南通 3 个中心城市建设，扩大城市规模，加强中心城市之间以及与周边地区的联系，增强辐射带动作用；以开发区为依托，以大企业、大项目为载体，坚持走新型工业化道路，不断提升产业层次；进一步增强现代城市功能，提升对外开放水平，成为外资进入陇海兰新沿线地区的集聚扩散区，积极承接国际资本与先进技术，并逐步扩散到内陆腹地。"一带"：依托沿海高速公路、沿海铁路、通榆河等主要交通通道，促进产业集聚，重点发展新能源、汽车、新型装备、新材料、现代纺织、新兴海洋等优势产业，提升现代农业发展水平，加快现代物流、研发设计、金融商务等生产性服务业发展步伐，形成功能清晰、各具特色的沿海产业和城镇带。"多节点"：以连云港港为核心，连云港徐圩港区、南通洋口港区和吕四港区、盐城大丰港区、滨海港区、射阳港区以及灌河口港区为重要节点，根据各自比较优势，合理分工，错位发展，集中布局建设临港产业，发展临海重要城镇，促进人口集聚，推进港口、产业、城镇联动开发，构建海洋型经济发展新格局，成为提升沿海地区整体发展水平的支撑点。

根据河北省沿海地区发展规划显示，结合京津冀区域经济发展趋势和行政区划特点，依托综合交通体系，在充分考虑资源环境承载能力和开发潜力的基础上，与周边区域共同构筑"T"字形空间结构，即由天津、廊坊、北京、张家口市构成发展主轴，由秦皇岛、唐山、天津、沧州市构成沿海经济带，形成辐射和带动内陆腹地、区域协同发展的新格局。构建"一带、两轴、三组团"空间发展格局。结合区位特点和发展实际，科学划定城市化地区、农业地区和生态地区等功能分区，促进人口和产业向城市化地区集聚，在沿海地区形成"一带、两轴、三组团"空间发展格局。"一带"：沿海 11 县（市、区）和 9 个产业功能区构成的沿海经济带。"两轴"：沿京沈高速公路的秦皇岛—唐山—北京方向发展轴、沿石黄高速公路的黄骅—沧州—石家庄方向发展轴，形成联系河北沿海与内外腹地的主要通道。"三组团"：指秦皇岛组团、唐山组团和沧州组团。秦皇岛组团包括秦皇岛主城区和青龙县、卢龙县 2 县。唐山组团包括唐山市主城区和迁安市、遵化市、迁西县、滦县和玉田县 5 县（市）。沧州组团包括沧州市主城区及沧县、青县、任丘市、泊头市、河间市、盐山县、孟村县、吴桥县、东光县、南皮县、献县和肃宁县 12 县（市）。

福建省以沿海城市群和港口群为主要依托，打造海峡蓝色产业带；福州和"夏漳泉"（厦门、漳州和泉州）两大都市区产业基础好、科研力量强，港口和集疏运体系较为完备，应当充分发挥产业、人才等优势，形成引领海峡蓝色经济试验区建设、带动周边地区发展的两大海洋经济核心区域。

广西优势在海，希望在海，潜力在海，通过科学布局，在区域内进行合理的功能分区。就北部湾经济区内部而言，应以南宁为核心城市，将北海定位为区域性行政、高新技术产业、商贸、旅游、文化、教育、研发中心，将防城港定位为西南地区大宗货物集散地，将钦州和北海铁山港定位为临海大工业基地。

海南省近年来从海南独特的资源条件出发，提出将海洋资源开发成海南经济新的增长点，把海南建成"海洋强省"。海口、三亚列为国家"21世纪海上丝绸之路"建设支点，三沙市编制海洋功能区划、海洋经济规划和海洋环境保护规划，都将迎来发展机遇。

2. 沿海城市不同区位的蓝色"博弈"

（1）青岛：打造蓝色产业"高地"，成为山东半岛蓝色经济区的核心和龙头。

自2011年山东半岛蓝色经济区建设上升为国家战略以来，"一谷两区"成为青岛市蓝色经济发展的重要引擎，谱写出了"蓝色乐章"。蓝色经济对青岛区域产业结构转型升级的贡献已经在宏观经济层面有明显的展现。2015年，青岛市实现海洋生产总值2 093.4亿元，同比增长15.1%，占全市国内生产总值的22.5%，海洋第二、第三产业占主导地位。据统计，2015年海洋第一产业实现增加值96.7亿元，同比增长2.8%；海洋第二产业实现增加值1 031.7亿元，同比增长19.2%；海洋第三产业实现增加值965亿元，同比增长12.3%。海洋三次产业比例为4.6：49.3：46.1。[①]

青岛市构筑"一带、五区、多支撑点"的蓝色经济区发展总体格局。"一带"：以环胶州湾区域为中心、以胶州湾东西两翼为新增长极，建设以现代海洋渔业、海洋生物、临海工业、海水综合利用、港口物流、滨海旅游等为支撑的蓝色经济集聚带。"五区"：加快董家口港口及临港产业区、胶州湾西海岸经济区、高新区胶州湾北部园区、胶州湾东海岸现代服务业区、鳌山海洋科技创新及产业发展示范区五个功能区建设，成为带动蓝色经济区建设的强大引擎。"多支撑点"：因地制宜、发挥优势，建设一批现代渔业、滨海商务旅游度假、港口物流、现代装备制造、海岛保护与可持续利用、海洋资源综合利用与能源开发、科普教育等各具特色的集聚区，推动产业集中布局、集约发展。[②] 建设山东半岛海洋高端产业集聚区是青岛市蓝色经济区建设的中心任务，以培育海洋战略性新兴产业为方

---

① 王瑜：《2015年青岛海洋经济规模破2 000亿，GDP占比22%》，《青岛日报》，2016年3月24日。

② 刘芳滨：《一带五区多点支撑 青岛构筑蓝色经济区总体格局》，《青岛日报》，2011年5月1日。

向，以发展海洋优势产业为重点，延伸产业链条，构建现代海洋产业体系，促进海洋三次产业在更高水平上协同发展。

要继续把蓝色经济作为产业发展的重要潜力、重要增长点和重要竞争力来抓，把青岛打造成蓝色经济发展的政策"洼地"、产业"高地"、创业"福地"，构建体现青岛特色的现代海洋产业体系。要聚焦人才增动力，完善人才规划和海洋高端人才引进培养政策，有目的、主动地吸引人才，全力打造"蓝色人才高地"。要聚焦产业提实力，瞄准"蓝色、高端、新兴"产业发展方向，制订实施好"海洋+"计划，加快引进新项目，培育新产业，形成新业态，加快海洋战略性新兴产业发展，构建体现青岛特色的现代海洋产业体系。要聚焦政策添活力，通过全面深化改革把发展活力进一步激发出来，用改革的办法破除发展瓶颈制约，理顺行政运行体制，继续简政放权，创新投融资体制，探索建立国际交流合作机制。①

2015年10月，《青岛市"海洋+"发展规划（2015—2020年）》发布，青岛市将运用"互联网+"理念，实现海洋经济转型升级的战略举措；同时，将重点突出"海洋+新模式""海洋+新业态""海洋+新产业""海洋+新技术""海洋+新空间""海洋+新载体"六大重点任务。"海洋+"是借鉴和运用"互联网+"理念，创新发展模式、拓宽发展路径、厚植发展优势，实现海洋经济转型升级的战略举措。②

今后，青岛将打造国际先进的海洋发展中心，以海洋科技创新为制高点，以实施"一带一路"建设为主导，以海洋高端新兴产业发展为主线，推动形成蓝色引领的开放发展新优势。

（2）上海：描绘2020年"海洋蓝图"。

"十二五"以来，上海海洋生产总值保持平稳增长，总量从2010年的5 224亿元增长为2014年的6 217亿元，连续多年保持全国第三。初步形成了以洋山深水港和长江口深水航道为核心，以临港新城、外高桥、崇明三岛为依托，以江苏、浙江为两翼共同发展的区域海洋产业布局。上海定下的海洋工作发展目标是：到2020年，上海海洋生产总值占地区生产总值的30%左右。到2020年，上海将初步建成与国家海洋强国战略相适应，海洋经济发达、海洋科技领先、海洋环境友好、海洋管理先进的海洋事业体系；形成以海洋战略性新兴产业和现代海洋服务业为支撑的现代海洋产业体系；建成若干个科技兴海基地。同时，海洋生态环境明显改善，陆源入海污染物排放减少10%。上海正加快推进"四个中心"和具有全球影响力的科技创新中心建设。发展上海海洋事业，既是贯彻落实国家海洋

①　贾峰：《打造蓝色经济发展产业"高地"构建青岛特色现代海洋产业体系》，《青岛日报》，2015年7月29日。

②　宋祖锋：《〈青岛市"海洋+"发展规划（2015—2020年）〉发布，突出六大重点任务》，《齐鲁晚报》，2015年10月30日。

强国战略的重要任务，也是上海拓展发展空间、经济转型升级和提升城市可持续发展能力的必然选择。上海市人民政府和国家海洋局已签署战略合作框架协议，内容包括 6 个方面：一是围绕"建设海洋强国""长江经济带"和"一带一路"等国家战略和倡议，双方加强海洋发展战略合作；二是双方加强科技创新体系对接，加强科技创新机制合作；三是双方积极探索建立涉海企业投融资市场体系；四是国家海洋局支持上海加强近岸海域环境保护，推进海洋生态文明建设；上海进一步发挥水务-海洋一体化优势，共同加强海洋生态环境保护；五是国家海洋局支持上海海洋管理综合保障基地等基础设施建设，上海努力保障驻沪机构基础设施建设；六是国家海洋局支持上海举办"上海海洋论坛"等海洋主题活动，参与海洋文化国际交流，共同提升海洋文化影响力。①

（3）深圳：加速"掘金"蓝色经济。

深圳市拥有 257 千米延绵的海岸线和 1 145 平方千米海域面积，同时又毗邻香港且自身金融产业发达，拥有高技术密集的产业集群，具有"掘金"蓝色经济的独特优势。到 2015 年，深圳海洋生产总值约为 1 399.6 亿元，实现了平稳较快增长，深圳现代的海洋产业体系初步建立；到 2020 年，全市海洋生产总值预计达到 3 000 亿元，建设规模宏大、技术领先的现代海洋产业群。截至 2015 年年底，深圳的海洋工程、海洋电子、海洋生物、邮轮游艇、海洋信息技术等方面已走在全国前列。② 2020 年前，深圳将优先发展海洋电子信息、海洋生物、海洋高端装备和邮轮游艇四个产业领域，积极培育海水淡化、天然气水合物（可燃冰）、深海矿产、海藻生物质能等海洋资源利用产业。

发展大物流。1993 年，深圳深九国际物流有限公司经国家批准成立，是国内第一家以"物流"命名的综合性现代化物流企业。而当时，国内大多数企业还不知道"物流"这个概念。深圳市在认真调研物流先发区域经验后，于 2000 年确立物流业为深圳的三大支柱产业之一。"培育物流业发展，土地、资金等要素不可或缺。"为此，深圳超前编制了物流发展产业规划，确定了机场航空物流园区、前海湾物流园区等 6 个物流园区，占地 20 多平方千米。同时，深圳市从财政资金中每年拿出 4 000 多万元，对 39 家重点物流企业的物流项目实行贴息，并组织召开物流与运输博览会，搭建企业交流的平台。如今，深圳物流业已形成一个"航母群"率领"编队"的可观格局，不仅构建了欧美、东南亚等全球运输热线，也成为诸多世界 500 强企业的配送伙伴。目前，著名跨国物流企业已有 50 家在深圳落脚。

（4）海口：城市发展突出五大特色。

海口市是海南省经济社会发展的龙头。海口市海洋资源十分丰富，拥有海岸线 136.23

---

① 费平：《上海描绘 2020 年"海洋蓝图"》，中国经济新闻网，2015 年 9 月 21 日，http://www.cet.com.cn/dfpd/jzz/sh/sh/1638714.shtml。

② 刘畅：《深圳加速"掘金"蓝色经济》，《广州日报》，2016 年 1 月 12 日。

千米，沿线有海口湾、铺前湾和金沙湾三大海湾，有海甸岛等 22 个大小海岛，所辖海域面积 830 平方千米，具备发展港口、海洋旅游的区位优势和资源优势。近年来，海口市高度重视海洋环保，努力推动科学用海，促进加快发展、科学发展、和谐发展的统一。海口充分发挥区位优势和港口物流优势，遵循"中强、西拓、东优、南控"的原则，提出战略西移、面向大海，明确了"3+1"的城市布局：沿海岸线的滨海旅游发展轴线、城市发展轴线和生态保护轴线以及沿南渡江的纵向发展轴线。海口勾画了以绿色环境、热带风光、滨海滨江、健康宜居和历史文化名城"五大特色"为格调的城市发展宏伟蓝图。

沿海各省、自治区、直辖市人民政府要按照国家海洋经济发展的总体要求，结合实际，抓紧制定和组织实施本地区海洋经济发展规划，把海洋经济作为重要的支柱产业加以培植，发挥各地区比较优势，打破行政分割和市场封锁，努力形成资源配置合理、各具特色的海洋经济区域。

（四）依托海港

中华人民共和国成立之初，我国便开始恢复港口建设。1978 年改革开放之后，特别是伴随 14 个沿海港口城市的对外开放，港口建设进入了高速发展时期。在 21 世纪这个海洋世纪，全国掀起了新一轮港口建设和发展热潮。国家 2006 年 9 月制定、2007 年 6 月发布《全国沿海港口布局规划》，根据不同地区的经济发展状况及特点、区域内港口现状及港口间运输关系和主要货类运输的经济合理性，将全国沿海港口划分为环渤海、长江三角洲、东南沿海、珠江三角洲和西南沿海 5 个港口群（见表 6-1）。强化群体内综合性、大型港口主体作用，形成煤炭、石油、铁矿石、集装箱、粮食、商品汽车、陆岛滚装和旅客运输 8 个运输系统的布局。全国沿海港口布局如图 6-3 所示。

表 6-1　中国沿海港口群及港口分类 *

港口群所在地区	主要港口	其他港口
环渤海地区	大连、天津、青岛、营口、秦皇岛、日照、烟台	丹东、锦州、唐山、黄骅、威海
长江三角洲地区	上海、宁波、连云港	舟山、温州、南京、镇江、南通、苏州
东南沿海地区	厦门、福州	泉州、莆田、漳州
珠江三角洲地区	广州、深圳、汕头、珠海	汕尾、惠州、虎门、茂名、阳江
西南沿海地区	湛江、防城、海口	北海、钦州、洋浦、八所、三亚

* 据中国产业信息网，http：//www.chyxx.com/industry/201405/241501.html。

进入 21 世纪，港口的建设数量、规模、吞吐能力以惊人的速度增长，我国港口新的格局初步形成，并跻身世界港口大国行列。

2015 年，沿海规模以上港口完成货物吞吐量 78.4 亿吨，同比增长 1%，增幅比 2014 年同期回落 4.6 个百分点。其中外贸完成 32.5 亿吨，增长 0.7%，增幅比 2014 年同期回

图6-3　全国沿海港口布局

落5.2个百分点。

2015年，全球港口货物吞吐量前十大港口排名顺序依次为宁波-舟山港、上海港、新加坡港、天津港、苏州港、广州港、唐山港、青岛港、鹿特丹港、德黑兰港。进入十大港口之列的中国港口数量为 7 个，较 2014 年少一个，中国大连港排名第十一位。①

目前，我国水运建设发展规划体系基本成形，形成了环渤海港口、"长三角"港口、东南沿海地区（海峡西岸）港口、"珠三角"港口和西南沿海地区（北部湾）港口五大沿海港口群；构架了以集装箱、煤炭、矿石、油品、粮食五大货种和客运为重点的运输系统。沿海港口作为国民经济和社会发展的重要基础设施，有力地支撑了经济、社会和贸易发展以及人民生活水平的提高，对于国家综合实力的提升、综合运输网的完善等具有十分重要的作用。

根据 Alphaliner 运力数据显示，截至 2016 年 3 月 11 日，全球班轮公司运力 100 强中马士基航运排首位，地中海航运排第 2，法国达飞轮船排第 3。中国远洋海运集团（COSCO）首次以合并后的运力上榜，排名第 4。长荣海运排在第 5，赫伯罗特排在第 6，汉堡南美排在第 7，韩进海运位列第 8，东方海外排名第 9，阿拉伯轮船位列第 10。其中，第 11 到 20 位分别是：商船三井、美国总统轮船、阳明海运、日本邮船、现代商船、川崎汽船、以星航运、太平洋船务、万海航运、新加坡航运。在上榜的中国内地的班轮公司中，中国远洋海运集团排名第 4 位，海丰国际排名第 23 位，泉州安盛船务排名第 28 位，中谷海运排第 29 位，中外运排第 37 位，上海锦江航运排在第 61 位，广西鸿翔船务排在 64 位，上海海华排在第 66 位，大连信风海运排在第 75 位，宁波海运排名第 79 位，天津海运排在第 86 位，太仓集装箱海运首次上榜，排在第 90 位。②

改革开放以来，沿海港口坚持统筹规划、远近结合、深水深用、合理开发的原则，整体上已初步形成了布局合理、层次清晰、功能明确的港口布局形态和围绕煤炭、石油、矿石和集装箱四大货类的专业化运输系统，对满足国家能源、原材料等大宗物资运输、支持国家外贸快速稳定发展、保障国家参与国际经济合作和竞争起到了重要作用。目前，沿海港口规划、建设和运营状况良好，总体上呈健康、平稳、持续发展态势，在旺盛的运输需求带动下，货物吞吐量特别是外贸、集装箱吞吐量持续快速增长，港口建设步伐明显加快，投资主体多元化的局面形成，建设和经营步入随市场需求变化而调整和发展的阶段，港口呈现出规模化、集约化、现代化发展趋势。

海洋交通运输业的发展要进行结构调整，优化港口布局，拓展港口功能，推进市场化，建立结构合理、位居世界前列的海运船队，逐步建设海运强国。

大宗散货运输要根据产业结构调整、资源调运量和工业布局的需要，衔接好北方、华东地区外运铁矿石、原油及液化天然气的运输接驳。努力建成以港口为中心的国际集装箱

---

① 《2015 年全球十大港口排行榜出炉》，2016 年 2 月 1 日，中港网。
② 《最新排名：全球 100 大集装箱班轮公司运力排名出炉》。http://mt.sohu.com/20160314/n440345915.shtml。

运输、大宗散货运输等综合运输网络，使港口布局更加完善，运输能力进一步提高，港口服务功能更加多样化，装备技术水平不断提高，基本建成主要港口的智能化管理系统。要根据船舶大型化发展的要求，实施以长江口深水航道为重点的治理工程，改善主要出海口航道及进出港通航条件；根据区域经济和港口城市社会经济发展的需要，适当建设区域性港口码头，改扩建部分老港口码头，并调整结构和功能。

港湾资源和出海通道是国家战略资源，利用优良港湾建设港口，保护和开辟更多的出海通道，利用全球航道发展对外经济联系，具有重要战略意义。

（五）依托海岛

海岛是我国海洋经济发展中的特殊区域，在国防、权益和资源等方面有其特殊性和重要性。海岛及邻近海域的资源优势主要是渔业、旅游、港址和海洋可再生能源。而滨海旅游业是中国沿海蓝色产业的重要组成部分。比如山东长岛、刘公岛，浙江舟山群岛，福建厦门鼓浪屿，广东南澳岛、上川岛、下川岛、海陵岛、放鸡岛、特呈岛，广西涠洲岛等。海南岛更以"国际旅游岛"著称。

由于中国海岛呈近岸分布，从地理上说是中国沿海蓝色产业的分布范围。

2011 年 11 月，国家发展和改革委员会发布了规划期为 2011—2020 年的《广东海洋经济综合试验区发展规划》，强调加强五大海岛群建设，助力广东沿海现代产业体系的形成与发展。

粤东岛群包括南澳岛区、柘林湾岛区、达濠岛区、海门湾-神泉港沿岸岛区、甲子港-碣石湾沿岸岛区、红海湾岛区和东沙群岛区 7 个岛区，重点发展现代海洋渔业、海洋交通运输业、海洋生态旅游业，加强海洋自然保护区建设。

大亚湾岛群包括虎头门以北沿岸岛区、虎头门-大亚湾口岛区、平海湾沿岸岛区、沱泞列岛区和考洲洋岛区 5 个岛区，重点发展海洋交通运输业、滨海旅游业和临海现代工业。

珠江口岛群包括深圳东部沿岸岛区、狮子洋岛区、伶仃洋岛区、万山群岛区、磨刀门-鸡啼门沿岸岛区和高栏岛区 6 个岛区，重点发展海洋交通运输业、滨海旅游业、临海现代工业、海洋高新技术产业。

川岛岛群包括川山群岛区、大襟岛区和台山沿岸岛区 3 个岛区，重点发展滨海旅游业、海洋交通运输业，加强海洋自然保护区建设。

粤西岛群包括南鹏列岛区、阳江沿岸岛区、茂名沿岸岛区、吴川沿岸岛区、湛江湾岛区、巽寮岛区和外罗港-安铺港沿岸岛区 7 个岛区，重点发展现代海洋渔业、滨海旅游业和海上风电业。

许多海岛近港或是港口所在地，具有发展临海临港产业的独特条件。

近年来，广东湛江利用东海岛在港口等方面的优势，发展钢铁、石化、纸业等临港产业，湛江宝钢项目、中科炼化项目、冠豪高新（纸业）等大型企业落户东海岛，并有众多的上下游项目跟进。如钢铁配套园区是专门为宝钢湛江钢铁项目上下游企业规划建设的园区，总面积3.2平方千米，分两个园区建设。其中钢铁配套1号园规划总用地面积约1.2平方千米，2015年已入园项目有8个，总投资21亿元，包括华德力电气、恒翔机电、盛宝科技、沪湛辅料等项目，预计年产值59.2亿元、税收4.73亿元。钢铁配套2号园规划总用地面积2平方千米，2015年已入园动工建设的企业有29个，总投资额46亿元。以上钢铁配套企业共计投资125亿元。

当经济发展驶入蓝色时代，"海岛经济"的勃然而兴也就在意料之中。作为海洋生态系统的重要组成部分，海岛既是开发海洋的天然基地，也是国民经济走向海洋的先遣地和海外经济通向内陆的"岛桥"，特别是我国确立"实施海洋开发"的战略决策、将海洋经济作为新的国民经济增长点以来，其地位更加凸显。在我国约300万平方千米的主张管辖海域中，有数以万计的海岛，历史上的海岛经济大多是传统模式，即捕捞养殖、海产品加工等。近年来，以科学发展观为指导的海岛可持续发展、协调发展已成为指导我国海岛经济发展的重要理论支撑。一些海岛开始突破传统经济模式，向高端旅游业及战略性新兴产业进军，探索新的海岛经济发展模式，烟台长岛的"负碳经济"模式，即是其中颇有代表性的一种。[①]

进入21世纪以来，海岛成为拓展蓝色经济的重要发展空间。平潭、舟山、万山等海岛（群岛）新区的开发建设已成为重要经济增长点，海岛旅游等产业也在蓬勃发展，海岛独特的地理区位优势、生态资源优势不断凸显。但个别地区海岛生态破坏问题仍然存在，肆意填海连岛、采石挖砂、乱围乱垦等，大规模改变海岛地形地貌和生态系统，致使海岛及其周边海域生物多样性降低，生态环境恶化。海岛产业总体布局不尽合理，海岛经济发展后劲不足，一些无居民海岛利用模式低端粗放。这些问题严重制约海岛在经济社会发展中发挥更大作用。因此，以完善海岛资源环境保护和开发利用的约束与激励机制为目标，尽快构建基于生态系统的海岛综合管理体系，在保护海岛生态环境的基础上，引导社会科学开发利用海岛资源，推动海岛生态文明建设，将成为"十三五"期间海岛工作的重点任务。

全国海岛保护"十三五"规划要实现3个目的：一是落实中共十八大以来国家大政方针，特别是海洋强国战略、生态文明建设、"十三五"规划和海洋主体功能区规划对海岛保护与管理工作提出的新要求；二是明确基于生态系统海岛综合管理的具体任务和综合管控措施，强化空间用途管制，建立海岛资源环境保护的促进和约束机制，发挥规划约束作

---

① 申红：《海岛，新经济增长点》，《大众日报》，2010年8月13日。

用；三是提出"十三五"期间全国海岛保护与管理工作的重点任务和重大工程。"十三五"期间，国家海洋局将打造一批"生态岛礁"，以生态环境本底调查，建立海岛监视监测站点，以原生植被栽培、岸线修复、海岛环境综合整治等为基础，根据海岛基本情况和功能定位，有选择地实施重要生境和栖息地保护、公益服务功能改造升级等特色生态工程，并在具备条件的海岛进行生态建设示范与推广。希望通过这一工程的实施，更好地发挥海岛在生态保护、经济发展、权益维护等方面的作用。[1]

二、社会机构依托

我国海洋自然条件优越，海域辽阔，蓝色产业带的建设、海洋强国的建立也离不开政府和管理部门、科研院所、公司企业等社会机构的依托。

（一）中央（国家）

1996 年 3 月，《国民经济和社会发展"九五"计划和 2010 年远景目标纲要》在第八届全国人民代表大会第四次会议上通过。在这幅波澜壮阔的跨世纪蓝图中，在共和国历史上，海洋第一次被提到了重要位置："加强海洋资源调查，开发海洋产业，保护海洋环境。"第八届全国人民代表大会第五次会议上，《政府工作报告》中又三次提到海洋。自 20 世纪 90 年代以来，我国把海洋资源开发作为国家发展战略的重要内容，把发展海洋经济作为振兴经济的重大措施，对海洋资源与环境保护、海洋管理和海洋事业的投入逐步加大。为规范海洋开发活动，保护海洋生态环境，国家先后公布实施了《中华人民共和国海洋环境保护法》《中华人民共和国海上交通安全法》《中华人民共和国渔业法》《中华人民共和国海域使用管理法》等一系列法律法规。全民海洋意识日益增强。沿海一些地区迈出了建设海洋强省（区、市）的步伐。海洋经济的快速发展已经具备了良好的社会条件。

为了提高我国海洋科技研究与开发能力，我国相继采取了一系列重大措施，加大了海洋科技的投入。继国家重点科技攻关计划后，又先后在国家攀登计划、国家重大自然科学基金、国家重大基础研究规划项目（973）中，设立了海洋领域的项目，并立项实施了海洋"863"高新技术发展计划、海洋勘测专项计划；建立了一批科技兴海示范基地和技术转移中心，把我国的海洋技术研究与开发提到了一个更高的层次。沿海各省（市、区）也制定了各自的科技兴海规划，增加了投入。

党中央、国务院高度重视海洋经济的发展，国家"第 13 号文件"第一次以国务院名义发表了海洋战略规划纲要，"实施海洋开发"写入了中共十六大报告；国务院《全国海洋经济发展规划纲要》则第一次明确提出了"逐步把我国建设成为海洋强国"的目标，将海洋经济视为中国经济布局的重要组成部分。海洋立法、海洋功能区划、海域管理等措

---

① 王自堃：《海岛是拓展蓝色经济的重要发展空间》，《中国海洋报》，2016 年 3 月 14 日。

施相继出台。中共十七大提出"发展海洋产业"战略，再到中共十八大提出"建设海洋强国"战略。"十一五"规划强调"开发海洋资源，促进海洋经济发展"，2006 年还启动了旨在摸清我国近海"家底"的"我国近海海洋综合调查与评价"工作。国家海洋局在能力建设方面投入很大，包括制造海监船舶、海监飞机等。海洋问题涉及面众多，与经济问题、能源问题、外交问题、海权问题、军事问题以及国家安全都息息相关。应建立跨部门、跨行业、跨学科工作组，共同对海洋的开发和规划出谋划策。国家"十二五"规划强调加快海洋经济调整优化，要准确把握海洋经济发展的阶段性特征，坚持陆海统筹，科学规划，实施可持续发展战略。"十三五"规划的"蓝色"看点有：进一步壮大海洋经济，深入实施以海洋生态系统为基础的综合管理，加强海上执法机构能力建设。这些都说明蓝色产业带建设具有重要意义，并且为蓝色产业带建设提供了良好的宏观环境。

改革开放以来，沿海地区经济快速发展，对海洋产业的投入力度逐年增加，为海洋经济的持续、稳定、快速发展奠定了基础。近 5 年来，全国海洋生产总值年均增速 8.1%，到"十二五"末期，占国民生产总值比重近 9.6%，涉海就业人员超过 3 500 万人，海洋科技对海洋经济贡献率达到 60%。[①] 国家层面的蓝色产业带建设——中国蓝色产业带建设，也必将对中国经济社会的发展产生巨大而深远的影响。

（二）地方

20 世纪 90 年代兴起的海洋开发热潮，极大地推动了沿海地区的经济发展。海洋开发已然成为沿海地区新的经济增长点和跨世纪的地区发展战略，海洋经济在沿海地区的经济地位越来越重要。据《2015 年中国海洋经济公报》统计显示，环渤海地区海洋生产总值23 437 亿元，占全国海洋生产总值的比重为 36.2%；长江三角洲地区海洋生产总值 18 439亿元，占全国海洋生产总值的比重为 28.5%；珠江三角洲地区海洋生产总值 13 796 亿元，占全国海洋生产总值的比重为 21.3%。"十二五"期间，广东海洋经济继续高速发展，海洋生产总值年均增长率达 10% 以上，2015 年实现海洋生产总值 1.52 万亿元，连续 20 年领跑全国。同时，广东海洋经济结构在"十二五"期间得到进一步优化，海洋经济第一、第二、第三产业比例由 2010 年的 2.4∶47.3∶50.3 调整为 2014 年的 1.6∶46.9∶51.5。山东海洋生产总值保持了年均 10% 左右高速增长，高于全省经济增速 2 个百分点以上，占全省国内生产总值比重稳定在 18% 以上。2015 年，山东实现海洋生产总值约 1.1 万亿元，居全国第二位。福建、江苏等地海洋经济数据同样亮眼。2015 年福建实现海洋生产总值达7 000 亿元左右，同比增长 10%；江苏海洋生产总值超过 6 500 亿元，年均增长 13%，占全省国内生产总值的比重上升至 9.3%。浙江省发布的数据显示，2015 年，该省海洋第三产业占海洋生产总值的比重达到 54.9%，海洋产业结构不断优化，产业转型升级步伐

① 据国家海洋经济统计公报（2010—2015 年）。

加快。

　　山东省提出，到 2020 年全省海洋生产总值年均增长 8% 以上，占全省地区生产总值比重超过 20%。福建的目标是，到 2020 年海洋生产总值力争突破 1 万亿元，年均增长 9% 以上。江苏同样提出，到 2020 年，全省海洋经济年均增速高于全省经济增速 2～5 个百分点，海洋生产总值突破 1 万亿元大关，国内生产总值的比重力争超过全省 13%。海南、上海、天津等省市虽然海洋经济体量相对较小，但发展速度和潜力不可小觑。"十三五"时期，海南省将培育壮大海洋旅游、海洋渔业、海洋油气等产业，力争 2020 年全省海洋生产总值达到 1 800 亿元。上海市则提出，到 2020 年，上海全市海洋生产总值将占地区生产总值的 30% 左右，形成以海洋战略性新兴产业和现代海洋服务业为支撑的现代海洋产业体系。天津市到 2020 年，海洋生产总值计划将突破 8 000 亿元，占全市国内生产总值比重达到 35%。①

　　通过对比发现，沿海各地海洋经济生产总值占当地国内生产总值的比重呈现逐年上升的趋势，海洋经济逐渐成为推动沿海各地经济社会发展的新引擎。沿海地区各级人民政府要把海洋经济作为重要的支柱产业加以培植，发挥各地区比较优势，打破行政分割和市场封锁，努力形成资源配置合理、各具特色的海洋经济区域。沿海各省、自治区、直辖市人民政府要按照国家海洋经济发展的总体要求，结合实际，抓紧制定和组织实施本地区海洋经济发展规划。

　　尤其令人欣喜的是，各区域在加快发展海洋经济的同时，高度关注并强化了对海洋资源和海洋生态环境的保护。"涸泽而渔"的现象今时今日已经被摒弃在产业发展的大门之外。

（三）科研院所

　　高科技含量的增加也是我国海洋产业发展的重要动力。坚持科教兴海，充分发挥海洋科技的整体优势。海洋开发的力度在很大程度上取决于海洋科技发展的水平。"十一五"期间，我国海洋科技成绩显著。2007 年，我国成功发射了第二颗海洋卫星。2009 年，在海拔 4 000 多米的南极冰盖最高点建成了我国首个南极内陆考察站——昆仑站。2010 年，第四次北极考察首次抵达北极点。"海龙"号无人缆控潜水器、高分辨率测深侧扫声呐、深海浅钻和电视抓斗等高新装备的研制应用，标志着我国深海高新技术调查装备研发和应用能力已达到世界先进水平。2010 年，"蛟龙"号载人潜水器海试下潜，我国成为继美国、法国、俄罗斯和日本之后第 5 个掌握 3 500 米以上大深度载人深潜技术的国家。"十一五"期间，摸清我国近海资源环境家底的"908"专项全面实施。这些专项的实施，为有效服务沿海地区经济社会发展、加强国防建设和维护国家海洋权益做出了重要贡献，同时

---

①　傅义洲：《海洋局：我国海洋经济呈现强大扩张力》，中央政府门户网站，www.gov.cn。

也带动了海洋系统的基础设施建设，极大地提升了海洋系统的科技支撑能力。[①]

据《中国海洋经济发展报告 2015》数据显示，"十二五"期间，各有关部门深入实施"科技兴海"战略，先后设立了 8 个国家海洋高技术产业基地试点、6 个全国海洋经济创新发展区域示范、7 个国家科技兴海产业示范基地和 3 个工程技术中心。海洋产业技术创新取得跨越式发展，深水 3 000 米第六代半潜式钻井平台、深水铺管起重船等深海油气勘探开发装备投入使用；兆瓦级非并网风电海水淡化系统技术研发取得突破，海水淡化设备国产化率由 40% 上升到当前的 85% 左右；百千瓦级潮流能和波浪能开发利用的技术研究和示范应用全面启动，潮汐发电技术、海上风电技术装备投入生产，海洋温差能、盐差能、微藻生物能研发有序推进。我国深海钻探及复杂油田采收技术国际领先，4 500 米深海遥控无人潜水器作业系统（"海马"号 ROV）海试成功，"海洋石油 981""海洋石油 201"等高端装备为我国海洋强国战略实施提供重要保障。

创新海洋科技机制，建设海洋科技支撑体系，增加海洋科技投入。加强海洋科技需求战略研究，组织力量集中攻关对海洋经济发展具有关键性影响的科学技术。加快现有海洋科研机构改革，整合现有海洋科技力量，加快海洋类大学与科研院所建设。支持海洋水产重点实验室和工程技术研究中心建设。设立海洋科技创新专项资金，用于支持重点海洋高新技术企业技术创新，科技行政管理部门在科技三项费用、科学事业费安排中，对海洋科技给予倾斜支持。从体制上理顺国家和省级科研机构的任务、职能，充分调动广大科研院校科研人员的积极性，从而形成合力，为"经济强国"建设提供智力支持。要积极促进产、学、研、管一体化，开发海洋高科技产业。要围绕当前海洋科技面临的重大问题，组织海洋科技人员进行科技攻关，有重点地解决海洋资源开发利用中的关键技术，提高海洋科技产业化程度和对海洋环境的保护能力。加强国际科技交流与合作，博采众长，为我所用，加快海洋技术的升级换代。重视和发挥海洋科技工作者的作用。

充分发挥高校教育园区的创新源、人才库作用，对做出贡献的科研人员要实行奖励政策，稳定科研队伍，调动科研人员的积极性。大力加强海洋教育工作，多渠道、多层次培养海洋科技人才，提高海洋干部群众文化素质和技术水平。

加强自主技术创新。重点提升特色产业共性技术开发能力。以高等院校、科研院所、行业龙头企业、企业博士后流动站、生产力促进中心等为依托，着力建设若干集科技开发、技术支持与推广、信息咨询、人才培训等功能于一体的产业共性技术创新中心，带动优势产业整体技术升级。

（四）公司企业

按照市场经济要求，改革投融资体制，最大限度地融通社会资金，确保海洋经济建设

---

① 周小苑：《把"蓝色国土"打造成经济亮点》，《人民日报》（海外版），2011 年 4 月 20 日。

投资的快速增长。加快先进适用技术引进、消化、吸收步伐。重点吸引国内外大企业，特别是世界500强企业的科研开发机构落户。

各级财政性建设资金应向海洋产业倾斜，积极争取中央国债和预算内投资支持，落实地方配套资金。按照"取之于海、用之于海"的原则，严格遵守海域和资源有偿使用制度，依法征收海域使用金和资源保护费，专项用于发展海洋经济。实行全方位的对外开放政策，着力搞好"软""硬"环境建设，面向国内外广泛开展招商引资。加大招商引资力度，举办各种专题招商活动，吸引外部资金投向海洋产业。积极引导、鼓励企业进行股份制改造，通过股票上市、发行债券、经营权和资产转让、联合兼并等方式，盘活存量资产，优化增量资产。加大海洋产业的信贷支持力度。商业银行等金融机构积极搞好金融服务，对重点工程、骨干项目、高新技术项目优先提供贷款支持。高新技术投资公司要加大海洋高新技术项目投入，担保公司要积极为高新技术项目提供担保支持。

加强企业技术创新，积极扶持企业建立健全研发体系，逐步建立以企业为主体的技术研究与开发机制。鼓励外商发展海洋高新技术产业，引进海洋生物新品种及先进的技术设备、生产工艺和管理方法，改造提高传统产业，发展新兴产业。倡导国营、集体、私营等各类海洋企业与科研单位联手，开发海洋高科技产业。

推动产、学、研合作，鼓励创办各类专业孵化器。以孵化器为核心，组合技术支持、管理咨询、风险投资等多种力量，加快科技成果转化，培育高新技术企业。鼓励骨干企业实施知识产权战略，开发自主知识产权。逐步完善人力资源开发利用机制。推行技术入股、管理入股和股票期权、年薪制等各种新型分配方式，集聚有高素质的经营管理人才和高水平的科技人才。对高级人才的"柔性流动"，在户籍管理、社会保障、住房、子女就读等方面提供全面配套服务。充分利用现代网络技术，在全国乃至世界范围内搜寻优秀人才，开展跨国人才合作。通过内育、外引、借智三管齐下，重点抓好企业家、高级专业人才、技术工人三支人才队伍建设，构筑与区域产业特点相适应的多层次、多门类、开放型区域人才体系。

进入21世纪，无论从现状还是未来发展的规划，以至相关的政策环境和细化到各地政府的具体实施运作，我国海洋经济发展的蓝色浪潮都显示着巨大的活力和持续席卷沿海各地的潜力，借着政策和科技的东风，海洋经济鼓帆远航，全力前进。

第七章 蓝色产业带建设的条件

海洋蓝色产业经过改革开放以来的发展，已成为我国经济巨轮上的一道独特风景线。面对日益成熟的海洋蓝色产业集群，如何建设适应我国转变经济发展方式和现代海洋产业体系的蓝色产业带，已是一个十分重要的课题。因此，在现有海洋经济发展的基础上，有必要对我国蓝色产业带建设条件进行对比分析和可行性论证。其中，对比分析以中国目前的经济社会发展之地理性状态为参照系，以内陆经济为参照物，进而把蓝色产业带建设条件及其海洋经济优势概括为三"才"占尽、三"力"支撑、三"军"协同、三"源"富足、三"识"具备。

所谓三"才"占尽，一是指天时："全球化"东风、市场化充分；二是指地利：地理优势和区位优势——负陆面海、交通便利、资源丰富；三是指人和：海洋在 21 世纪的战略地位已是人们的共识，开发利用的呼声越来越高。

所谓三"力"支撑，是指人力、财力和物力三方面。沿海地区属发达地区，人力资源富足、人才聚集度高；财力和物力方面也非内陆地区可比。海洋经济业已成为带动中国东部沿海地区率先发展的强有力支撑，特别是进入"十二五"以来，海洋经济继续保持良好发展势头。辽宁沿海经济带、河北曹妃甸工业区、天津滨海新区、山东半岛蓝色经济区、上海浦东新区、浙江海洋经济发展示范区、江苏沿海地区、福建海峡西岸经济区、广东海洋经济综合开发试验区、广西北部湾经济区和海南国际旅游岛等沿海区域开发布局的形成，更使海洋经济的发展如虎添翼，方兴未艾。海洋经济不仅在沿海地区占有重要地位，而且是我国未来发展的重要依托和增长点。

所谓三"军"协同，是指市场经济条件下的中国蓝色产业带建设不是一个单纯的国家行为。当然，国家可以而且应宏观上规划、全国性统筹，但在融资渠道上应该走多元化的市场化运作的路子，借助国家、民间和海外三方面力量，形成国家、民间和海外三军协同的局面。

所谓三"源"富足，是指沿海地区能源、水源、生物和矿物资源富足。这不仅表现为沿海地带所拥有的淡水资源、矿物资源、能源和生物资源，尤其是海洋本身是一个巨大的资源宝库，是人类可持续发展的希望所在。

所谓三"识"具备，是指海洋科学、海洋技术、海洋观念。海洋对一个国家的经济和国防的关系极大，备受各国重视。海洋科学研究的逐步深入，解决了人们关心的为数众多的科学课题，如：海洋是怎样诞生的？海水从何而来？复杂的海底地形怎样形成？生命怎样在海洋中起源？海洋对环境和天气有哪些影响？等等。直到 1960 年 1 月 23 日，人类才打开通向海底深渊之门。在很长的时间内，深海探索领域及深潜器的发展一直为欧美国家所垄断，到 20 世纪 80 年代，中国逐步跻身于世界深潜器先进国家行列。目前，人类只对 1/5 的海洋区域进行过调查，对 5% 的海洋区域做过比较系统的研究。尽管如此，21 世纪初的海洋技术也已经是洋洋大观，包括海洋地球物理探测技术、海洋灾害防治与海洋环境保护、海洋调查与监测技术、海洋地理信息系统、海岸与海底工程、各种海洋资源开发技术等。目前，国际上海洋高技术发展有以下 5 个重点领域：海洋生物技术、海洋生态系统模拟技术、海洋油气资源高效勘探开发技术、海洋环境观测和监测技术、海底勘测和深潜技术。

过去我国海洋观教育相对薄弱，许多年轻人不清楚领海、大陆架、专属经济区等海洋国土的基本概念，认为中国的版图只有 960 万平方千米的陆域国土，不知道中国还有约 300 万平方千米的主张管辖海域。进入 21 世纪，全球化的浪潮、海洋世纪的卓识、开发与保护海洋的理念、海洋维权意识日益深入人心；以开放、博大、探索、奋进、交流、求利为特征的海洋文化精神带给新时期国人以精神食粮。可以说，全国上下从观念上对海洋的重视是前所未有的。

一、三"才"占尽——海洋蓝色产业带建设的战略环境

所谓三"才"占尽，一是指天时：21 世纪，是人类全面认识、开发利用和保护海洋的新世纪，海洋蓝色产业发展全球化的时代已经到来；二是指地利：21 世纪，我国沿海地区继续加大开放力度，外向型经济形成的地理优势和区位优势——负陆面海、交通便利、资源丰富，已构建了我国发展海洋蓝色产业带的立体战略；三是指人和：人们对海洋在 21 世纪的战略地位已有广泛共识，开发利用海洋的呼声越来越高。

（一）21 世纪，我国蓝色产业带建设的战略机遇期

国际社会普遍认为，21 世纪是海洋世纪。海洋是世界各国经济社会发展的宝贵财富和最后空间，是人类可持续发展所需要的能源、矿物、食物、淡水和重要稀有金属的战略资源基地。当前世界经济中心正向太平洋转移，而太平洋西岸更是世界经济中增长速度最快的区域。

从 20 世纪 60 年代开始，人类由以捕鱼、海运和盐业为重点海洋产业的时代，进入了现代海洋开发的时代，开始大规模开发海洋油气资源，发展海上娱乐和旅游事业等。但有能力大规模开发海洋仍限于少数发达国家，全面开发利用海洋尚没有形成包括大多数国家在内的全球规模。从全世界范围来说，海洋新世纪应当是多数国家全面认识、开发利用和

保护海洋的世纪，21 世纪将是这样的世纪。高新技术促进了海洋产业的发展，海洋经济的作用日益重要。由于科学技术的迅速发展，加速了传统海洋产业的技术改造，促进了新兴海洋产业的形成和发展。

中国陆地自然资源人均量低于世界水平。人均占有陆地面积仅 0.008 平方千米，远低于世界人均 0.3 平方千米的水平，因此有必要向海洋要空间，包括生产空间和生活空间。全国多年平均淡水资源总量为 28 000 亿立方米，居世界第六位，但人均占有量为世界平均水平的 1/4。矿产资源总量丰富，潜在价值居世界第三位，但人均占有量不到世界平均水平的一半，居世界第 18 位。据对 45 种主要矿产（占矿产消耗量的 90%以上）对国民经济保障程度分析，我国矿产资源将出现全面紧缺，有些资源还会面临枯竭的局面。要保障国民经济持续、快速、健康的发展，现有陆地资源开发形势将更加严峻，有必要把眼光转向海洋。

所以，中国应该实行以发展海洋经济为中心的海洋战略。海洋是国际竞争的热点之一，其中包括海洋政治、经济、军事及科技各个领域。世界海洋大国有的实行全面的海洋战略，并在上述各个领域全面进行竞争；有的则把主要战略方向集中于开发海洋，发展经济，只在海洋经济方面实行全球战略。中国是发展中国家，但殷切希望海洋能为实现国民经济的发展目标做出较大的贡献。中国的可持续发展对海洋可持续利用的需求十分巨大，必须从多角度关注国家整体发展战略对海洋的要求。21 世纪中叶，中国将要达到中等发达国家的水平，人口的趋海移动和沿海地区的城市化进程将使全国 50%的人口集中到沿海地区。一方面可给沿海地区带来经济、社会的空前繁荣；另一方面也会给海洋资源与环境的可持续利用造成巨大的压力。发展是硬道理，是实现所有宏伟目标的关键。海洋的可持续利用也必须以海洋经济的持续、快速、健康发展为基础。因此，必须把发展海洋经济为中心作为海洋工作最基本的战略原则。

（二）全球化背景下，我国海洋蓝色产业带建设的外部环境

经过几十年的海洋探索和现代海洋经济发展，人类已把生产和生活空间逐渐向海洋推进。预计未来全球海洋产业主要增长领域是海洋石油和天然气、海洋水产、海底电缆、海洋安全业、海洋生物技术、水下交通工具、海洋信息技术、海洋娱乐休闲业、海洋服务和海洋新能源等。目前，在全球化趋势的促进下，世界海洋经济发展呈现如下特征，这也是我国当前推进海洋蓝色产业带建设的外部环境和参照条件。

一是全球海洋空间利用日益多样化。在 20 世纪中叶，世界海洋空间利用主要是港口建设和海上航运，目前已向多样化、综合化方向发展，港湾利用比过去内容更加丰富多彩。除物流、产业、生活 3 个基本机能的港湾空间利用外，游船码头、基地、各种娱乐设施、情报信息网等也都是港湾利用的系统内容。海洋空间的旅游娱乐利用，已经成为迅速发展的主导产业之一，包括海洋文化、海洋医疗、水上运动、海上垂钓、水下观光等许多

项目。另外，海上和水下城市、海底隧道、人工岛、海底仓储等也在发展。这说明，在全球化的影响下，我国海洋蓝色产业带建设和发展领域将紧跟国际步伐，不断拓展海洋空间利用范围。

二是世界海水资源作为巨大的液体矿，将逐步进入综合开发利用阶段。其中包括海水制盐及提取镁、溴、钾、铀等化学元素；作为工业冷却水、耐盐植物灌溉用水、大生活用水等的海水直接利用，以及海水淡化也在向产业化方向迈进。

三是全球海洋农牧化技术逐渐成熟，许多近海海域将成为蓝色的"田野"和"牧场"。海洋中蕴藏着丰富的生物资源，已形成各种形式的海水养殖农牧场。海上农牧厂自20世纪80年代起受到各国的重视。日本最早提出建设海上农牧场，1980年起便开始实施一项为期9年的"海洋腾飞计划"，大力发展海水养殖业，20世纪80年代末的养殖产量已超过200万吨，居世界首位。美国在20世纪80年代也投资10多亿美元建立了一个海洋农牧场。其他国家也在不断掀起海洋农牧场建设的热潮。

四是世界海洋油气资源勘探开发。大洋多金属结核、海底热液矿、海底钴结壳等矿物勘探活动也在发展，21世纪逐步形成深海采矿业。海洋产业产值一直在迅速增长。

我国是海洋大国，随着综合国力的日益强大，我们的民族复兴大业与和平发展，必然越来越多地依赖海洋。目前，我国已经成为主要石油进口国，外贸货物基本依赖海上运输。国防安全的主要威胁来自海上，加强海防建设是保障我国和平发展的重要前提。因此，我国应该积极参与新世纪海洋领域的国际竞争，促进中华民族伟大复兴的实现。

（三）改革开放条件下，我国海洋蓝色产业带建设的内部环境

尽管我国海洋开发和产业发展水平总体滞后，但进入20世纪80年代，尤其改革开放以来，中国的海洋开发一直高速发展。据2015年中国海洋经济发展报告数据显示，"十二五"以来，我国海洋经济总体平稳增长，取得了巨大成就。在世界经济持续低迷和国内经济增速放缓的大环境下，我国海洋经济继续保持总体平稳的增长势头，已经成为拉动国民经济发展、构建开放型经济的有力引擎。在今后一个比较长的时期内，海洋经济仍将保持高速增长势头，其原因主要是：海洋开发程度低，潜力大，有高速发展的资源基础和条件；改革开放政策在沿海地区和海洋开发领域发挥了巨大威力，从国内和国外吸引了大量资金、技术，为海洋开发提供了广阔的市场，从而获得超常规发展；沿海地区普遍出现开发海洋热潮，实施"科技兴海"战略，推动海洋开发迅速发展。因此，海洋开发实行适度快速发展是符合客观规律和中国国情的。另外，在保持较高增速的同时，强调较好的效益，使海洋开发走技术密集、资金密集的发展道路。

目前，我国海洋产业已经形成了一定的产业结构，逐步建立现代海洋产业体系，成为构建海洋蓝色产业带战略的基础和重要平台。

（四）科学发展指引下，我国海洋蓝色产业带建设的战略理念

进入 21 世纪以来，沿海国家纷纷提升国家海洋政策，海洋事业发达的国家，都已有成熟的海洋国策、成文的海洋立法、海洋战略和政策文件。这些沿海国家在健全机构的同时，已开始从整体上考虑海洋政策问题，制定新的海洋发展战略，朝着建设海洋强国的目标迈进。

而长期以来，我们海洋观念薄弱，人们缺乏海洋国土的意识，没有把海洋当国土来看待。由于历史、传统和体制等诸多原因，中华人民共和国成立以后，我国的发展战略思路一度局限于陆地，没有将更多的目光和关注转向海洋。比如，我国国土规划中没有"海洋国土"这一块，国民经济发展规划也没把海洋开发单列一章，海洋经济的地位和巨大潜在价值基本没有得到体现。同时，我国海洋事业的发展政策，都是由部门政策或行业政策规范的，缺乏国家的海洋总体战略和政策。海洋力量攥不成"拳头"，形不成整体力量。这种状况，不利于我国在新世纪的和平发展和国际竞争。因此，组织力量研究和制定国家海洋政策是一项意义十分重大的工作。

为了迎接海洋开发新世纪，全面贯彻落实科学发展观，实现我国经济社会的全面协调可持续发展，除了大力做好现有的"五个统筹"之外，还应该再加上"海陆统筹"。"海陆统筹"应该是科学发展观的题中之义。"海陆统筹"，就是要破除长久以来重陆轻海的传统观念、树立海洋国土的意识，确立海陆整体发展的战略思路；就是要正确处理海洋开发与陆地开发的关系，加强海陆之间的联系和相互支援。海洋开发既要以陆地为后方，又要积极地为内地服务相互促进，努力做到海陆并举。通过实施"海陆统筹"，顺应全球经济一体化的要求，改善投资环境，多渠道引进外资和技术，从而把我国的对外开放推向新的高度。

二、三"力"支撑：海洋蓝色产业带建设的物质条件

如前所述，所谓三"力"支撑，是指财力、物力和人力三方面。海洋经济不仅在沿海地区具有重要地位，而且是我国未来发展的重要依托和增长点。由大连、天津、青岛、苏州、上海、宁波、温州、厦门、深圳、广州、海口及三亚形成的沿海和滨海城市链和 11 个海洋经济区，聚集的人、财、物力能够支撑一条由北及南的国家级蓝色产业带建设。

（一）蓝色产业带建设具有充裕的财力基础

改革开放以来，我国的海洋事业突飞猛进，海洋经济取得了令人瞩目的成就。1980 年海洋产值首次突破 100 亿元，1986 年达到 226.26 亿元。到 2015 年，我国海洋生产总值 64 669 亿元，实现了跨越式的发展。我国海洋经济年平均递增速率达到了 22% 以上，已连续 28 年保持这一强劲增长的势头。海洋经济的增长速度大体上达到同期国民经济增长率

的 3 倍，尤其近 20 年来，沿海地区经济快速发展，对海洋产业的投入力度逐年增加，为海洋经济的持续、稳定、快速发展奠定了基础。其中，海水养殖、海洋油气、滨海旅游、海洋医药和海水利用等新兴海洋产业发展迅速，有力地带动了海洋经济的发展。

目前，我国海洋经济居世界沿海国家中等水平，处于快速成长期。我国海洋渔业、造船业和盐业产量连续多年保持世界第一，港口数量及货物吞吐能力、滨海旅游业收入居世界前列。近几年，海洋经济发展已为海洋产业进一步升级扩张奠定了雄厚的财力基础，推动我国蓝色产业带建设的快速增长。

（二）蓝色产业带建设具备良好的产业基础

过去，我国不同时期的各种海洋资源开发活动形成了各种海洋产业，有传统的海洋渔业、海洋交通运输业和海盐业；现在，我国海洋产业结构正迅速转化，并且存在着巨大的发展潜力。2000 年，我国主要海洋产业总产值中作为第一产业的海洋渔业比重过半，占 54.7%，本应成为第二产业中最具竞争力的海洋石油业仅占 6%，第三产业的重要组成部分海洋旅游业也只占 14%。针对这种第一产业比重过大，第二产业、第三产业比重明显偏小的不合理现象，2003 年我国批准实施的《全国海洋经济发展规划纲要》中政策性地提出要"发挥市场配置资源的基础性作用，大力调整和改造传统海洋产业，积极培育新兴海洋产业，加快发展对海洋经济有带动作用的高技术产业，深化海洋资源综合开发利用。在国家规划指导下，调整主要海洋产业布局"和"突出重点，大力发展支柱产业；发挥比较优势，集中力量，力争在海洋生物资源开发、海洋油气及其他矿产资源勘探等领域有重大突破"。

据《2015 年中国海洋经济统计公报》显示，2015 年全国海洋生产总值 64 669 亿元，海洋生产总值占国内生产总值的 9.6%。其中，海洋产业增加值 38 991 亿元，海洋相关产业增加值 25 678 亿元。海洋第一产业增加值 3 292 亿元，第二产业增加值 27 492 亿元，第三产业增加值 33 885 亿元，海洋第一、第二、第三产业增加值占海洋生产总值的比重分别为 5.1%、42.5% 和 52.4%。

此外，我国沿海各海洋经济区充分发挥区域比较优势，实行优势互补、联合开发，开始呈现海洋经济联合的趋势，区域海洋经济规模不断增大，形成了各具特色的海洋经济区。2004 年，环渤海经济区、长江三角洲经济区、珠江三角洲经济区的主要海洋产业总产值分别占到了全国主要海洋产业总产值的 32.1%、32.5% 和 18.8%。2015 年，环渤海地区海洋生产总值 23 437 亿元，占全国海洋生产总值的 36.2%；长江三角洲地区海洋生产总值 18 439 亿元，占全国海洋生产总值的 28.5%；珠江三角洲地区海洋生产总值 13 796 亿元，占全国海洋生产总值的 21.3%。[1]

---

[1]　《2015 年中国海洋经济统计公报》，国家海洋局网站，http://www.coi.gov.cn/gongbao/jingji/201603/t20160308_ 33765.html。

经过"十二五"时期的改革发展,目前,我国已建立了新兴海洋产业体系,包括新型海水养殖业、海洋油气工业、滨海旅游娱乐业、海水直接利用业、海洋医药和食品工业等;另外还有一些正处于技术储备阶段的未来海洋产业,如海洋能利用、深海采矿业、海洋信息产业、海水综合利用等。"十二五"期间,我国海洋产业结构调整产生积极变化,海洋传统产业转型升级加速,海洋油气勘探开发进一步向深远海拓展,实现了从水深300米到3 000米的跨越。海洋战略性新兴产业已成为海洋经济发展的新热点,"十二五"前四年,海洋战略性新兴产业年均增速达到15%以上,远高于海洋产业年均增速11.7%的水平。海洋服务业增长势头显著,邮轮游艇等旅游业态快速发展,涉海金融服务业快速起步。[①] 各地积极发展深加工、高技术含量产业,不断提升海洋产业竞争力,有效推进我国蓝色产业带建设。

(三) 蓝色产业带建设具有丰富的人力资源

根据21世纪初中国涉海就业情况调查结果,我国沿海地区有近1/10的就业人员从事涉海行业。2015年,涉海就业人数已达3 589万人,占沿海地区就业总人数的8.2%,涉及国民经济16个门类,165个行业小类。调查还显示,我国涉海就业呈现出行业辐射范围广、人员素质和年轻化程度高、就业结构较为合理等特点。

同时,新兴的海洋产业发展,更需要有一大批掌握现代科技的高层次人才和高素质的管理人才以及有相当知识和技术的劳动大军。为突破传统产业技术上的难点,突破海洋经济中最具有产业化前景的技术领域,我国已加大海洋人才资源开发力度,加快海洋人才队伍的培养和建设,以加快建设高水平的科技和支撑体系,使海洋经济得到可持续发展。目前,我国有独立海洋研究机构100多个,专业技术人员万余名,还有其他隶属于有关部门的海洋科技人员,共约3万人。此外,我国还有海洋高等院校,每年向社会输送海洋专业人才近千名。我国已形成了学科比较齐全、有一定研发能力的海洋科技队伍,从而为我国蓝色产业带建设和发展提供了丰富的智力资本和人力资源。

三、三"军"协同:海洋蓝色产业带建设的机构系统

所谓三"军"协同,是指市场经济条件下的中国蓝色产业带建设,国家宏观上规划、全国性统筹,融资渠道上走多元化的市场化运作的道路,借助国家、民间和海外三方面力量,形成国家、民间和海外三军协同的局面。

中国是发展中的人口大国。海洋生产力水平还不高,开发不足和过度开发问题并存,近海污染形势十分严峻,海洋灾害损失逐年增加,海洋权益遭到侵犯,海上安全问题向多

---

① 杜芳:《十二五我国海洋经济平稳增长 产业结构调整发生积极变化》,《经济日报》,2015年12月30日。

领域扩展，等等。在发展海洋经济、构建蓝色产业带的前进道路上，我们面临着严峻的形势和任务。从长远发展来看，我们面临着发展海洋经济、维护海洋权益、加强海洋行政管理、强化海上执法监察、保护海洋生态环境、加强海洋调查和科学技术研究、减轻海洋灾害和加强海洋信息化建设等方面的艰巨任务。从近期发展的需求和态势，蓝色产业带体系及其相关保障系统的各类经济活动，也有艰巨的任务，需要社会各界鼎力协作、扎实进取。

（一）　以国家战略，推动蓝色产业全面健康发展

我国是世界上人口最多的沿海大国，经济发展已越来越多地依赖海洋。改革开放 30 多年来，我国海洋经济一直持续快速发展，海洋产业门类不断增多，产业规模迅速扩大，海洋产业成为包括 13 个门类的新兴海洋产业群。但是也必须看到，在海洋经济高速发展的同时，也暴露出种种不容忽视的问题，例如：海洋经济发展缺乏宏观指导、协调和规划，海洋资源开发管理体制不够完善，海洋产业结构性矛盾突出，部分海域生态环境恶化的趋势尚未得到有效遏制，部分海域和海岛开发秩序混乱，等等。因此，只有首先从国家战略层面上来审视和推动蓝色产业发展，才能使上述的突出问题逐步得到解决，引导我国的海洋经济走上一条持续、健康、协调、稳定发展的道路。

制定国家战略，可以打破沿海经济带条块分割，加强区际联合与合作。由于经济体制改革的深入进行，中央政府作为唯一经济利益主体的旧格局已逐渐被国家、地方和企业个人等多元经济利益主体所代替。并在中央权限下放、地方积极性高涨的同时，中央与地方、地方与地方之间利益冲突也日趋激化，出现了所谓的"诸侯经济""地方行政分割"等现象。上述现象反映在沿海经济带建设中，就势必造成区际利益摩擦增多、产业经济和产业地域分工协作淡化、区域传导机制失灵和产业结构调整滞缓等一系列负面影响。有鉴于此，应当采取有效措施来打破沿海经济带内条块分割的不利局面，确保海洋经济快速、稳定、持续地发展。例如，在宏观层次上，必须从国家整体战略上对沿海经济的区际关系和海陆一体化开发战略统筹协调。一是制定国家统一的发展规划，建立综合的海洋管理体系和高效海洋服务体系；二是制定国家统一的经济、行政、法律等有关政策，海陆一体化开发整体启动，分层次、分步骤发展；三要地区之间摒弃画地为牢、地方保护的狭隘观念。突破行政强化的限制，自觉地统一步调。加强全局性基础设施的联合建设和环境生态的统一治理，发展区区协作，为沿海经济带经济一体化创造有利条件。在微观层次上，则必须加速培育适应沿海经济带一体化的区域运行机制，理顺中央与地方、地方与地方、政府与企业之间的关系；明确政府在计划、投资、财政、金融方面的调控职能；确立企业在市场经济中的主体地位。

2003 年，国务院发布了《全国海洋经济发展规划纲要》，这是我国制定的第一个指导

全国海洋经济发展的宏伟蓝图和纲领性文件，是落实"实施海洋开发"战略部署的重大举措。《全国海洋经济发展规划纲要》确定了海洋经济发展的战略目标、海洋区域开发原则和海洋产业布局，以及相关支持领域的发展方向和重要措施。2013 年，国家提出的"一带一路"倡议，也将为蓝色产业发展迎来战略机遇期。

（二）以市场战略，激发蓝色产业建设的民间活力

在国家战略指导下，发展蓝色产业还需要借助市场的力量，通过激发民间投资海洋经济建设的活力，才能推动国家战略的最终实现。

当前，我国蓝色产业在市场经济环境下，正逐步建立完善以经营者投资为主体、以政府投资为引导的投资机制，多形式、多层次、多渠道筹集资金，增加海洋开发的投入。财政资金主要用于种苗工程、技术推广、创新科技等重大科技开发项目和重要海洋基础设施项目的引导，引导企业、非公经济、群众等社会力量，成为一般竞争性海洋开发项目的投资主体。同时，鼓励国内大中型企业、科研单位和技术人员以及有条件的个人，采取资金入股、技术入股或独资经营等方式创办海洋企业，进行海洋开发。鼓励保险公司积极开设海洋开发保险项目，建立海洋开发的风险防范机制，减轻开发者的后顾之忧。通过体制创新，走出一条政府推动、企业为主、群众参与的综合开发、市场化的蓝色产业发展之路。例如，福建为推动省域蓝色产业发展，专门出台政策措施鼓励非公资本进入的"蓝色产业"开发项目，包括水产养殖、加工和渔业高新技术产业项目的建设，也包括水产基础设施建设和浅海开发、水产精深加工、远洋渔业等。根据政策规划，福建通过运用政府给予的财政贴息、注入资金等形式，引导社会资金投入"蓝色产业"。

正是在市场战略的作用下，我国蓝色产业的建设基础、市场条件、资金和人才等综合优势都得到了充分发挥，创造海洋经济的财富激情不断释放出来。

（三）以开放战略，加强蓝色产业建设的国际合作

当前世界经济中心正在向太平洋转移，而太平洋西岸更是世界经济中增长速度最快的区域。世界贸易的联系主要靠海洋。为此，我国发展蓝色产业，更要注意海洋开发的全球性和国际性，抓住机遇，深化开放战略，改善投资环境，多渠道引进外资和技术，研究"合作开发"或"共同开发"中需要注意的问题，做好与"国际"接轨。

在具体开放战略中，我国可以借靠与周边国家的沿海区域经济合作平台和区位优势，共同开展海洋经济贸易、海洋经济对外投资、海洋基础设施、物流、信息资源和技术等合作，积极引进国外海洋养殖优良品种，包括海产品加工、海洋化工和海水直接利用等领域的先进技术。加强技术合作研究与开发，鼓励科研单位出国创办海洋技术开发实体和跨国技术联合体，参与国际竞争。同时，利用官、民、学、商多种渠道，吸引外商来华投资，创办合资或独资海洋科技企业。各地区可根据国家有关政策和当地优惠政策，加强宣传，

采取各种方式，利用外方资金、技术及市场。

因此，只有通过实施开放战略，顺应全球经济一体化的要求，改善海洋经济投资环境，多渠道引进外资和技术，才能把我国蓝色产业发展推向新的高度，并与周边国家一起形成优势互补、共同发展的国际蓝色产业走廊和海洋经济产业合作带。

四、三"源"富足：海洋蓝色产业带建设的资源禀赋

传统意义上的海洋资源包括航行、捕鱼、制盐，现在一般认为的海洋资源则包括旅游、可再生能源、油气、渔业、港口和海水六大类。我国蓝色产业带建设的三"源"富足，主要是指沿海地区能源、水源、生物和矿物资源富足。

（一）能源储量发展潜力巨大

我国海洋能源种类繁多，石油、天然气、可再生能源等资源丰富，开发潜力巨大。我国油气资源沉积盆地约 70 万平方千米，海洋石油资源量约 400 亿吨，天然气资源量 14 万亿立方米，海洋可再生能源理论蕴藏量 6.3 亿千瓦；在人类对石油、天然气等不可再生资源的需求越来越大的情况下，海底石油、天然气成了海洋资源争夺的重点。

同时，我国石油储量丰富的海域，多在有争议的东海和南海。1966 年联合国亚洲及远东经济委员会经过对包括钓鱼岛及其附属岛屿在内的我国东部海底资源的勘查，得出的结论是：东海大陆架可能是世界上最丰富的油田之一，钓鱼岛附近水域可能成为"第二个中东"。据我国科学家 1982 年估计，钓鱼岛周围海域的石油储量有 30 亿~70 亿吨。还有资料反映，该海域海底石油储量约为 800 亿桶，超过 100 亿吨。南海海域更是石油宝库。据有关报道，南海勘探的海域面积仅有 16 万平方千米，而发现的石油储量有 55.2 亿吨，天然气储量有 12 万亿立方米，南海油气资源可开发价值超过 20 万亿元人民币，在未来 20 年内只要开发 30%，每年可为中国国内生产总值增长贡献一两个百分点。仅在曾母盆地、沙巴盆地、万安盆地的石油总储量就将近 200 亿吨，是世界上尚待开发的大型油藏之一，其中有一半以上的储量分布在应划归中国管辖的海域。2015 年，我国海洋油气产量总体上保持稳步增长，海洋原油产量 5 416 万吨，同比增长 17.4%；天然气产量 136 亿立方米，同比增长 3.9%。经初步估计，整个南海的石油地质储量为 230 亿~300 亿吨，约占中国总资源量的 1/3，属于世界四大海洋油气聚集中心之一，有"第二个波斯湾"之称。2015 年，我国海洋油气业在艰难中前行，亮点可圈可点。中国海洋石油总公司在南海西部油田完成探井 30 口，创造了历史上第二个年储量发现高峰；在深水区，2015 年再获陵水 25-1、流花 20-2 两个新发现；我国首个自主建造的极地深水半潜式钻井平台"兴旺"号在南海深水区开钻，成为我国部署南海的第 4 座深水钻井平台，为我国全面进军深水油气

开发领域奠定了基础。[①]

(二) 海水资源开发前景大有可为

海水利用，不仅表现在传统的海水养殖方面，而且海水淡化使用，更是可以解决未来人类面临的淡水资源危机。我国的 600 多个大中城市有一半以上缺水，沿海地区城市密集、经济活跃、人口密度大，缺水问题尤为突出。海水直接利用有可能代替沿海地区 70% 以上的工业用水。

我国的海水淡化技术研究开始于 20 世纪 60 年代，继在西沙日产 200 吨电渗析海水淡化装置成功运行后，我国又先后在舟山建成了国内最大规模的日产 500 吨反渗透海水淡化站，在山东长岛建立了我国第一座纳滤处理海岛地下苦咸水淡化站，海水淡化工程技术已达到或接近国外先进水平，部分省区已将其投入生产和应用阶段。国家液体分离膜工程技术中心，在膜分离技术领域已取得重大科技成果 50 多项，使我国成为世界上少数几个掌握分离膜及组器件工业化制造技术的国家之一。我国自行设计开发的反渗透海水淡化技术，从海水中生产 1 吨淡水的能耗达到国际上 5.5 度电的水平，由于采用了国际先进的复合膜材料，使海水通过一级脱盐，就可生产出优质的饮用水。目前，我国海水利用技术已基本成熟，利用规模不断扩大，海水利用业已具备良好的发展基础。我国完全自主知识产权的大型海水淡化装置已投入使用。为解决沿海地区的水危机，我国已把海水利用作为一个综合性大产业来抓。

截至 2014 年年底，全国已建成万吨级以上海水淡化工程 27 个，产水规模 812 800 吨/日；千吨级以上、万吨级以下海水淡化工程 34 个，产水规模 104 500 吨/日；千吨级以下海水淡化工程 51 个，产水规模 9 605 吨/日。全国已建成最大海水淡化工程规模 20 万吨/日。近年来，全国海水淡化工程总体规模稳步增长。

2015 年海水利用业发展环境持续向好，进入稳步发展阶段，全年实现增加值 14 亿元，比 2014 年增长 7.8%。各地因地制宜，积极贯彻落实《海水淡化产业发展"十二五"规划》。青岛西海岸新区出台《推进海水淡化产业发展工作方案》，天津发布《海水资源综合利用循环经济发展专项规划》。日产 1.2 万吨淡化海水的国华舟山电厂海水淡化工程顺利投产；宝钢湛江钢铁基地海水淡化项目 1 号机竣工投运，海水淡化规模 1.5 万吨/日；永兴岛 1 000 吨海水淡化设备基本完工；亚洲最大海水冷却塔——浙能台州第二发电厂工程 1 号海水冷却塔首次进水。大丰港首套海水淡化装置将出口服务印度尼西亚居民；杭州水处理技术研究开发中心有限公司与中能建广东电力设计研究院有限公司签订"越南永新燃煤电厂一期 BOT 配套 14 400 立方米/日海水淡化项目"合同。国内首套柴油机废热海水

---

① 《海洋传统产业总体稳定转型升级步伐不断加快 ——〈2015 年中国海洋经济统计公报〉解读（一）》，《中国海洋报》，2016 年 3 月 7 日。

淡化系统成功出水，其技术达国内领先、世界先进水平。世界银行集团多边投资担保机构宣布支持中国新渤海开发区（河北省）的海水淡化工厂建设。

我国也非常重视海水养殖，并已成为世界养虾大国。此外，在中国家庭的餐桌上，像海带之类的普通家常菜，在我国养殖都是从"零"开始，而今已占世界总产量的 90% 以上。如今，以发展鱼、虾、贝、藻等蛋白类食品养殖业为主的我国"蓝色农业"已在世界上首屈一指。专家指出，不仅是传统海产品，连小麦、芦笋、甜菜、萝卜等作物现在也能用海水"种"出来，也许，不久的将来就会端上百姓的餐桌。

（三）生物和矿物资源富足

20 世纪 80 年代后期，人们才开始把海洋生物作为生物工程的研究对象。它们具有宝贵的研究价值，但是要从无边的海洋中找到有用的生物并非易事，需要寻找有效的方法。特别是深海，至今还是未被开发的处女地，那里的生物种类繁多，且形态各异，有许多至今还未为人所知。例如潜水调查船曾在深海热水矿床附近，收集到能在 300℃ 以上热水中生活的生物。据统计，海洋中约有 20 万种生物，其中已知鱼类约 1.9 万种，甲壳类约 2 万种。许多海洋生物具有开发利用价值，为人类提供了丰富食物和其他资源。关于海洋生物资源的数量，特别是其中鱼类资源的数量，生物学家曾做过许多研究。有些专家用全球海洋净初级生产力（浮游植物年产量）作为估算世界海洋渔业资源数量的基础，其结果为：世界海洋浮游植物产量 5 000 亿吨。折合成鱼类年生产量约 6 亿吨。假如以 50% 的资源量为可捕量，则世界海洋中鱼类可捕量约 3 亿吨。世界上所有的沿海国家以及一部分非沿海国家都在开发利用海洋生物资源。

我国海域辽阔，海洋资源种类繁多，海洋生物、固体矿产等资源非常丰富。其中：海洋生物 2 万多种，海洋鱼类 3 000 多种；滨海砂矿资源储量 31 亿吨；海盐占全国原盐产量的 70% 以上；此外，在国际海底区域，我国还拥有 7.5 万余平方千米多金属结核矿区。

2015 年，我国海洋渔业克服了自然灾害频发、国内外经济环境复杂多变的不利因素，保持稳步发展态势并推进产业结构升级。海洋渔业实现增加值 4 352 亿元，比 2014 年增长 2.8%。近海捕捞保持稳定，远洋作业海域拓展，亚洲最大拖网加工渔船赴南极开展磷虾捕捞。海水养殖业稳步增长，"海上粮仓"建设势头正旺，首批 20 个国家级海洋牧场示范区获批。中国-东盟海产品交易所正式对外公开挂牌交易，促进了与东盟国家海洋渔业互联互通。[①]

---

① 《海洋传统产业总体稳定转型升级步伐不断加快——〈2015 年中国海洋经济统计公报〉解读（一）》，《中国海洋报》，2016 年 3 月 7 日。

五、三"识"具备：海洋蓝色产业带建设的科学理念

所谓三"识"具备，是指海洋科学知识、海洋技术知识和海洋观念。海洋科学研究的逐步深入，解决了人们关心的为数众多的科学课题。海洋科学的形成，又推动了海洋技术的发展，特别是海洋新兴产业的不断兴起，直接带动了海洋开发技术的升级与跨越，为人类利用海洋、保护海洋和发展海洋经济等方面奠定了重要基础。同时，随着海洋世纪的到来，海洋科学与技术的创新发展，已在人类探索进程中形成新的海洋观念和海洋意识。这也是我国蓝色产业带在新世纪的建设过程中，产生的科学发展理念，必将伴随海洋自然科学与人文科学的东风，扬帆崛起。

（一）海洋科学为我国蓝色产业发展奠定基础

中国古代科技长期领先于世界，形成几个文化发展的高潮：商代文化在古代世界有特殊地位，秦汉文化在世界文明史上具有重要影响；到了隋唐时期，其文化博大精深，全面辉煌，泽被东西，影响深远；宋元时期，我国古代文化达到了高度繁荣的程度，对人类文明产生重大影响。国家的统一和社会的稳定为科技的发展提供了社会条件。劳动人民辛勤劳动，封建经济的发展，为科技的发展提供了物质条件。各民族间联系和经济文化交流持续与不断加强、教育不断发展，培养了从事科技文化事业的人才。明代之前，统治者大都实行对外开放政策，中外文化交流不断，中华民族吸收外来优秀文化的精华。中华民族具有勤劳、刻苦钻研、重视调查研究的优良传统，富于智慧和创新精神。高度集中的中央集权在一定程度上给科技的发展提供政策的支持。在造纸术、指南针、火药、活字印刷术四大发明，中医中药、十进位值制、赤道坐标系、雕版印刷术"新四大发明"之外，瓷器、丝绸、金属冶铸、深耕细作等影响世界科技发展的中国古代发明还可以列举出许多，它们与四大发明、"新四大发明"具有同样的意义。弘扬中国古代文明，通过研究历史、科技史发掘更多的古代发明，意义在于以史为鉴，古为今用，服务现实，创造未来。

明清时期中国科技衰落，整体落后于西方，根本原因是当时中国落后的社会生产关系和腐朽的封建制度严重地束缚了科学技术的进步：封建自然经济占主导地位，限制了生产力的发展；中国封建统治者历来重文轻理，甚至视技艺为"奇技淫巧"；推行重农轻商政策，不利于科学技术成果的产生和推广；封建统治者推行文化专制统治，八股取士，把大量人才引导到吟诗作赋或空谈性命义理，甚至大兴"文字狱"，不利于自然科学的研究与发展。而明清时期，欧洲的科技迅速发展。14—17世纪"文艺复兴"时期的天文学家哥白尼、布鲁诺和托勒密，数学家卡尔达诺、费拉里、韦达、雷蒂库斯和笛卡尔，物理学家伽利略、托里拆利、帕斯卡和波义耳，生理学和医学家维萨留斯、塞尔维特和哈维，是欧洲近代自然科学体系的先驱。

中华人民共和国成立后重视科学技术进步，成绩显著。2014 年我国科技人力资源保持稳定增长，总量达到 7 512 万人；研究与开发（R&D）人员总量上升至 371.1 万人年，居世界首位。每万名就业人员的研发人力投入达 48.0 人年，与科技发达国家的差距进一步缩小，超过了"十二五"科技规划提出的发展目标。2014 年，我国发明专利申请量占专利申请总量的比重继续上升，达到 39.3%。国内专利申请结构进一步优化，发明专利的申请量和授权量均比 2013 年有明显提升。发明专利申请达到 80.1 万件，比 2013 年增长了13.6%；实用新型专利和外观设计专利则出现下滑。发明专利授权量为 16.3 万件，比2013 年增长了 13.3%。企业发明专利申请量持续高速增长，国内企业发明专利申请量占国内发明专利申请量的 60.5%；发明专利授权量占国内总量的 56.5%。国内发明专利申请量排名前十的企业均为内资企业。我国每万人发明专利拥有量已达 4.9 件，比"十二五"规划纲要提出的目标高出了 1.6 件。我国 PCT 国际专利申请量达到 2.6 万件，比 2013 年增长 18.7%，国际排名继续保持第 3 位；三方专利拥有量为 1 897 件，比 2013 年增长10.6%，国际排名第 6 位。

2013 年，国家高新技术产业开发区（以下简称"高新区"）财政科技拨款总额达495.1 亿元，占高新区财政支出的 12.4%。高新区创新资金投入力度继续加强，科技活动经费内部支出为 5 643.3 亿元，比 2012 年增长 18.3%；企业的 R&D 经费内部支出达到3 488.8 亿元，比 2012 年增长 24.5%。高新区内高新技术企业及主要经济指标比重均超过40%。高新区共有企业技术中心 7 217 个，其中经国家认定的有 607 个，占全国企业技术中心总量的 60.6%。高新区企业技术合同成交总额达到 2 521.9 亿元，占全国技术合同成交额的 33.8%。

四个现代化首先是科学技术现代化。科技兴国与海洋强国成为国家战略，海洋科学已成体系。我国海洋科技显著进步，为今后发展奠定了良好基础。综合性海洋调查与考察取得重大进展，调查区域从海岛海岸带、近海向远海、大洋、极区扩展，积累了大量海洋基础资料。国际海底资源勘探与研究和南极、北极科学考察成果显著，环球大洋调查拓展了我国海洋科学研究的空间和领域。海洋监测、海洋生物、海洋资源勘探高技术取得一系列自主创新成果。海洋数值预报业务化系统、海水淡化与综合利用技术取得新的进展。海洋卫星实现零的突破，构建了系列海洋卫星框架。海洋重大基础研究成果显著，提高了对我国近海环流、海陆相互作用、有害赤潮、边缘海形成与演化、海洋生态系统以及深海环境等的认识，部分成果已经达到国际先进水平。海洋科技成果转化及产业化工作稳步推进。同时，海洋科技体制改革初见成效，初步建立了"开放、流动、竞争、协作"的运行机制，形成了以部门重点实验室为核心的重点学科群，创新和支撑能力有了明显提高；海洋人才队伍不断壮大；基础条件平台建设得到加强；国际海洋科技合作越来越深入。

我国作为一个海洋大国，贯彻落实"实施海洋开发"的战略部署，实现建设海洋强国的战略目标，迫切需要加速发展海洋科学技术。开发利用海洋资源，向海洋拓展生存与发展空间，缓解国民经济发展中的资源瓶颈制约，对海洋调查和科学研究提出了新的任务；维护国家海洋权益，加快海洋经济增长方式转变，保障海洋和海岸带资源可持续利用，保护海洋生态环境，防灾减灾，实现沿海地区经济建设与生态环境保护协调发展，迫切需要海洋科技的支撑、服务和引领。我们要切实把握国际海洋科技迅速发展的态势和我国建设创新型国家的重要机遇，大力发展海洋科学技术，开创海洋科技发展的新局面。

中国要发展海洋事业，就必须从海洋自然科学开始，从解决生产中的科学技术问题开始，立足于科学文化的进步。我国海洋科学的第一代创始人童第周、毛汉礼、曾呈奎等，都是海洋自然科学家，是他们建立了我国的海洋自然科学研究基础和教育体系。我国目前在海洋研究、海洋管理上的高层人才，大部分都来自第一代海洋学人创立的几所海洋大学和几所综合大学的涉海专业。我国有比较完整的海洋自然科学基础和学科建设，目前，就21世纪科学技术发展而言，海洋科技是本世纪人类极有可能取得重大突破的领域之一，海洋科技也是一个衡量当代国家国力的重要指标，它关系到一个国家经济发展的后劲和蓝色产业的兴衰。

（二）海洋技术推动蓝色产业跨越升级

开发利用海洋资源的前提是科学技术的突破。现代海洋开发是融合了现代高科技成果而形成的知识技术密集、资金密集的综合社会经济活动。海洋科学技术不断发展，极大地推动了传统海洋产业的技术改造和新兴海洋产业的形成，使海洋开发从传统的渔盐之利、舟楫之便发展为具有系列化海洋产业群的海洋经济。

海洋经济的快速持续发展越来越依赖于科技进步。在发达国家，科技进步对海洋经济的贡献率已超过了50%，我国目前为30%左右。因此，我们需要积极研究开发各种技术及各种海洋产业发展急需的技术装备，调整海洋产业结构，提高海洋产业的生产力水平。并以大力发展海洋高技术及其产业化为先导，推动海洋经济持续发展。我国发展海洋高技术及其产业应以跨越发展、开拓创新、系统集成、示范带动为基本战略原则，重点战略目标应是：维护国家海洋权益；获取更多、更优质的海洋资源财富，推动海洋经济持续发展；维护海洋健康，保证海洋资源和环境可持续利用；提高海洋公益事业服务水平，支持海洋军事利用。当前国际海洋高技术竞争的主要领域有：海洋生物技术、海洋生态系统模拟技术、海洋油气资源高效勘探开发技术、海洋环境观测和监测技术、海底勘测和深潜技术。我国要力争在近海基础海洋学、海洋生物技术、海洋油气勘探开发技术、深海勘测技术等方面有所突破，获得国际商业竞争机会。

但同时，与发达国家的海洋科技水平相比，我国仍有较大差距，科技队伍、科学研究领域、海洋技术发展结构以及海洋科技产业化的能力都有待完善和提高。海洋调查研究、海洋石油勘探开发、海洋预报和信息服务、深海矿产资源勘探、海洋渔业资源开发和海洋农牧化领域，都需要大批引进国外的技术设备，但因缺乏资金和其他因素而受到限制，只有提高海洋科学技术水平，才是我国海洋经济与蓝色产业升级跨越发展的唯一途径。

（三）树立蓝色产业发展的海洋观念、海洋意识

海洋是人类文明的发源地。最初的生命来自海洋里的微生物。由海洋向陆地迁徙是人类和动物逐渐演进和进化的最初阶段。来自于海洋，又复归海洋，人类与海洋有着千丝万缕的联系。"海洋文化的发生，在于人与海的关联和互动；在于人类的涉海生产实践和生活方式；在于海洋的'人化'，'人的本质力量对象化'于海洋这一特殊的客体以及在这种'对象性'关系中的客体主体化的向度，全面展示在人海关系中的认识关系、实践关系、价值关系和审美关系之中。"可见，所谓海洋，已经是涵括了两个部分的海洋，一部分是作为客体而存在的海洋，是我们看得到、摸得着的海洋。它又包括人类未涉足的本然的海洋以及人类已经涉足和改造了的、在长期的人海互动过程中人化了的海洋。另一部分是观念、意识中的海洋，即海洋意识、海洋观念、海洋知识与科学等。可以说，人类海洋意识的产生是人海互动实践的产物，人类海洋意识的不断增强是人海互动实践水平不断提高的必然趋势。

在21世纪这个海洋世纪，在贯彻国家"海洋强国"战略的实践中，发展海洋经济，建设蓝色产业带，必须强化海洋观念，增强海洋意识，这是推动蓝色产业健康发展而不可或缺的智力支持和精神动力。

增强海洋观念，提高海洋意识。加快推进我国蓝色产业带建设，就必须在科学的海洋观念指导下，制定海洋文化意识的策略。首先要挖掘、整理和弘扬中国海洋文化丰富悠久的历史遗产，尤其是突出中国区域海洋文化的特色优势，将我国沿海城市的海洋文化优势互补，共同构成中国海洋文化规模宏大的人文社会景观；其次是要加大舆论宣传的力度，进一步强化国民的海洋文化意识和观念，让"海"深入人心；最后是将海洋文化的建设和发展与海洋政策法规的制定，与社会和经济的可持续发展战略，与国际化海洋世纪的发展战略统筹规划、协调一致，不断推动和提升国民海洋意识教育的进程。也就是从海洋历史文化、海洋军事文化、海洋旅游文化、海洋民俗文化中合理地挖掘出更多具有现实意义、符合现代潮流的21世纪海洋文化。要特别加强对青少年一代的海洋文化教育，让他们形成一种系统、自觉和长久的海洋观念意识，为中国跨入海洋强国和蓝色产业带建设创造良好的人文基础。

第八章 海洋文化产业与海洋文化 产业带建设

海洋文化产业是一种极具成长性的朝阳产业，顺应了当今的时代特征和发展趋势。进入 21 世纪这个海洋世纪和文化世纪，海洋文化产业出现了新业态，具有新特点，呈现新趋势。

一、海洋文化产业的概念

海洋文化产业是从事涉海文化产品生产和提供涉海文化服务的行业。[①]

海洋文化产业的基本业态，由于国家文化产业分类的调整，我们也先后给出两个小有区别的分类。

基于《文化及相关产业分类》（国统字〔2004〕24 号），我们把海洋文化产业分类为：滨海旅游业、涉海休闲渔业、涉海休闲体育业、涉海庆典会展业、涉海历史文化和民俗文化业、涉海工艺品业、涉海对策研究与新闻业、涉海艺术业。[②]

基于国家统计局发布的《文化及相关产业分类（2012）》，我们把海洋文化产业划分为九大类：海洋新闻出版发行服务、海洋广播电视电影服务、海洋文艺创作与表演服务、海洋文化信息传输服务、海洋文化创意和设计服务、海洋文化休闲娱乐服务、海洋工艺美术品的生产、海洋会展服务以及海洋大型活动组织服务（见表8-1）。

表 8-1　海洋文化产业分类

序号	服务类型	服务范围
1	海洋新闻出版发行服务	（一）新闻服务：新闻业；（二）出版服务：图书出版，报纸出版，期刊出版，音像制品出版，电子出版物出版，其他出版业；（三）发行服务：图书批发，报刊批发，音像制品及电子出版物批发，图书、报刊零售，音像制品及电子出版物零售
2	海洋广播电视电影服务	（一）广播电视服务：广播电视；（二）电影和影视录音服务：电影和影视节目制作，电影和影视节目发行，电影放映录音制作

---

① 张开城：《广东海洋文化产业》，北京：海洋出版社，2009 年。
② 张开城：《文化产业和海洋文化产业》，《科学新闻》，2005 年第 24 期。

序号	服务类型	服务范围
3	海洋文艺创作与表演服务	文艺创作与表演；艺术表演场馆
4	海洋文化信息传输服务	（一）互联网信息服务；（二）增值电信服务（文化部分）；（三）广播电视传输服务：有线广播电视传输服务，无线广播电视传输服务，卫星传输服务
5	海洋文化创意和设计服务	（一）广告服务：广告业；（二）文化软件服务：软件开发（多媒体、动漫游戏软件开发，数字内容服务，数字动漫、游戏设计制作）；（三）建筑设计服务（工程勘察设计）：房屋建筑工程设计服务，室内装饰设计服务，风景园林工程专项设计服务；（四）专业设计服务
6	海洋文化休闲娱乐服务	（一）景区游览服务：公园管理，游览景区管理，野生动植物保护（海洋馆、水族馆管理服务；海洋生态园管理服务）；（二）娱乐休闲服务：海洋游乐园，其他娱乐业；（三）滨海休闲体育；（四）海洋摄影服务
7	海洋工艺美术品的生产	（一）工艺美术品的制造：雕塑工艺品制造，金属工艺品制造，漆器工艺品制造，花画工艺品制造，天然植物纤维编织工艺品制造，抽纱刺绣工艺品制造，地毯、挂毯制造，珠宝首饰及有关物品制造，其他工艺美术品制造；（二）园林、陈设艺术及其他陶瓷制品的制造；（三）工艺美术品的销售：首饰、工艺品及收藏品批发，珠宝首饰零售工艺美术品及收藏品零售
8	海洋会展服务	（一）海洋类博览会（海洋博览会、海洋经济博览会、海洋文化博览会、海洋旅游博览会、海上丝绸之路博览会等）；（二）海洋类博物馆（海洋文化博物馆、海洋军事博物馆、海战博物馆、海事博物馆、海洋民俗博物馆、海洋渔业博物馆、海洋盐业博物馆、海港与航运博物馆、海洋科学馆等）
9	海洋大型活动组织服务	（一）文艺晚会策划组织服务；（二）大型节日庆典活动策划组织服务：海洋文化节、珍珠文化节、区域性海洋民俗文化节、开渔节、休渔节、海神祭典等；（三）赛事策划组织服务；（四）民间活动策划组织服务；（五）公益演出活动的策划组织服务

二、海洋文化产业风生水起

进入 21 世纪，海洋文化产业借国家发展文化产业的东风而迅速延张、方兴未艾，是极具可持续发展潜力和良好发展前景的朝阳产业，业已引起政府部门的关注和实业界的兴趣。[①]

滨海旅游业担当主力。国家海洋局《中国海洋经济统计公报》显示，2010 年，中国滨海旅游业全年实现增加值 4 838 亿元，占当年全国主要海洋产业增加值的 31.2%。2011

---

① 张开城：《海洋文化产业风起云涌》，《文化月刊》，2012 年第 9 期。

年，中国滨海旅游业全年实现增加值 6 258 亿元，占当年全国主要海洋产业增加值的33.4%。2012 年，中国滨海旅游业全年实现增加值 6 972 亿元，占当年全国主要海洋产业增加值的33.9%。2013 年，中国滨海旅游业全年实现增加值 7 851 亿元，占当年全国主要海洋产业增加值的34.6%。2014 年，中国滨海旅游业全年实现增加值 8 882 亿元，占当年全国主要海洋产业增加值的35.3%。

节庆会展强势增长。海洋节庆会展业是海洋文化产业的重要内容。改革开放以来，海洋节庆会展业强势增长，成为中国海洋文化产业的一大亮点。粤桂琼地区和江浙沪地区是中国沿海两大节庆会展集聚地，改革开放以来，粤桂琼地区海洋节庆会展业乘势而上，打造了博鳌亚洲论坛、深圳国际文化产业博览交易会、"广交会"——中国进出口商品交易会、中国-东盟贸易博览会等一系列具有较高知名度的节庆会展品牌。

广电传媒优势凸显。新闻、出版、广播、电视、电影行业处于文化产业的核心，是重要文化产业领域。近年来，广电传媒产业优势逐渐凸显，推动海洋文化产业发展的作用不断增强。如 12 集大型电视纪录片《大国崛起》，8 集大型电视纪录片《走向海洋》，大型全景式系列报道《广东沿海行》，7 集人文纪录片《海之南》，3 集电视专题片《海上新丝路》，电视连续剧《向东是大海》《妈祖》，电影《秋喜》等。据悉，我国首家海洋电视台即将在浙江开播。

图书出版海味浓郁。新闻、出版业是文化产业核心组成部分。中国沿海的粤桂琼地区、"长三角"地区和环渤海地区的图书出版企业实力都较强。如粤桂琼地区的南方报业传媒集团、广东省出版集团、广西日报传媒集团、海南日报报业集团、海南出版社有限公司等都具有较强实力。由于它们的努力，一批批海洋经济、政治、文化、历史、科技、教育类书籍相继推出，有力地促进了中国海洋事业的发展。

滨海休闲异彩纷呈。21 世纪的中国已经步入了"休闲主流化社会"，休闲成为时尚和潮流。发展滨海休闲业已具备良好条件。象山、珠海、北海、阳江等地的滨海休闲渔业，珠江三角洲地区的滨海休闲旅游业，海南的滨海休闲度假业，以广东阳西咸水矿温泉为代表的休闲养生业，以三亚、深圳为代表的滨海休闲体育业，以特呈岛、涠洲岛为代表的休闲生态观光业，中山、珠海、深圳、三亚等地的游艇休闲体验业，使滨海休闲业呈现多业种发展的异彩纷呈的局面。

特色演艺蓄势待发。近年来我国滨海旅游演艺已有良好开端，滨海特色演艺蓄势待发，浙江推出大型实景演出《印象普陀》；海南推出《印象海南岛》旅游演艺；广西推出大型海上实景演出《梦幻北部湾》；广东珠海推出《大清海战》；浙江推出大型舞台剧《观世音》；福建推出大型舞剧《丝海梦寻》；山东威海推出大型情景剧《梦海》《梦海情韵》等。

三、极具成长性的现代海洋文化产业新业态

滨海休闲业、滨海体验业、保健养生业、商务旅游业、现代节庆业、现代展会业、大型演艺业、数字动漫业是极具成长性的海洋文化产业新业态。

休闲文化和滨海休闲业。休闲是生命的一种存在方式，也是一种文化，"闲"是生产力发展的根本目的之一，闲暇时间的长短与人类文明进步是并行发展的。休闲对日常生活结构、社会结构、产业结构以及人们的行为方式和社会建制产生深刻的影响。[①] 休闲的目的是追求更高质量的享受与创造，激发人的生活热情，提高意志，促进身心健康，推动经济社会发展。[②] 滨海休闲业的内容包括休闲旅游、休闲生产渔业、休闲体育等。

体验文化和滨海体验业。体验经济被视为继农业经济、工业经济和服务经济阶段之后的第四个人类的经济形式或阶段。体验经济时代的旅游者寻求个性化的服务、灵活性、更多的冒险与多种选择，他们追求真实与差异，从逃避走向自我实现。滨海体验业的内容包括生产体验、演艺体验、民俗体验、探险体验、技艺体验、搏战体验和极限体验等。

养生文化和保健养生业。健康是全人类的共同追求，随着人们生活水平的提高，温饱已经不过多关注，倍加关注的是健康。科学的休闲养生概念被提到空前高度，休闲养生成为人们生活时尚。中国养生保健游产品开发往往利用特色自然资源，如西部的盐湖漂浮项目、舟山的海泥浴、东北五大连池的火山泥和矿泉等。20 世纪 90 年代后期在中国及世界旅游市场上出现了一个新兴的旅游产业，那就是温泉旅游。笔者亲身体验了阳西咸水温泉，找到养生保健的感觉——有冲击力的水瀑、周身遍及的水柱按摩、鱼咬去老皮、天然氧吧的清新，等等。

商务文化和滨海商务旅游业。中国的经济发展和市场化程度提高推动商务活动的高度活跃。在中国蓬勃发展的旅游业中，商务旅游作为旅游高端市场的主力日趋显现优势和潜力，不仅利润丰厚，而且极具成长性。滨海商务旅游是在游艇、滨海球场活动中进行商务活动，以滨海旅游为契机，利用优美而轻松的环境降低商务谈判和沟通的压力，在轻松愉快的气氛中达成合作。

展会文化、会展经济和现代节庆业。涉海节庆会展业包含丰富的内容和形式。节庆方面诸如海洋文化节、妈祖文化节、休渔节、开渔节、郑和下西洋纪念活动等；会展方面诸如博览会、博物馆、文化展馆等。会展业是集商品展示交易、经济技术合作、科学文化交流于一体，兼具信息咨询、招商引资、交通运输、商务旅游等多种功能的新兴产业，是现代服务业的重要组成部分。一年一度的中国海洋经济博览会在广东湛江举办，2014 年以

---

① 马惠娣：《关于休闲文化的理性思考》，《中国青年报》，2005 年 2 月 28 日。
② 朱铁臻：《休闲文化推动城市经济发展》，《中国经济时报》，2005 年 11 月 18 日。

来，与 21 世纪海上丝绸之路建设相关的博览会在广东、福建等地相继推出。

大型演艺业。涉海艺术业中的大型演艺是近年发展起来的一种演出活动。涉海艺术服务于旅游开发，首先是大型旅游演出，确实是近年来一道亮丽的风景。沿海一带较有影响的有三亚、普陀山、象山、威海、防城港和广州等地的大型演艺。

数字动漫文化和数字动漫业。动漫产业是创意产业的一部分，是以创意为核心，以动画、漫画为表现形式的新兴文化产业。近年来，在国家强有力的政策推动下，中国动漫产业乘势而起，是公认的朝阳产业。市场发展后劲足、潜力大，与海洋相关的动漫艺术创作渐次增多，新生海洋动漫文化呈现大有作为的气象。

游艇文化和游艇业。游艇是一种具有水上休闲娱乐功能的高级耐用消费品。随着生活品位的不断提升，游艇运动越来越为国人所认识，不仅引起高收入人群的关注，也为许多城市发展新型服务性产业带来契机。2013 年中国船艇进出口总金额达 4.7 亿美元，中国游艇产业整体规模达到 41.5 亿人民币，其中价值 200 万以上的豪华游艇销售额约为 21 亿元人民币，占整个市场的 50.6%。[①] 2013 年年底在上海举办的中国（上海）国际游艇展行业峰会上，20 余家国内外知名游艇行业巨头与行业专家共同探索中国游艇业发展趋势，剖析中国游艇消费市场前景。[②]

四、当前海洋文化产业存在的问题

相对于文化产业，海洋文化产业与海洋文化产业研究起步晚，发展较缓慢。在 21 世纪这个海洋世纪、文化世纪及全球化的国际背景下，转型时期的中国海洋文化产业的发展面临诸多挑战，存在许多问题：一是滨海旅游文化产业业态传统，仍然处于粗放型的发展状态；二是海洋文化市场发育不完善，品牌效应低；三是海洋文化产业主体群体无意识，缺乏海洋文化产业的主体自觉和担当；四是海洋文化产业发展不平衡，缺乏全方位的开发；五是海洋文化产业前端的海洋文化创意产业发展严重滞后；六是区域发展不平衡，差异较大；七是重视程度有待提高，海洋文化建设和海洋文化产业发展需要加强规划；八是海洋文化产业研究仍处于起步阶段，基本概念和分类有待于进一步探讨；九是海洋文化产业的统计指标体系有待建立。

五、采取有力措施，引领和推动海洋文化产业发展

要出台相关规划，采取有力措施，引领和推动海洋文化产业发展。

---

① 《中国游艇业规模五年内超 150 亿》，《南方日报》，2014 年 4 月 14 日。
② 郑建玲：《我国游艇业呈现五大发展趋势》，《中国质量报》，2014 年 1 月 6 日。

（一）优化海洋文化产业结构，构建现代海洋文化产业体系

要结合海洋文化产业的特点确定重点发展的海洋文化产业门类，推动海洋新闻与出版发行业、海洋影视制作业、海洋数字内容和动漫产业、海洋文化节庆会展业、海洋休闲娱乐业、海洋旅游文化产业等一批具有战略性、引导性和带动性的重大文化产业项目，在重点领域取得跨越式发展。

海洋文化节庆会展业方面要办好海洋文化节、中国休渔和开渔节、海上丝绸之路文化节、龙王祭典、妈祖诞庆等重要节庆，重点支持覆盖全国并具有国际影响的海洋文化会展（见表8-2），使海洋文化节庆会展业成为促进我国文化产业发展的重要平台。要依托平台品牌，培育会展主体，开拓会展市场，做大会展经济。结合"会、节、演、赛"，发展特色会展，促进会展、旅游、商贸互动。

表8-2 重点支持的文化节庆会展

序号	文化节庆会展
1	中国海洋博览会
2	中国海洋日
3	中国航海日
4	中国海洋文化节
5	海上丝绸之路文化节和丝路产品展销会
6	中国开渔节
7	中国海上丝绸之路文化节和海上丝绸之路博览会
8	中国海洋文化产业博览会
9	中国南珠文化节和珍珠文化博览会
10	中国海洋饮食文化节与对虾交易会

海洋休闲娱乐业方面要开发滨海休闲业满足人们的休闲需求、提供休闲服务。如休闲体育、休闲渔业等。利用海洋资源开发滨海休闲娱乐区，加强滨海休闲娱乐设施建设，建设滨海休闲渔业区、休闲体育区、康体沐浴区、参与体验式海洋民俗风情区、集趣味性和知识性于一体的海洋生态园区（见表8-3）。

表8-3 海洋休闲娱乐园区

序号	主题分类
1	综合性海洋公园
2	海洋休闲渔业园区
3	海洋休闲体育园区
4	海洋民俗风情园区
5	滨海大型游乐园区
6	海洋康体养生园区
7	海洋生态文化园区
8	海鲜美食文化园区
9	滨海休憩庄园
10	海洋特色观光园区

海洋旅游文化产业方面要充分发挥历史、民俗、航运、军事、海洋城市和渔村等滨海旅游文化资源优势，发展海洋文化旅游业。深化改革，完善市场，发挥市场配置资源的基础性作用，加快体制机制创新，推进旅游要素转型升级，推动海洋文化旅游业发展。

立足旅游需求，发挥特色优势，完善旅游产品体系，积极发展生态旅游、康体旅游、温泉度假、邮轮游艇、海岛旅游和自驾车旅游等休闲度假旅游产品（见表8-4）。

表8-4 海洋旅游产品线路

序号	产品分类
1	海洋城市游
2	海岛游
3	海湾游
4	海港游
5	海洋民俗文化游
6	海洋军事文化游
7	海洋历史文化游
8	海洋节庆文化游
9	海洋体育赛事游
10	海洋科普文化游

海洋数字内容和动漫产业方面要做大做强以创意内容为核心的文化服务业。提高自主

创新能力，培育自主品牌，延伸产业链条，加大创意内容生产，实现企业转型升级。要适应市场经济的发展要求，转变增长方式，提高效益，扩大规模，促进海洋文化产业持续健康发展。

海洋和海洋社会使动漫产业大有用武之地———一是海洋洋面的波澜壮阔；二是海底世界的深幻莫测；三是海洋生物的千姿百态；四是众多海岛的神秘传奇；五是海上航行的险象环生；六是海洋神话的丰富多彩；七是海洋民俗的深厚积累；八是海洋考古的大量发现；九是海洋科技的现代利用；十是海洋战争的特殊场景；十一是海盗出没的惊险境遇；十二是海洋气象的巨大威力。

（二）优化海洋文化产业布局，建设中国海洋文化产业带

加强海洋文化产业带、海洋产业区、海洋文化产业核心城市建设。支持建设海洋文化产业强省、强市和区域性特色文化产业群。加快海洋文化产业园区和基地建设。促进各种资源的合理配置和产业分工。

1. 优化海洋文化产业布局，形成"一带、五区、九心、十三城"的海洋文化产业布局

加强海洋文化产业带建设，形成北起辽宁，南到广西、海南的珍珠项链状海洋文化产业带。

建设五大海洋产业区，九大海洋文化产业核心城市，十三大海洋文化产业重要城市（见表8-5）。

表 8-5　中国海洋文化产业布局

文化产业布局项目	具体说明
一带：中国海洋文化产业带	建设北起辽宁，南到广西、海南的珍珠项链状海洋文化产业带
五区：五大海洋文化产业区	环渤海海洋文化产业区、"长三角"海洋文化产业区、闽台海洋文化产业区、泛"珠三角"海洋文化产业区、环北部湾海洋文化产业区
"九心"：九大海洋文化产业核心城市	大连、北京、天津、青岛、上海、厦门、深圳、广州、三亚
十三城：十三个海洋文化产业重要城市	秦皇岛、烟台、连云港、宁波、舟山、福州、泉州、汕头、阳江、湛江、海口、北海、防城港

支持建设海洋文化产业强省、强市和区域性特色文化产业群，形成文化产业协调发展格局。

促进区域文化产业协调发展。充分发挥产业带、产业区、海洋文化产业城市的带动和

辐射作用。海洋文化产业相对落后的省市、省会城市、沿海城市要加快建设步伐,急起直追、迎头赶上。

加快海洋文化产业园区和基地建设,促进各种资源的合理配置和产业分工。

2. 实施海洋文化产业示范区工程,建设海洋文化产业示范区

要实施海洋文化产业示范区工程,建设海洋文化产业示范区。推动海洋文博节庆会展业、滨海休闲业、海洋数字内容和动漫产业、海洋文化旅游业、海洋新闻出版发行业和海洋影视制作业等重大文化产业项目,在重点领域起到示范带动效应。

各省市可以进行相应的示范区建设。

(三) 培育海洋文化市场主体

培育海洋文化市场主体,要提高国有文化企业竞争力,形成以公有制为主体、多种所有制共同发展的海洋文化产业格局。一是推进经营性文化事业单位转制,加快国有文化企业公司制改造;二是培育海洋文化产业战略投资者;三是鼓励非公有资本进入海洋文化产业;四是培育骨干海洋文化企业;五是改造传统文化产业;六是推动重点企业成为海洋文化创新主体;七是鼓励发展文化相关产业;八是加强海洋文化产业领域的国际交流与合作,引进外资。

(四) 健全各类海洋文化市场

要充分发挥市场配置资源的基础性作用,建立健全门类齐全的海洋文化市场,促进文化产品和生产要素合理流动。一是发展海洋文化产品市场;二是完善海洋文化要素市场;三是健全海洋文化行业组织;四是鼓励和引导海洋文化消费。

(五) 提升海洋文化创意产品能力

要建设文化创意园区、文化创意基地,积极推动城市创意型行业的发展,聚集具有创造力的优秀创意人才,多维度开发自主创意产品。要提高自主创新能力,培育自主品牌,延伸产业链条,加大创意内容生产,着力培育海洋文化领域战略性新兴产业,重点培育新一代网络游戏、数字电视、新型媒体终端等高增长性战略产业,形成具有较强竞争力的产业集群。

要实施海洋文化艺术精品工程,加快海洋文艺精品创作及展出;加快海洋广播影视精品创作及发行;加强海洋图书精品创作及出版。扶持原创性作品,支持舞台艺术精品创作。着力打造一批代表时代水平、具有浓郁地方和民族风格、具有海洋特色的文学、戏剧、音乐、美术、书法、摄影、舞蹈、杂技、广播、影视、动漫等文化艺术精品。发展海洋影视内容产业,有计划地推出海洋历史文化类、海洋科普类、海洋经济、社会发展和海洋生活类作品,提升涉海电视剧、非新闻类电视节目和电影、动画片的生产能力,扩大影视制作、发行、播映和后产品开发,增加数量,提高质量,满足多种媒体、多种终端发展

对影视数字内容的需求。

（六）加强海洋文化及相关产业统计工作

建立健全科学、统一的海洋文化及相关产业统计制度及统计指标体系，及时准确地跟踪监测和分析研究海洋文化产业发展状况，为科学研究和科学决策提供真实可靠的统计数据和信息咨询，具有重要意义。

六、趋势和展望

海洋文化产业是极具成长性的朝阳产业，海洋文化产业的春天已经到来。

中国是陆海兼备的海洋大国，海洋为中国经济社会可持续发展提供了广阔空间。当前，中国经济已发展成为高度依赖海洋的外向型经济，对海洋资源、空间的依赖程度大幅提高，中国已经具备了大规模开发利用海洋的经济技术能力，海洋经济已成为拉动国民经济发展的有力引擎。中共十八大报告提出，提高海洋资源开发能力，发展海洋经济，保护海洋生态环境，坚决维护国家海洋权益，建设海洋强国。"建设海洋强国"写入中共十八大报告，在国内外形势复杂的当前具有重要现实意义、战略意义，是中华民族永续发展、走向世界强国的必由之路。建设海洋强国的战略目标是中共中央在中国全面建成小康社会决定性阶段做出的重大决策。21世纪的中国要建设海洋强国，必须在海洋开发利用方面成为具有强大综合实力的国家。发展海洋科技与经济，其中重要一环是大力发展海洋文化产业。

在21世纪，文化和文化产业成为人们感兴趣的话题，文化是经济社会发展水平的重要体现，是社会文明程度的一个显著标志，经济和文化一体化是大趋势。文化的发展需要坚实的土地，经济的增长需要文化含量，文化与经济的互动不仅是我们期望的目标，而且是我们必须面对的事实。一艘"泰坦尼克"号，演绎出多少动人的故事；一部《海底两万里》，带给人们多少惊诧和兴奋的记忆。而今的文化餐桌上，在面对《哈利·波特》冲击波之后，人们饶有兴味地谈论《向东是大海》《下南洋》《秋喜》。这些都是关于海洋文化产业的话题。

今后几年，沿海地区各省区对文化软实力的重视和海洋文化建设举措的推出将推动区域海洋文化产业的发展。海洋文化产业将呈现滨海旅游业、新闻出版业、广电影视业、体育与休闲文化产业、庆典会展业"五龙竞进"的局面，海洋文化产业预计能达到大约12%的增速。[1]

21世纪海上丝绸之路是中华人民共和国与古代海上丝绸之路沿线国家和世界各国互通有无、友好合作的海上通道、桥梁和纽带，是和平之路、合作之路、友谊之路、发展之路、共赢之路、幸福之路。21世纪海上丝绸之路建设为海洋文化产业提供难得的历史机遇。

---

[1] 梁嘉琳：《两部委有望共推海洋文化产业》，《经济参考报》，2011年10月31日。

第九章　沿海海上丝绸之路产业带

2013 年 11 月 15 日，中国共产党第十八届三中全会审议通过的《中共中央关于全面深化改革若干重大问题的决定》全文播发。该"决定"提出要加快沿边开放步伐，允许沿边重点口岸、边境城市、经济合作区在人员往来、加工物流、旅游等方面实行特殊方式和政策。建立开发性金融机构，加快同周边国家和区域基础设施互联互通建设，推进丝绸之路经济带、海上丝绸之路建设，形成全方位开放新格局。

2013 年 10 月 3 日，中国国家主席习近平在印度尼西亚国会讲话，提出"中国-东盟"命运共同体以及共同建设 21 世纪"海上丝绸之路"的构想。

继习近平主席访问东盟的印度尼西亚和马来西亚后，国务院总理李克强在 2013 年 10 月 9 日至 15 日期间出席了在文莱斯里巴加湾市举行的第 16 次中国-东盟（10+1）领导人会议、第 16 次东盟与中日韩（10+3）领导人会议和第八届东亚峰会，并对文莱、泰国、越南进行正式访问，其行程中主要内容之一就是再次构筑中国的"新丝绸之路"。李克强总理在参观中国-东盟博览会展馆时亦提出"铺就面向东盟的海上丝绸之路"，续写海上丝绸之路的历史辉煌。

21 世纪海上丝绸之路是中华人民共和国与古代海上丝绸之路沿线国家和世界各国互通有无、友好合作的海上通道、桥梁和纽带，是和平之路、合作之路、友谊之路、发展之路、共赢之路、幸福之路。

海上丝绸之路建设是增进政治互信，维护地区和平，促进各国共同繁荣发展的历史选择；是经略周边，打破围堵，维护国家安全的重大部署；是拓展我国发展空间，提高能源资源安全保障，支撑经济持续健康发展的重要任务；是实施深入推进西部开放开发，构建全方位对外开放新格局的战略举措，具有重大的现实意义和深远的历史意义。

一、沿海地区积极响应海上丝绸之路建设

2015 年 3 月 28 日，国家发展和改革委员会、外交部、商务部联合发布了《推动共建丝绸之路经济带和 21 世纪海上丝绸之路的愿景与行动》，共分"前言""时代背景""共建原则""框架思路""合作重点""合作机制""中国各地方开放态势""中国积极行动""共创美好未来"9 个部分，是新时期搞好"一带一路"建设的纲领性文件。

沿海地区积极响应海上丝绸之路建设。根据要求，沿海城市要协作发展海洋交通、通

信、能源、港口、码头、远洋运输等基础设施，这对港口完善基础设施结构会有极大的促进作用。通过基础设施的完善以及优惠政策的落实，包括构建运输的集疏运网络，通过多式联运等方式，港口还将吸引众多的外贸企业，这又会有力地带动海运业、集疏运业、仓储业等港口关联产业，保税业、造船业、贸易、石化等港口依存产业和金融、保险、土木工程、旅游等港口派生产业的发展。正因如此，当成立港口城市合作网络的构想一经提出，中国和东盟数十个港口城市便积极响应，广泛赞同在航线开通、港口建设、临港工业、国际贸易等方面开展合作，共同构筑一张互联互通、互惠共赢的海上合作网络。随着港口的不断发展，经济腹地不断扩大，大量企业将聚集在沿海中心城市。而沿海中心城市通过资金、技术、人才等生产要素的流动，将优势资源辐射扩散至辖区内乃至周边区域，促进其经济、社会结构调整与布局的优化。

二、中国沿海地区海上丝绸之路资源丰富

海上丝绸之路形成于秦汉时期，发展于魏晋、隋朝时期，繁荣于唐宋时期，转变于明清时期，是已知的最为古老的海上航线（见图9-1和表9-1）。

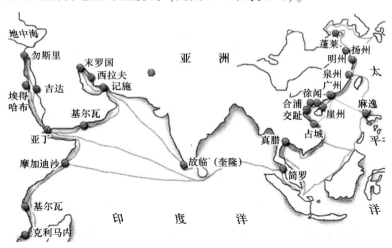

图9-1 中国古代主要海上丝绸之路港口城市与航线示意

由于海上丝绸之路贸易和文化交流的需要和促进，中国沿海形成了链状分布的港口和港口城市，迄今发现一大批海上丝绸之路遗址和文物。由南至北主要有北海—合浦、湛江—徐闻、广州（番禺）、阳江"南海一号"宋代沉船发现地、潮汕古港"南澳一号"沉船发现地、泉州、福州、漳州、宁波—舟山、南京、扬州、南通—刘家港、蓬莱。

表 9-1　海上丝绸之路（中国段）总体沿革表

时代及航线	航线	海上商路到达地	国内主要港口		主要输出商品	主要输入商品	重大事件	与"陆上丝绸之路"的关系	备注
			港口	官方机构					
先秦及秦朝（公元前2世纪以前）		东南亚、朝鲜半岛	—	—	丝织品、漆器、陶瓷、青铜器	珠玑、犀角、玳瑁	徐福东渡	尚无大规模的对外贸易	汉代之前的海上贸易主要在岭南地区与东南亚之间
汉朝（公元前206—220年）	南海航线	东南亚、南亚	徐闻、合浦、番禺（广州）等	汉武帝于合浦设盐铁关	黄金、丝绸及其他丝织品	珠玑、犀角、玳瑁、乳香等	—	汉代海上丝绸之路与陆上丝绸之路同时开通，以陆上为主	—
	东海航线	朝鲜半岛、日本列岛	东部沿海	—	—	—	—		中国养蚕织绸等生产知识已经朝鲜传入日本
三国、两晋、南北朝（220—589年）	南海航线	东南亚、南亚、地中海地区	广州等地	—	丝绸及织品	珍珠、象牙、玳瑁、珊瑚、翡翠、孔雀、金银宝器等	达摩渡海传法，法显求法	海上丝绸之路作为陆上丝绸之路的补充，尚未取得同陆上丝绸之路同等的地位	—
	东海航线	朝鲜半岛、日本列岛	东部沿海	—	—	—	—		中国织工、陶工到达日本，对日本手工业发展起到巨大促进作用

续表

时代及航线		海上商路到达地	国内主要港口		主要输出商品	主要输入商品	重大事件	与"陆上丝绸之路"的关系	备注
			港口	官方机构					
隋唐五代(581—960年)	南海航线	东南亚、南亚、西亚、地中海地区	广州、福州	广州设市舶使	瓷器、丝绸、金银、铜钱、纸张、茶叶等	象牙、犀角、珠玑、香料	伊斯兰教传教四贤分别传教于广州、扬州、泉州	海上丝绸之路地位开始上升，但对外贸易仍以陆上为主。唐中期以后海上丝绸之路逐渐占据主流	唐朝时开始有大量的国家之间的使臣交往
	东海航线	朝鲜半岛、日本列岛	登州、扬州、楚州（淮安）、苏州、明州（宁波）	—	彩帛、香料	琥珀、玛瑙、沙金、银	鉴真东渡日本		
两宋(960—1279年)	南海航线	东南亚、南亚、西亚、东非	广州、泉州、杭州、扬州、温州、台州、交州	广州、泉州、杭州、扬州等地设市舶司	瓷器、丝绸、五金、药材、原料等	香料、象牙、犀角、珊瑚、珍珠、琉璃、玛瑙、乳香等	妈祖信仰因官方推崇而兴起，并在宋代以后发展兴盛	两宋时期，海上丝绸之路贸易量已经超过陆上丝绸之路	
	东海航线	朝鲜半岛、日本列岛	登州、明州	明州、扬州设市舶司	瓷器、丝绸	—			
元朝(1271—1368年)		东南亚、南亚、西亚、东非、地中海沿岸、朝鲜半岛、日本列岛	泉州、广州、杭州、上海、澉浦、宁波、温州	元初设泉州、上海、澉浦、杭州、温州、广州、宁波等市舶司，元中期合并为泉州、广州、宁波三处	瓷器、丝绸、绢布、金属器皿等	象牙、犀角、各种布匹、香货、药物、木材、皮货等	意大利人马可·波罗、摩洛哥人伊本·白图泰来华，并撰游记。元人汪大渊西行，撰《岛夷志略》	对外贸易以海路为主	元代曾经数次海禁，禁止商人入海

续表

时代及航线	航线	海上商路到达地	港口	官方机构	主要输出商品	主要输入商品	重大事件	与"陆上丝绸之路"的关系	备注
明朝(1368—1644年)	南海航线	东南亚、南亚、西亚、东非、欧洲	广州、泉州、宁波、福州、漳州	广州、泉州、宁波各设市舶司,明朝永乐年间又分别在上述三地设怀远、安远、来远三驿,接待各国贡使;漳州开"洋市",设官收税	瓷器、丝绸、铁器、铜钱、书籍等	香料、珍禽异兽、珊瑚、象牙、玛瑙、药材、军事用品、锡、红铜、琉璃、各种布匹等	郑和七下西洋(时间分别为:1405—1407年,1407—1409年,1409—1411年,1413—1415年,1417—1419年,1421—1422年,1430—1433年)	对外贸易以海路为主	明朝初期和中后期也曾几度海禁,因此明朝走私贸易现象比较严重
	东海航线	美洲、朝鲜半岛、日本列岛	漳州	—	丝绸、瓷器	金银、马匹	—		开辟了从漳州月港出发经马尼拉通向美洲的贸易路线
清朝前期(17世纪以前)		与全球海上贸易路线衔接,基本能到达世界各地	广州	—	丝绸、瓷器、茶叶、中草药等	金银、黄铜、棉花、棉布和棉纱毛纺织品、金属制品、皮货等	—	对外贸易以海路为主	清朝政府实行闭关锁国,只准广州一地通商

在陆上丝绸之路之前，已有了海上丝绸之路。海上丝绸之路的出现应在秦朝以前，而从史书确切记载可追溯到汉代。

今广东徐闻县五里乡二桥村、仕尾村和南湾村一带既是当年汉军南渡海南岛的基地，亦是西汉海外贸易的出海港——汉三墩港所在地。《汉书·地理志》明确记载："自日南障塞，徐闻、合浦，船行可五月有都元国，又船行可四月有邑卢没国，又船行可二十余日有谌离，步行可十余日有夫甘都卢国，船行可二月有黄支国……有译长，属黄门，与应募者俱入海，市明珠、璧、琉璃、奇石异物，赍黄金杂缯而往所至。"唐代的《元和郡县图志》中记："汉置左右侯官在徐闻县南七里，积货物于此，备其所求以交易有利，故谚曰：欲拔贫，诣徐闻。"

地处南海的广州古称"番禺"，是海上丝绸之路重镇。有关海上丝绸之路的文物和古迹，遍布全城。如黄埔古港、南海神庙、清海关、西来初地和华林寺、怀圣寺和光塔、光孝寺、琶洲塔、清真先贤古墓、南越王宫和南越王墓等。东晋时期广州成为海上丝绸之路的起点，对外贸易涉及 15 个国家和地区。唐代广州首设市舶使，往西南航行的海上丝绸之路历经 90 多个国家和地区，航期 89 天（不计沿途停留时间），全程共约 14 000 千米，是 8—9 世纪世界最长的远洋航线。宋朝广州设市舶司，成为海外贸易第一大港。明初实行"有贡舶即有互市，非入贡即不许其互市"以及"不得擅出海与外国互市"的政策，但对广东则特殊。"十三行"是清政府指定专营对外贸易的垄断机构。广州是当时全国唯一海上对外贸易口岸，史称"一口通商"，广州成为清代对外贸易中心。

阳江地处广东经济重心"珠三角"与湛江地区结合部，是我国海上丝绸之路的重要转运港，是广州南下水陆交通必经之地，又是西江流域的出海捷径。《太平寰宇记》《萍洲可谈》和日本人藤田丰八所著《中国南海古代交通丛考》等文献记载表明：宋代阳江海陵岛是南海航线转折点，该航线阳江以东与海岸线平行，以西则直接放洋，并且岛上已有海关一类的机构。明清时，阳江的地位也不减于前。从宋代开始，商人在阳江城兴建了妈祖庙（即祖创宫），借此寄托保护心理。海外贸易使阳江城商业也十分兴旺，商人因此建立商会。[①]

阳江因附近海域发现宋代沉船"南海一号"商船而名噪一时。

"南海一号"是沉没 800 多年的南宋时期木质商船，长 30.4 米、宽 9.8 米，船舱内保存文物总数为 6 万~8 万件。这是迄今为止世界上发现的海上沉船中年代最早、船体最大、保存最完整的远洋贸易商船。试探发现，船上有不少是价值连城的国宝级文物，号称"海上敦煌"。

潮州地区是滨海之地，早在西汉就已经有航海的记载。宋代海上丝绸之路的政策给潮

---

①　黄启臣：《海上丝路与广东古港》，香港：中国评论学术出版社，2006 年。

州地区带来了机遇，促使这一地区的海运贸易应运而生，凤岭、庵埠、东陇、柘林和南澳各个港口相继崛起、繁荣。2007年5月，在广东汕头南澳岛"三点金"海域发现一艘沉睡400余年的古代沉船，为明代商船，被命名为"南澳一号"。

　　泉州海岸线绵延曲折，全长达427千米，海湾多、水域宽、航道深，沿海分布有泉州湾、深沪湾、围头湾等天然深水良港，适合建造各类码头泊位，具有优越的航运条件。目前，史书上关于泉州海外交流往来的最早记载为南朝（558—565年）印度高僧在泉州译经并从此地乘船回国。泉州以丝绸和陶瓷商品为大宗的海外贸易，始于唐代、发展于五代、繁荣于宋代、鼎盛于元代、衰落于明代，持续约9个世纪。其中，宋、元两代时的昌盛持续了3个多世纪，为"海上丝绸之路"做出了重大贡献。

　　泉州海港设施遗存主要包括航标建筑、码头、桥梁、城门、祭祀建筑、官方管理机构等。其中，六胜塔、姑嫂塔作为航标建筑，为指引船只进出泉州港、维护航线运行起着重要作用，是泉州港繁荣的象征。石湖码头、文兴码头和美山码头为船只靠岸和货物的海陆转运提供了设施基础。以洛阳桥为典范的石桥在密切港区、码头与城区的联系，以及加强与陆上交通干线的联系方面，都起了至关重要的作用。① 九日山祈风石刻、天后宫、真武庙是沿海地区祈风、祀奉海神以求航行平安的民间传统活动场所，经由官方认可，形成一套完整的航海祭祀体系的重要物证。宋代市舶司遗址见证了泉州曾为中国官方对外通商口岸的政治地位。来远驿是明代海禁以后，朝廷专为招待琉球使者和客商而设的驿站，其遗址是泉州与琉球特殊友好关系的体现，也见证了泉州港最后的辉煌。泉州外贸商品生产基地与设施遗存主要包括窑址、丝绸染练设施等。

　　宁波地处中国东海岸线中段，向北、向东可到朝鲜半岛、日本列岛及东南沿海，向南经闽广沿海可远航到南洋、西洋等地区。宁波因其优越的地理位置与交通环境，自公元9世纪起成为我国海上丝绸之路东海航线（唐至元代）最重要的港口。宁波与海外的贸易和文化交流始于东汉晚期（公元2—3世纪），舶来品和佛教通过海路传至宁波地区。唐代，明州成为中国东南沿海的重要港口城市，跻身于唐代四大名港之列。当时，明州港、朝鲜半岛莞岛港（清海镇）和日本博多港（博多津）三大贸易港形成东亚贸易圈，明州港是连通朝鲜半岛、日本列岛的东海航线上主要贸易城市之一②，大量瓷器、茶叶、丝绸通过明州港输出海外。两宋和元代（10—14世纪）宁波的海上贸易及文化交流臻于繁盛，宋元时期的明州（庆元）港为中国三大国际贸易港之一。北宋淳化二年（991年）设置市舶司，促进了东亚贸易圈海上贸易的繁荣鼎盛。从明州港运出的货物种类丰富，建筑技术、

----

　　① 庄景辉：《宋代泉州的石桥建筑与海外交通》，《泉州港考古与海外交通史研究》，长沙：岳麓书社，2006年。

　　② 林浩：《关于宁波"海上丝绸之路"各个时期特点的探讨》，《东方博物》，2005年第2期。

制瓷技术、佛教文化等通过明州东传至朝鲜半岛、日本。至明代，宁波港仍是中日贸易的重要港口。宁波"海上丝绸之路"的相关遗存包括海港设施、文化交流产物两类，代表性的有保国寺、永丰库遗址、天童寺等。浙江古瓷器遗址很多。

扬州位于中国东部沿海的江苏省，地处长江下游北岸、中国东海岸线中段，约在公元8世纪即已发展成为中国南北水路交汇的枢纽、海上丝绸之路的著名港口。海路主要交流方向包括东海航线连通朝鲜半岛、日本列岛等东亚地区，南海航线连通往东南亚和印度洋、波斯湾地区。扬州因其国内漕运和南北物资集散中心的交通地位，在唐代成为海上贸易至关重要的港口城市之一。扬州"海上丝绸之路"的相关遗存包括海港设施、文化交流的产物两类，代表性遗产包括仙鹤寺、普哈丁墓园、扬州城遗址和大明寺等。

蓬莱港地处山东半岛的最北端，濒临渤海、黄海，北距辽东半岛66海里，东与朝鲜、韩国、日本隔海相望，扼渤海海峡之咽喉。自唐神龙三年（707年）成为登州治所以来，蓬莱的登州古港在中国与新罗、高丽、渤海国、日本等国家的对外邦交、文化交流、商业贸易等方面均发挥了重要作用，是海上丝绸之路中中国北方最重要的港口。

从1405—1433年，郑和率领大规模的船队，远涉重洋，翻开了中国古代海洋文化新的一页。就出海人员、舰队规模、航行里程和执行使命来看，郑和航行涉及政治、经济、文化和军事等不同领域，涵盖了海洋文化的各个方面。从时间上看，郑和下西洋历时28年之久，并一直保持了世界领先的纪录。从空间跨度来看，郑和下西洋横跨印度洋，足迹遍及东南亚、南亚、西亚及东非30余国，打通了中、西方交通的重要航道，发展了同亚非各国的友好关系，促进了中外经济贸易联系，构成了一个相对独立的海洋文化发展阶段，达到了中国古代海洋文化的巅峰。

三、沿海海上丝绸之路产业带的空间布局

中国沿海海上丝绸之路产业带空间布局可概括为"一二三四五六八，十五"。"一"即一个核心区，"二"即两个海上丝绸之路建设前沿区，"三"即三条国际线路，"四"是四大经济区，"五"是五大自由贸易区，"六"是六大内陆腹地，"八"是八大合作圈，"十五"是沿海十五个海上丝绸之路重点港口城市，就是加强沿海城市港口建设，以重点港口为节点，共同建设通畅、安全、高效的运输大通道。无论是海上丝绸之路西线、南线还是东线，都离不开现代化港口的支持，离不开现代化港口和现代化港口城市。要建设一条通畅、安全和高效的海上丝绸之路运输大通道，关键在于能否建立起高效、便捷的港口网络（见表9-2）。

表 9-2　中国沿海海上丝绸之路产业带空间布局

空间布局	具体说明
一个核心区	福建 21 世纪海上丝绸之路核心区
二个前沿区	海南省（海南国际旅游岛）
	广西壮族自治区（广西北部湾经济区）
三条国际线路	海上丝绸之路西线（中国—印度洋、欧洲、非洲国家）
	海上丝绸之路南线（中国—南太平洋国家）
	海上丝绸之路东线（中国—其他东亚国家）
四大经济区	环渤海经济区
	"长三角"经济区
	海峡西岸经济区
	"珠三角"经济区
五大自由贸易区	中国（广东）自由贸易试验区
	中国（天津）自由贸易试验区
	中国（福建）自由贸易试验区
	中国（上海）自由贸易试验区
	中国—东盟自由贸易区
六大内陆腹地	东北内陆腹地
	华东内陆腹地
	华中内陆腹地
	华南内陆腹地
	西南内陆腹地
	西北内陆腹地
八大合作圈	中国-东南亚、东盟合作圈
	中国-印度半岛和南亚次大陆合作圈
	中国-大洋洲国家合作圈
	中国-印度洋西岸、非洲合作圈
	中国-欧洲、欧共体合作圈
	中国-东亚合作圈
	中国-美洲合作圈
	中国-北冰洋和极地合作圈
十五个港口城市	大连、天津、烟台、青岛、
	上海、宁波—舟山、福州、
	泉州、厦门、汕头、深圳、
	广州、湛江、海口、三亚

要充分发挥深圳前海、广州南沙、珠海横琴、福建平潭等开放合作区作用，深化与香港、澳门和台湾地区的合作，打造粤港澳大湾区。要推进浙江海洋经济发展示范区、福建海峡蓝色经济试验区和舟山群岛新区建设。要加大海南国际旅游岛开发开放力度。要强化上海、广州等国际枢纽机场功能。以扩大开放倒逼深层次改革，创新开放型经济体制机制，加大科技创新力度，形成参与和引领国际合作竞争新优势，成为"一带一路"特别是21世纪海上丝绸之路建设的排头兵和主力军。要发挥海外侨胞以及香港、澳门特别行政区独特优势作用，积极参与和助力"一带一路"建设。要为台湾地区参与"一带一路"建设做出妥善安排。

四、沿海海上丝绸之路产业带的建设内容和产业构成

海上丝绸之路的建设领域包括经济、科技、文化、外交和环保等。具体来说：一是政治与外交领域；二是经济领域；三是科技领域；四是文化领域；五是生态领域；六是海事与海上安全领域；七是极地科考与开发领域；八是军事合作与交流领域。重点合作领域包括：产业合作、贸易合作、能源资源合作、金融合作、基础建设合作（含管线建设）、文化合作、生态合作和申遗合作。

海上丝绸之路建设的重点是"五通"，即以政策沟通、设施联通、贸易畅通、资金融通、民心相通为主要内容，加强合作。

在"五通"中，基础设施互联互通是"一带一路"建设的优先领域。在尊重相关国家主权和安全关切的基础上，沿线国家宜加强基础设施建设规划、技术标准体系的对接，共同推进国际骨干通道建设，逐步形成连接亚洲各次区域以及亚洲、欧洲和非洲之间的基础设施网络。强化基础设施绿色低碳化建设和运营管理，在建设中充分考虑气候变化影响。要抓住交通基础设施的关键通道、关键节点和重点工程，优先打通缺失路段，畅通瓶颈路段，配套完善道路安全防护设施和交通管理设施设备，提升道路通达水平。推进建立统一的全程运输协调机制，促进国际通关、换装、多式联运有机衔接，逐步形成兼容规范的运输规则，实现国际运输便利化。推动口岸基础设施建设，畅通陆水联运通道，推进港口合作建设，增加海上航线和班次，加强海上物流信息化合作。拓展建立民航全面合作的平台和机制，加快提升航空基础设施水平。

要加强能源基础设施互联互通合作，共同维护输油、输气管道等运输通道安全，推进跨境电力与输电通道建设，积极开展区域电网升级改造合作。

要共同推进跨境光缆等通信干线网络建设，提高国际通信互联互通水平，畅通"信息丝绸之路"。加快推进双边跨境光缆等建设，规划建设洲际海底光缆项目，完善空中（卫星）信息通道，扩大信息交流与合作。

在"五通"中，投资贸易合作是"一带一路"建设的重点内容。宜着力研究解决投

资贸易便利化问题，消除投资和贸易壁垒，构建和区域内各国良好的营商环境，积极同沿线国家和地区共同商建自由贸易区，激发释放合作潜力，做大做好合作"蛋糕"。海上丝绸之路沿线国家宜加强信息互换、监管互认、执法互助的海关合作，以及检验检疫、认证认可、标准计量、统计信息等方面的双边、多边合作，推动世界贸易组织《贸易便利化协定》生效和实施。改善边境口岸通关设施条件，加快边境口岸"单一窗口"建设，降低通关成本，提升通关能力。加强供应链安全与便利化合作，推进跨境监管程序协调，推动检验检疫证书国际互联网核查，开展"经认证的经营者"（AEO）互认。降低非关税壁垒，共同提高技术性贸易措施透明度，提高贸易自由化、便利化水平。

要拓宽贸易领域，优化贸易结构，挖掘贸易新增长点，促进贸易平衡。创新贸易方式，发展跨境电子商务等新的商业业态。建立健全服务贸易促进体系，巩固和扩大传统贸易，大力发展现代服务贸易。把投资和贸易有机结合起来，以投资带动贸易发展。

要加快投资便利化进程，消除投资壁垒。加强双边投资保护协定、避免双重征税协定磋商，保护投资者的合法权益。

要拓展相互投资领域，积极推进海水养殖、远洋渔业、水产品加工、海水淡化、海洋生物制药、海洋工程技术、环保产业和海上旅游等领域合作。

要推动新兴产业合作，按照优势互补、互利共赢的原则，促进沿线国家加强在新一代信息技术、生物、新能源、新材料等新兴产业领域的深入合作，推动建立创业投资合作机制。

要优化产业链分工布局，推动上、下游产业链和关联产业协同发展，鼓励建立研发、生产和营销体系，提升区域产业配套能力和综合竞争力。扩大服务业相互开放，推动区域服务业加快发展。探索投资合作新模式，鼓励合作建设境外经贸合作区、跨境经济合作区等各类产业园区，促进产业集群发展。在投资贸易中突出生态文明理念，加强生态环境、生物多样性和应对气候变化合作，共建绿色丝绸之路。

海上丝绸之路建设以经略海洋和海洋经济为重点，需要以海洋船舶、海洋工程装备等综合性较强的配套产业为基础，发展海洋科考和海洋调查、远洋运输和远洋渔业合作；而海洋船舶、海洋工程装备需要原材料、配套产品、运输系统、石化产业等众多基础配套产业，这需要开展国际产业分工合作。对于大连、青岛、上海、湛江等海洋船舶、海洋工程装备等产业比较发达的城市而言，是一次产业升级换代的有利时机。[①]

要深化金融合作，推进亚洲货币稳定体系、投融资体系和信用体系建设。扩大沿线国家双边本币互换、结算的范围和规模。推动亚洲债券市场的开放和发展。共同推进亚洲基

---

① 刘宗义：《21世纪海上丝绸之路建设与我国沿海城市和港口的发展》，《城市观察》，2014年第12期。

础设施投资银行、"金砖国家"开发银行筹建，有关各方就建立上海合作组织融资机构开展磋商。加快丝绸之路基金组建运营。深化中国-东盟银行联合体、上海合作组织银行联合体务实合作，以银团贷款、银行授信等方式开展多边金融合作。支持沿线国家政府和信用等级较高的企业以及金融机构在中国境内发行人民币债券。符合条件的中国境内金融机构和企业可以在境外发行人民币债券和外币债券，鼓励在沿线国家使用所筹资金。要加强金融监管合作，推动签署双边监管合作谅解备忘录，逐步在区域内建立高效监管协调机制。完善风险应对和危机处置制度安排，构建区域性金融风险预警系统，形成应对跨境风险和危机处置的交流合作机制。加强征信管理部门、征信机构和评级机构之间的跨境交流与合作。充分发挥丝绸之路基金以及各国主权基金作用，引导商业性股权投资基金和社会资金共同参与"一带一路"重点项目建设。

在"五通"中，民心相通是"一带一路"建设的社会根基。要传承和弘扬丝绸之路友好合作精神，广泛开展文化交流、学术往来、人才交流合作、媒体合作、青年和妇女交往、志愿者服务等，为深化双边、多边合作奠定坚实的民意基础。

要充分利用海上丝绸之路的地缘优势和人文资源优势，发挥海上丝绸之路文化的作用，坚持"走出去"与"引进来"相结合，积极开展海洋人文领域对外交流与合作，通过海洋文化艺术交流、海上丝绸之路文物考古与学术交流、海洋旅游合作、教育培训合作等，推动海上丝绸之路研究走向深入，提高海上丝绸之路文化的影响力，促进海洋文化和人文多样性发展，实现民心相通、情感交流，增进友谊。

海上丝绸之路文化合作领域和内容：

第一，海洋文化艺术交流。开展船舶与航海文化、海洋贸易文化、渔文化和海洋民俗、海洋移民文化、海洋宗教与民间信仰文化、海洋文学艺术和民间演艺交流；开展海上丝绸之路茶文化、瓷器文化、香料文化交流。开展国内海上丝绸之路沿线省区、国际海上丝绸之路沿线国家基于海洋民俗和宗教文化的民间艺术团演艺和交流。

第二，海上丝绸之路文物考古与学术交流。开展南海、印度洋海上丝绸之路航线水下沉船等水下文物考古活动，与海上丝绸之路沿线国家开展海上丝绸之路文物研究，进行海上丝绸之路学术交流活动。联合申报海上丝绸之路世界文化遗产。

第三，海洋旅游合作。联合开发海上丝绸之路旅游线路和产品，与海上丝绸之路沿线国家进行旅游产品合作、旅游市场合作、旅游经营合作和旅游管理合作。

第四，教育培训合作。加强中外海洋合作办学，合作进行大学生（含"2+2模式"，即在本国学习两年、留学两年，颁发两国毕业证）、研究生（硕士和博士）培养；高等教育学历互认；扩大中国政府海洋奖学金名额。开展涉海职业培训合作、涉海职业资格（船员，港口、航道技术人员，海关职员等）互认。

具体工作：

（1）办好一个节——海上丝绸之路文化节。海上丝绸之路国家可互办文化月。

（2）开好两个会：海上丝绸之路合作组织会议；海上丝绸之路博览会。

（3）创编《丝路海韵》大型实景演出。创编海上丝绸之路题材的动漫作品、电子游戏、系列漫画画册和系列动画片等。设计开发海上丝绸之路工艺品。

（4）建设四大海上丝绸之路旅游合作区：东南亚和大洋洲旅游合作区；环印度洋西亚、非洲旅游合作区；大西洋、欧洲旅游合作区；东北亚、拉美旅游合作区。

（5）科研与学术研究。举办海上丝绸之路文化学术研讨会。充分利用海上丝绸之路的地缘优势，依托中国水下考古科研与培训基地，联合海上丝绸之路沿线国家开展对远海海域的沉船、沉物调查和研究，进行考古活动、文物搜集整理活动、水下文物保护和发掘活动。

建设"海上丝绸之路档案馆""海上丝绸之路数字化资源库"。

评定和公布"海上丝绸之路文化名城""海上丝绸之路古港"。

（6）宣传教育活动

组织"海上丝绸之路夏令营""海上丝绸之路知识竞赛""海上丝绸之路大学生暑期社会实践活动""'丝绸路·中国梦'大学生演讲比赛""'丝绸路·中国梦'大学生文艺汇演"等活动。

第十章　广东蓝色产业带建设

第十二个五年计划期间，广东省大力发展海洋经济，海洋生产总值达 1.52 万亿元，年均增长 10.7%。着力优化对外开放格局，启动广东自贸试验区建设，下放第一批 60 项省级管理权限，广州南沙、深圳前海蛇口、珠海横琴三大片区新入驻企业 5.6 万家；积极参与"一带一路"建设，强化基础设施互联互通，着力推进经贸投资合作，与海上丝绸之路沿线重点 14 国进出口额达 8 504 亿元。[①] 今后一个很长时期内，严峻的现实要求广东必须更新发展思路，应从单纯在陆域经济上做文章转到向富饶的海洋寻找出路。因此，广东必须要大力发展海洋新兴产业，实现"蓝色崛起"。在实现"蓝色崛起"的过程中，需要认真分析和研究，然后才能有针对性地制定政策，推动广东新兴海洋产业的科学发展。

一、轴线综合开发建设蓝色产业带

（一）拓展主轴带与两翼交通网络，壮大两翼发展轴带

轴线的发展与开发对产业带的兴盛具有重要意义。就广东省蓝色产业带建设而言，需要围绕提高与"珠三角"地区通达程度，优化运输网络结构，形成铁路、公路、航空、水运、管道等多种运输方式配套衔接的联运系统。继续拓展主轴带"珠三角"地区与内陆省份诸如武汉、长沙、南昌之间的互联互通，形成便捷的"三小时交通圈"。广东省主要交通线如图 10-1 所示。

可以看出，"珠三角"区域内部的交通管网非常密集，但是与粤东和粤西地区的交通连线比较薄弱。要加快沿海高速铁路、高速公路的建设，尤其是粤西地区的高铁建设，同时促进粤东、粤西区机场的改造，发展与"珠三角"地区机场的支线运输和陆空、空空联运业务，全面融入"珠三角"交通圈。

壮大"湛茂阳"发展轴带。充分发挥湛江在中国-东盟自贸区桥头堡的作用，建设国家创新型城市和西海岸经济新区，构建环北部湾型大城市框架，大力发展临海高端制造和现代服务业，建设成为全国重要的现代海洋产业发展先行区、国际海洋科研教育中心、滨海旅游度假胜地和海上体育运动基地，进一步增强辐射带动能力。扩大湛江、茂名两个中

---

① 宗和：《广东省十二届人大四次会议谋划 2016 年海洋经济》，《中国海洋报》，2016 年 2 月 15 日。

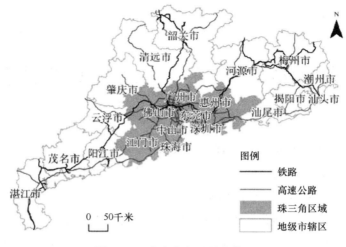

图 10-1　广东省交通示意①

心城市规模，拓展城市发展空间。阳江重点发展临港产业和高端滨海旅游业。加强湛江、茂名以及阳江与"珠三角"地区在基础设施建设和产业发展等方面的对接，完善一体化合作发展机制，形成功能互补、产业互动、融合发展的现代化城镇组团。

　　壮大潮汕发展轴带。鼓励汕头在广东省海洋综合开发试验区的大框架下，围绕创新区域用海模式，着力构建汕头东部城市经济带，建设现代化滨海新城。积极推进南澳海洋综合开发试验县建设，探索建设海峡两岸合作南澳试验区，在创新管理机制、深化改革开放等方面进行先行先试，打造粤东中心城市。揭阳惠来重点发展石化工业港区，揭东建设空港经济区。合理扩大潮州、汕尾的城市规模，完善城市基础设施，提升城市综合服务功能，加强组团内城镇和产业的分工与协作，突出高效生态和海洋经济特色，做大做强优势产业，加快发展循环经济，着力建设特色海洋产业集聚区，打造南海地区新的增长区域和生态型宜居城镇。

（二）优化中心城市功能，打造具有国际竞争力的城市群

　　广东蓝色产业带将包括东、中、西三大城市群，东起潮汕，西至湛江。充分发挥广州、深圳大都市的龙头作用，加快国际金融、航运、贸易中心建设。提升东莞、佛山、珠海都市区的国际化水平。增强东莞、佛山在"珠三角"区域中的次中心城市功能，发挥双引擎带动和支持作用，推进资源整合与一体发展，促进城市组团之间的资源优势互补、产业分工协作、城市互动合作，把"珠三角"城市群建设成为核心增长极和资源节约型、环境友好型社会示范区。进一步提升广州、深圳的中心城市地位，增强城市综合服务功能，

---

　　①　陈少沛，庄大昌：《广东地区可达性综合探测及空间分异特征》，《人文地理》，2014年第6期。

拓展城市发展空间；统筹组团内各层次城镇的发展，加强组团内产业分工与协作，推进一体化进程；充分发挥与港澳经贸联系密切的优势，大力发展外向型经济，在广州建设国家深海生物资源中心，完善深海基因资源和工业微生物研发平台，建设具有国际水平的深海生物样品库、深海大洋微生物菌库。加快中国海洋石油总公司珠海深水设施建造基地、深圳海洋石油开采装备制造基地建设，以广船国际股份有限公司、中国船舶工业集团公司龙穴、珠海造船基地为基础，努力打造深海海洋装备制造基地。

注重主中心点的建设。主中心点是产业带的龙头，主中心点产业的发展能带动产业带产业结构的高级化与合理化，其产业影响力决定了产业带的整体性与系统性程度。因此在广东蓝色产业带规划中应充分重视广州、深圳这两个主中心点的产业建设，依托中心城市进行专业化集聚发展的空间布局。顺应"城市区域化、区域城市化"的发展趋势，着力培育以中心城市为核心的大都市区。

（三）合理布局优势海洋产业，引导区域主导产业错位发展

以海岸线为基线，由海向陆逐步扩散，同时向陆地两翼扩展，充分开发和利用海洋资源，在产业分布上，"珠三角"主要发展高技术产业，在自主创新上，对沿海经济带的发展起带头、辐射和支持的作用；粤东地区在轻纺工业、音像制品、工艺陶瓷和食品玩具方面基础较好，适宜着力发展轻型工业；粤西沿海地区港口条件好，适宜发展石化、冶金等重化工业。

降低城市之间主导产业的重叠度。在"珠三角"地区，当务之急是强化产业结构优化升级，着力突破产品档次低、生产规模小的产业发展模式，着重发展高技术含量、高附加值的产品，引导企业走专业化、国际化的发展路子，提升块状经济水平，着力培育具有国际竞争优势的产业集群。结合"珠三角"海陆产业技术与市场优势，增强企业创新能力，在生产环节和价值链高端环节全面加强合作，提升高端海洋产业集聚区核心地位，集中培育海洋先进装备制造、游艇制造、油气储运加工等临港工业，加强集疏运体系建设，密切港口与腹地之间的联系，加快发展现代港口物流业，构筑现代海洋产业体系，建设全国最重要的高端海洋产业聚集区，促进海陆有效联动。粤东、粤西地区应积极承接"珠三角"地区的产业转移，以经济技术开发区、保税区、工业园区等为平台，培育壮大现代渔业、海洋工程建筑、海洋生态环保、海洋文化旅游、海洋运输物流等优势产业集群化发展；以港口资源、工业条件较好的区域为中心向四周扩散，以降低其运输成本；粤东、粤西应据各个地区的区位优势、资源禀赋等，高标准规划、高效利用自身的渔业旅游资源，发展、扩大休闲渔业的布局；通过深水网箱耐流、抗风浪、升降和锚泊及鱼类高密度安全养殖等先进技术的应用，发展立体养殖等充分利用海洋资源的方式。构筑功能明晰、优势互补的开发和保护格局。

二、创新海陆统筹

海洋与陆地是地球上两类自然属性不同的地理单元，实施海洋综合开发的核心在于"综合"二字：综合各类海陆资源、海陆空间及海陆产业，形成一个提升海陆产业竞争力的良好载体。从海岸线向陆 10 千米的带状区域是发展壮大海洋经济、统筹海陆发展的最重要区域和优先开发区域。

(一) 统筹海陆空间资源

广东沿海城市经过多年的发展，陆地空间资源已经非常紧缺。与之形成鲜明对比的是，广东拥有全国近 1/5 的海岸线，拥有丰富的海洋空间资源。从地方层面来讲，建设用地规模是地方发展经济的基础，同时也是地方财政的重要收入来源。围填海造地在某种程度上既是规避耕地"红线"考核机制又是低成本增加建设用地规模的重要途径。国土资源部与国家海洋局联合下发《关于加强围填海造地管理有关问题的通知》（国土资发〔2010〕219 号）后，围填海造地的管理日益规范，但围填海供地方式、围填海造地增值收益、围填海造地土地登记方面仍有较多的制度空白。

规范成片围填海造地区域中经营性项目的出让方式，参照广东省经营性地产的相关规定，在不违背填海用途的前提下，依照先行先试的原则对围填海造地区域实行列举式项目目录管理，对招标、拍卖范围做进一步明确，随着市场的成熟逐步地扩大目录。

创新围填海土地增值收益管理，借鉴英、美国家土地管理制度，改变传统的基础费征收管理，利用管理手段如提供公共房屋、提供相关基础设施等实物支出或者签署开发协议，使得本质上源于围填海增值的收入投入到该区域相关的公共利益支出中，用海洋区划变更收益发展海洋事业，实现收益与付费之间的关联。

理顺围填海造地土地的登记换证问题，围填海造地区域在土地开发利用条件或主体未明确前，可先以围填海建设用地形式明确土地归属，保障围填海造地行为人合法权益；规范围填海造地土地的换证类型和模式，细化围填海换证程序，明晰换证时间以及申请材料，建立重大项目的围填海造地换证直通车制度。

(二) 统筹海陆产业关联维度

海洋与陆地之间有着密切的关联，海陆产业之间的关联程度决定了能否实现以海带陆、以陆丰海的战略目标。尽管经过多年的实践发展，临海和非临海的区域都已经依托比较优势建立了自身较为完备的产业体系，然而不可忽视的是，当前海陆产业之间的关联度较弱。密切海陆产业之间的联系，建立供应链和价值互补的或者上、下游关系的产业梯度，能够充分利用海陆两个地域、两类产业的比较优势，形成区域发展的核心竞争力；统筹海陆产业关联维度就是提升沿海城市甚至是其毗邻城市产业的外向度，通过海洋的全球通道优势获得巨大的外部市场，而陆域产业则通过参与全球价值链的分工，更好地融入到全球一体化的浪潮中，在参与中学习和吸收外部的先进技术和管理方式，更好地促进产业发展。某种程度上，统筹海陆产业的关联维度也是推进临海区域和非临海区域之间产业的融合度。

（三）统筹海陆产业技术梯度

海洋高新技术是以海洋资源为改造对象，以跨学科前沿知识为改造工具，在不断探索和利用海洋过程中获取的知识体系，具有高投资、高风险、高收益、高溢出的特征。海洋高新技术的外延体现在"863""火炬"计划之中①，是高新技术门类的重要组成部分之一，具体的海洋高新技术包括海洋生物技术、海洋调查观测技术、海洋资源开发和海洋空间利用技术、海洋环境保护和治理技术、海洋综合管理技术和军事海洋技术等，是开发海洋资源、保护海洋环境、维护海洋权益、谋求发展空间的重要手段，也是展示一个国家综合国力的重要标志。

海洋高新技术是未来发达国家和发展中国家竞争的主战场。广东是海洋大省，自实施海洋经济统计以来，连续近20年全国第一，海洋经济占国民经济的比重也超过10%。在全球经济向海发展的趋势下，广东有责任扛起追赶发达国家海洋高新技术的大旗，统筹海陆产业技术梯度，提升海洋高新技术水平。工作重点是：

通过系统开放实现海洋科技创新要素有效整合。海洋高新技术创新系统不是系统要素的简单相加和偶然堆积，而是各要素通过非线性相互作用构成的有机整体。在海洋技术创新系统运行过程中，要素与系统之间、要素与要素之间进行着知识、资金与人才的交换和相互作用，实现单个要素所不具备的功能。海洋高新技术创新系统是开放的系统，加强系统与区际及国际其他系统间的合作，促进创新资源和创新成果快速流动，是海洋技术创新活动的行为主体参与区际和国际竞争与合作的有效途径。目前，中国海洋高新技术创新系统要素的创新能力弱，要实现系统的良性运行，需要不断吸引国内外的创新资源，寻求互补性的系统合作，发挥各沿海省份和国家的区位优势，促进区域之间的分工协作和跨地区的合作创新，淡化部门概念、隶属概念、地域概念和行业概念，强化信息流、知识流和技术流的形成，侧重内部和外部隐性知识交流平台的建设，实现区域内各行为主体之间的相互连接，强调创新的开放性和整体性，才能迅速提高海洋科技创新能力。海洋高新技术创新系统的构建要把海洋社会力量广泛动员起来，要求在系统规划的前提下，以推动海洋科

---

① "863"计划中选择了8个领域作为高新技术：信息技术、生物技术、新材料技术、能源技术、农业高新技术、先进制造技术与自动化技术、海洋技术和民用高新技术。"火炬计划"确定的高新技术产业包括下列9个领域：电子信息产业、新材料产业、生物技术产业、新能源产业、航空航天产业、先进制造技术产业、核应用技术产业、海洋技术产业和环保技术产业。

技创新为中心，在创新主体要素功能的基础上，重点推进海洋技术创新系统网络的培育。要在创新要素发育的过程中促进创新网络的完善，要在创新网络细化的同时强化创新要素的成长，形成互动发展的良性循环，真正创造出运行良好的、开放的、高效的海洋高新技术创新系统。

通过海洋科技资源共享协作实现系统高效运行。海洋高新技术创新体系的良性运行要重视促进创新要素间的共享协作。在海洋高新技术创新系统运行过程中，创新系统的理性和市场的理性都没有发展到成熟的程度，加之创新主体自身利益追求的惯性作用，个体理性和集体理性的冲突必然存在。强调创新主体在创新活动中按照"优势互补，利益共享"的原则实现共享互动机理。弱化创新主体的惯性利益追求，为创新主体相互合作、互相交流和互动创造了条件，有利于海洋技术创新资源和要素的快速流动。政府要鼓励和引导海洋高新技术企业、科研机构、高校、中介组织以及其他海洋企业之间进行科技整合，形成创新要素的互动，各方面科技力量相互关联，优势集成，提高微观主体的创新活力，形成网络化的整体创新优势。同时，海洋高新技术创新体系的运行效率还取决于创新体系内各要素间联结的广度和密切程度，对不同的海洋高新技术要实现不同的创新模式，如基础研究要重视"学""研"的深度合作，在应用研究方面要积极开展"产、学、研"合作，在应用或发展海洋产业关键技术方面要谋求"产、学、研、政、中、金"的合作。通过跨越组织界限，建立资源和利益共享协作机制，推动各要素的优化组合，实现创新主体要素的集成和合作，推动海洋科技创新，提升海洋高新技术创新系统运行效率。

通过政府推动与市场导向结合，避免系统失效。发达国家的创新体系均是以企业为主体，以市场机制为资源配置基础。中国的海洋科技发展，长期以来则是以研究机构为主体、以政府财政投入为主导的计划机制，作为创新资源基础配置形式。政府在海洋科技方面的过度进入对短期提升海洋科技实力有着重要的意义，但同时可能对海洋产业自身的创新动力产生消极的影响，如当前表现的海洋企业缺乏科技投入的主体意识和积极性，造成了海洋科技总体科技投入不足；另一方面，以研究为主体的科研机构和大学，又容易形成海洋科技与海洋经济相脱节的问题。海洋企业需要的新技术得不到科研机构的支持，而海洋科研机构取得的研究成果又常常得不到企业的认识和青睐，难以实现产业化，并形成了科技投入没有效益积累，研究机构的研究项目又因后继经费缺乏而难以为继的恶性循环。因而中国海洋高新技术创新体系建设和改造必须以市场机制为基础，即让企业作为创新投入的主体，让市场作为创新体系的资源配置基础，充分发挥企业的创新积极性和能动性以及市场的创新导向性。海洋高新技术创新系统的建设过程中，政府在创新体系中仍然占有重要地位，用于创新的风险、效益的外部性，出现的市场失灵问题，通过各种政策手段形成一种机制，使创新体系内部各要素不断地优化组合、不断地创新，以政府的政策来弥补市场在创新过程中出现的失效。

在各种园区的基础上建立海洋高科技园区。蓝色产业带建设既需要海洋经济的强力发展，也需要临海陆域产业的快速扩张。海洋经济是包括29个与海洋资源、空间相关的产业门类的产业复合体，涉及第一、第二、第三产业，产业空间布局比较分散。因此，没有办法像各类工业园区那样在较小的区域内实现积聚。不妨借鉴国家农业科技园区的建设经验，以地理位置相对集中的功能区为载体，采用"一园 N 区"的建设模式，突出各功能区之间的基础设施和产业技术联系，实现海洋科技引领、科技带动、科技辐射的目标。预计在 3~5 年内，全省建设 2~3 个海洋科技园区，发展海洋装备制造业产业、海洋旅游业、海洋化工等，建成现代海洋产业集群。通过项目配套及园区的引导与示范，促进海洋产业结构调整，提高海洋产业整体效益，对周边地区传统海洋产业的改造与升级发展起示范与推动作用。

三、保护海岸带生态

（一）提高海洋生态保护意识

首先要提升各级党政领导干部的环保危机感和责任感，把环境保护问题作为领导现代化建设的一项重要政治任务，发挥主导作用，为改善海洋自然生态环境，促进人与海洋和谐，提供制度基础、社会环境、设施建设和政治保障。其次，建立和实施城市环境违法违规责任追究制度，激发和强化各级领导、环保执法人员、环保产业单位的环保责任。再次，加强环境文明教育，正确引导各级干部学习环境保护的基本知识，使之深刻认识人口、海洋经济发展与海洋资源环境之间的辩证关系，掌握海洋经济活动对海洋环境变化的影响及其变化规律。

充分有效地利用媒体和信息网络技术等途径，大力宣传绿色观念，广泛动员人民群众参与多种形式的环境道德实践活动，逐步强化公众的绿色意识。消费者应把手中货币投给那些符合环保要求的产品，选择文明的绿色消费方式。学校教育和一切社会教育，都应重视和深化环境教育，尤其要重视对海洋从业人员的环境教育。加快培育一大批熟悉海洋生态环境保护、资源节约、绿色消费等方面基本知识和技能的科研人员和志愿者。

（二）加强推进清洁生产

根据世界银行和其他国际组织的研究，以清洁生产技术解决污染问题的成本比采用末端处理技术节省 25%~50%。清洁生产以技术进步为媒介，最大限度地减少原材料和能源的消耗，降低成本，在生产过程中就可以控制大部分污染，减少工业污染的来源，从根本上解决环境污染、生态环境破坏问题，将环境保护与企业的经济效益紧密结合在一起。同时，清洁生产技术、产品与设备等方面的国际贸易与合作日趋活跃，与清洁生产有关的环保产业已成为国民经济的支柱产业。因此，从经济、环境和社会的角度来看，推行清洁生产技术是符合绿色发展要求的。实施清洁生产的途径包括：资源综合利用，改进管理和操作，改进工艺技术，改进产品设计，选择更清洁的原料及组织内部物料循环。

通过运用价格、信贷、税收政策等鼓励先进技术的引进、开发与应用，并严防高污染技术设备的进口；建立清洁生产审计制度；广泛开展清洁生产的宣传、教育、培训、交流和科研工作，加强国际合作，学习国外清洁生产的经验。防止海上油气矿产开采、船舶航行、海上倾废等造成海洋环境污染。继续完善排污总量控制制度，严格规划新建海洋排污口的位置，推进汕头南澳、珠海万山、阳江海陵岛、湛江流沙湾的人工鱼礁和海洋牧场的建设，整治和恢复滨海湿地、海湾、入海河口等具有典型性、代表性的海洋生态系统。

（三）强化海洋生态环境治理

海洋生态环境问题是多种因素导致的，要重点优先发展改善环境的综合治理技术，包括环境污染控制技术和生态建设技术。环境污染控制技术的重点领域是海水污染治理技术。生态建设技术的重点是海洋生态环境监测技术、生态环境恢复与重建关键技术、海洋资源开发、利用和保护技术。同时，应重点支持那些能够通过综合治理，在短时间内使现状能获得一定改善的领域。

发展对海洋资源的节约、高效、综合、循环、合理利用的科学技术，对于可再生的资源力求能够永续利用，对不可再生资源要力求达到综合和循环利用。如加强对共生、伴生海洋资源的开发，对单一开发利用的资源进行多层次、综合性利用，实现资源的梯级利用。同时要不断扩大可利用资源的范围，寻求新能源如可燃冰和资源替代品，用风能、潮汐能、温差能替代石油和煤等。重点发展海水综合利用技术、海洋渔业资源综合利用技术、海洋矿产资源综合利用技术等。

在大亚湾、湛江港等海域实行入海污染物总量控制制度。在开展环境承载力研究的基础上，明确氮、磷等主要污染物排海控制总量，对主要污染源分配污染物排海控制数量和实施污染物在线监控。重点加强环大亚湾周边县区和湛江港周边县区污水管网和污水处理设施建设。

（四）推进国家级海洋公园建设

海洋公园体系是国内现有海洋保护区网络的重要补充，有助于保护好脆弱的海洋生态环境和生物多样性。海洋公园也为科学研究提供了必要的场所，其中独特的生态环境、多样性的海洋生物、罕见的地质遗迹和饱经沧桑的历史遗存等，都成为重要的研究资料。

合理规划建设国家海洋公园，组织多学科专家团队进行调研，科学规划指导国家海洋公园的建设与管理。以长远眼光全面考量各种自然和人文因素，为建设国家海洋公园核心区、缓冲区、试验区、旅游区和教育区等功能区提供科学依据。借鉴澳大利亚大堡礁海洋公园的成功实践，以阳江海陵岛、茂名放鸡岛、湛江东海岛及硇洲岛、雷州乌石为基础，逐步发展建设国家级海洋公园网络体系。加大国家海洋公园的宣传力度，使海洋保护的意识深入人心，为公园建设争取广泛的社会支持。同时，整合传统渔业管理和国家海洋公园管理优势，转变当地渔业经济的生产方式，实现渔业社区和海洋公园建设的可持续发展。此外，在《中华人民共和国环境保护法》和相关条例法规的基础上，出台《广东省环境与生物多样性保护条例》，进一步规范和提升海洋公园（保护区）系统的建设，为国家级海洋公园管理提供更为完善的法律依据体系。

在实际建设中务必减少基础设施建设和旅游项目开发对自然生态系统产生的影响，具体包括：禁止在非允许区域内下锚停船；在海洋中妥善处理废弃物及石油产品等；严格控制来自陆地的污染及其他物质的流入；对公园实施动态性环境监控及评价，并根据环境的变化及时做出应对；在开展观光游憩等活动的同时严格控制旅游者的数量。

四、完善海洋综合管理

蓝色产业带建设区域不仅涉及向海一侧的开发带，也包括海岸线向陆地一侧的地带，因而其建设需要多部门共同推动。由于蓝色产业带的区域横跨海洋和陆地两个不同性质的地理单元，从管理方面必须着眼于综合管理。

（一）开展海洋公共政策创新试点

制定加快海洋综合开发的政策措施。编制广东海洋产业空间布局、海岸保护与利用、海洋战略性新兴产业、海水利用、海洋保护区、海岛保护等专项规划。在编制规划的基础上，加强无居民海岛使用权管理，完善无居民海岛使用权的审批和招标、拍卖、挂牌管理制度，推进海上构筑物、海岛保护利用、自然保护区建设等地方立法。

（二）开展海洋公共服务平台建设试点

提高海籍管理和海洋测绘能力，加快近岸海域、海岛基础地理数据库建设。建设一批海面浮标、地波雷达等海洋观测站点，构建南海海洋气象综合监测网，在汕头南澳、深圳西冲、茂名博贺、西沙永兴岛和南沙永暑礁等南海沿岸及岛屿建设 5 个海洋气象灾害综合观测基地，完善沿海陆基气象观测站网，建立卫星遥感、飞机探测和以船舶为载体的移动自动气象观测系统，建设海洋气象与灾害性天气预报重点实验室和广东省海洋气象灾害预警中心，实施海上万艘渔船安全工程，建设广东省渔业安全生产通信指挥系统、渔船 AIS 避碰系统和渔船 IC 卡管理系统。完善海上搜救应急系统和海上联动协调机制，提高海难事故救助能力。

（三）开展海洋经济核算与运行监测评估体系建设

海洋经济核算与运行监测评估体系是实施海洋管理决策的信息动力源。推动海洋经济核算体系和统计制度改革，加快建立"蓝色发展指数"。开展海洋经济调查试点，实施分级核算方式并对核算方式进行改革，逐步采取统一核算的方式，建立省和沿海市、县三级海洋经济运行监测与评估体系，实现全省海洋经济数据的一致性。健全海洋服务业常规性统计制度，解决海洋生产总值核算中服务业资料来源缺口的问题。定期发布海洋经济运行情况，提高对海洋经济运行的科学分析和对海洋经济决策管理的支撑能力。

五、广东海洋文化胜地和海洋文化产业带建设

广东地处祖国南疆，面对浩瀚南海，有着辽阔的管辖海域、丰富的海洋资源和悠久的海洋开发利用历史，长期处在中国海上对外经济贸易和文化交流的前沿。得天独厚的自然环境和长期的生产实践使广东成为中国海洋文化的重要发祥地。海上丝绸之路文化、广船与粤商文化、侨乡文化、近代海洋名人、疍家民俗等，是广东重要的海洋文化特色资源。以深圳特区为代表的海洋城市文化和改革开放实践，彰显了粤地、粤人的海洋气质、气魄和弄潮本色。

广东省贯彻国家关于推动社会主义文化大发展、大繁荣、建设文化强国的精神，先后提出建设文化大省和文化强省，出台《关于加快提升文化软实力的实施意见》《广东省建设文化强省规划纲要（2011—2020年）》。响应国家关于建设海洋强国的号召，落实2011年国务院批复实施的《广东海洋经济综合试验区发展规划》，建设海洋经济强省、海洋文化强省面临难得的发展机遇。

新形势下的广东海洋文化建设还面临许多新问题、新挑战：全球化背景下，我们需要面对日益激烈的国内外文化竞争，面对文化与经济加速融合发展的新趋势。社会所能提供的海洋文化产品和服务还相对缺乏，海洋文化发展还不能满足人民群众日益增长的多样化精神文化需求。

从现在起到2020年，是广东加快转变经济发展方式、实现经济社会转型的关键时期，也是推动海洋文化大发展、大繁荣的重要阶段。站在新的历史起点上，广东必须充分认识海洋文化建设在弘扬海洋精神、提升公民海洋意识、促进海洋社会和谐、推动海洋经济发展方式转变中的重要地位和作用，面对机遇，勇于挑战，全面推进海洋文化建设、促进海洋文化发展，建设海洋文化强省。

广东要紧紧围绕国家确定的社会主义文化建设的各项目标任务，努力营造文明健康、积极向上的海洋文化氛围，推进21世纪海上丝绸之路文化建设，续写海上丝绸之路的辉煌。深化文化体制改革，培育市场主体，推动海洋文化产业又好又快发展。加强海洋文化遗产的保护和利用，努力打造海洋文化品牌。繁荣海洋文艺创作，丰富广东文化舞台。大力发展海洋文化事业，健全公共文化服务体系，满足人民群众多样化、多层次、多方面的文化需求。构建海洋教育体系，提高人民海洋意识。推进海洋文化对外交流合作。加强海洋文化研究，推动广东海洋文化大发展、大繁荣。切实提高广东海洋文化整体实力、综合

竞争力，当好海洋文化建设的排头兵，把广东建设成为海洋文化胜地和海洋文化强省，为建设海洋经济强省提供强有力的文化支撑。

广东海洋文化建设的目标是建设广东海洋文化强省、打造广东海洋文化胜地。近期要使海上丝绸之路文化建设的任务得到落实并取得初步成效；结构和布局合理的海洋文化产业体系基本形成；编制完成海洋文化及相关产业统计指标体系；编制广东海洋文化资源调查规程并完成普查工作，建立起系统规范的海洋文化资源普查档案。健全、有效和惠及全民的公益性海洋文化服务体系、海洋公共教育体系基本形成。完成广东海洋文化；完成《广东海上丝绸之路研究》等丛书的编纂并出版，搞好海洋夏令营营地建设，成为海洋科普和海洋意识教育重要基地。到 2020 年把广东建设成为海洋文化产业强大、海洋公益文化事业发达、海洋文化生活丰富、海洋文化氛围浓郁的海洋文化胜地，与广东海洋经济发展水平相适应的海洋文化发展水平基本达到，海洋文化强省的建设目标基本实现。广东将成为在全国具有重要影响力的海上丝绸之路文化中心、海洋文化服务贸易中心和对外海洋文化交流中心。广东海洋文化创意和设计服务实力显著提高，处于国内一流水平。形成结构合理、布局科学、发展集聚、竞争力强的海洋文化产业体系，成为广东海洋经济的支柱产业。全省公益性海洋文化服务实现全覆盖，形成科学高效的海洋教育体系，人民群众的海洋文化需求基本得到满足，全民的海洋意识和海洋文化素质显著增强。敢为人先、尚新图变、刚毅无畏、开放兼容、务实合作的广东海洋文化精神深入人心，成为海洋经济社会发展的强大动力。

（一）大力弘扬和发展海洋文化，提升文化软实力

海洋文化不仅能给人们带来物质享受还能带来精神享受，丰富人们的精神生活。蓝色产业带建设不仅需要坚实的物质技术基础，同时也要大力弘扬和发展海洋文化。海洋文化软实力提升在促进蓝色产业带可持续发展、构建人类与海洋的和谐关系中起着不可替代的作用。在海洋经济快速增长的基础上，要有效发挥海洋经济与海洋文化的互动优势和海洋文化的积极导向作用，通过海洋文化来阐释海洋世纪的理念，引导社会舆论和国民大众充分认识"海洋战略"时代的文化任务和现实意义，进一步重视海洋的价值和突出海洋的作用，树立正确的海洋意识和海权观念。

通过各种海洋文化产品建设，提升海洋城市形象和气质，积极推动各种海洋体育、文化节庆活动，营造海洋生活空间，提高海洋文化的民众参与度。大力支持专业机构对海洋历史、海洋景观、海洋美食、海洋民俗、海洋竞技和涉海企业文化资源进行深入挖掘，促进海洋文化的产业化，提高海洋文化产业的外向度和文化产品输出能力。总结历史上和改革开放以来我国关于沿海地区、海岸岛屿、海洋强省、海洋名城、海洋品牌、海洋旅游、海洋文化节等建设和发展的经验教训，提取文化因子，赋予时代内涵和市场机制，使之发

扬光大。在海洋功能区划的基础上，整合各种资源，着力建设"海洋文化主体功能区"，初步形成"结构合理、特色鲜明、功能齐全"的海洋文化发展空间。

（二）推进21世纪海上丝绸之路文化建设，续写海上丝绸之路新篇章

1. 广东有丰富的海上丝绸之路文化资源

广东地处南海，有多处海上丝绸之路始发港口，如广州、徐闻、合浦（现划归广西）等。广东是中国海上丝绸之路文化资源非常丰富的省份。

广东海上丝绸之路文化从史料记载可追溯到汉代。两汉时期国家统一，社会相对稳定；经济发展，国力强盛；科技文化领先世界，采取开明的对外政策，开辟了陆上、海上丝绸之路，使得中国的文化突破东亚范围，远及欧洲和非洲，在广泛外传的同时，也积极吸取外来文化，为人类文明的进步做出了巨大贡献。汉武帝曾派人招募海员从徐闻（今广东徐闻）、合浦（今广西合浦）港出海，经过日南（今越南）沿海岸线西行，到达黄支国（今印度境内）、已程不国（今斯里兰卡），随船带去的主要有丝绸和黄金等物。这些丝绸再通过印度转销到中亚、西亚和地中海各国。朝廷加强海上丝绸之路沿海港市的管理，在今徐闻"置左右侯官，在县南七里，积货物于此，备其所求，与交易"。也出现了一些比较重要的商业城市，如番禺、徐闻、合浦等。

魏晋时，孙吴政权黄武五年（226年）置广州（郡治今广州市），加强了南方海上贸易。有史料可稽，东晋时期广州成为海上丝绸之路的起点。对外贸易涉及15个国家和地区，不仅包括东南亚诸国，而且西到印度和欧洲的罗马。经营方式一是中国政府派使团出访，一是外国政府遣使来中国朝贡。

隋朝统一后加强对南海的经营，南海、交趾为隋朝著名商业都会和外贸中心；义安（今潮州市）、合浦也是占有一定地位的对外交往港口。

唐朝经济发展，政治理念开放兼容，外贸管理体系较完善，法令规则配套，有利于海上丝绸之路的拓展和畅通。唐朝海上交通北通高丽、新罗、日本，南通东南亚、印度、波斯诸国。特别是出发于广州往西南航行的海上丝绸之路，历经近百个国家和地区，全程共约14 000千米，是当时世界最长的远洋航线。此外，广州可能也开辟直航菲律宾岛屿的航线。自唐开元二年（714年）设市舶使后，市舶使（一般由岭南帅臣兼任）几乎包揽了全部的南海贸易，注重经济效益，为地方和中央提供了可观的财政来源。另外，地方豪族和地方官乃至平民也直接经营海外贸易，促使社会生活发生变化。出口商品仍以丝织品和陶瓷为大宗。此外还有铁、宝剑、马鞍、绥勒宾节（Silbinj，意为围巾、斗篷、披风）、貂皮、麝香、沉香、肉桂、高良姜等。进口商品除了象牙、犀角、珠玑、香料等占相当比重，还有林林总总的各国特产。海上丝绸之路的繁盛，对唐代社会的变革以及中外文化交流和发展起到了相当重要的作用。

　　宋朝与东南沿海国家绝大多数时间保持着友好关系，广州成为当时海外贸易第一大港。由大食国（指阿拉伯半岛以东的波斯湾和以西的红海沿岸国家）经故临国（今印度半岛西南端的奎隆），又经三佛齐国（印度尼西亚苏门答腊岛东部），达上下竺与交洋（即今奥尔岛与暹罗湾、越南东海岸一带海域），"乃至中国之境。其欲至广（广州）者，入自屯门（今香港屯门）；欲至泉州者，入自甲子门（今陆丰甲子港）"。这就是当时著名的中西航线。这条主干道的航线还有许多支线。

　　明初实行"有贡舶即有互市，非入贡即不许其互市"，以及"不得擅出海与外国互市"的政策。但对广东则特殊：一是准许非朝贡国家船舶入广东贸易；二是唯存广东市舶司对外贸易；三是允许葡萄牙人进入和租居澳门。当时的"广州—拉丁美洲航线"（1575年）由广州起航，经澳门出海，向东南航行至菲律宾马尼拉港。继而，穿圣贝纳迪诺海峡进入太平洋，东行到达墨西哥西海岸的阿卡普尔科和秘鲁的利马港。

　　就清代的海上丝绸之路而言，从海禁到广东一口通商，是清代对外贸易史的重要转折点。出口商品中茶叶占据了主导地位，而丝绸退居次席，土布和瓷器（特别是广彩）也受到青睐。清康熙二十四年（1685年），清政府在粤、闽、浙、苏四省设立海关，这是中国近代海关制度的开始。清代广州的外贸制度是具有代表性的。它是在从"十三行"到公行，从总商制度到保商制度的发展过程中形成的一套管理体系。民国时期香港逐渐演变成为远东国际贸易的重要转口口岸，除了洋行，在抗战前英国一直是第二大贸易伙伴，抗战后为美国所取代。[①]

　　郭沫若主编的《中国史稿》说广州是"海上交通的重要都会"。中山大学徐俊鸣在《岭南历史地理论集》中指出："在秦汉时代，广州的对外交通已经打通……广州附近地区发展起来，同时这里的海上交通和贸易也得到一定程度的发展，但当时由于航海知识和造船技术的限制，广州未能与海外诸国直接通航，所以汉代以南海出航的地点不在番禺（广州前身），而在徐闻（汉代郡治，位于雷州半岛南端）……晋代以后，广州已能直航外国，成为通往海外诸国的主要港口了。"[②] 唐代"广州通海夷道"远及印度洋、波斯湾和东非海岸，贸易地域远较前代扩大。广东海商与阿拉伯商人左右了当时东、西方海上贸易，形成东方以唐朝广州为中心，西方以大食巴士拉、西拉头、苏哈尔诸港为中心和主要起讫点，联结东南亚诃陵、室利佛逝，南亚狮子国、印度河口等重要海上贸易枢纽的海上丝绸之路。唐代与广东贸易往来的国家和地区有二十余国，林邑、真腊、堕和罗、哥罗舍分、丹丹、盘盘、罗越、婆利、诃陵、印度、波斯和大食等。贾耽记述了唐朝境内四出的七条道路，其中"广州通海夷道"的航线大体可分为四段：广州至马六甲海峡为一段；马

---

①　黄启臣：《广东海上丝绸之路史》，广州：广东经济出版社，2003年。
②　徐俊鸣：《岭南历史地理论集》，广州：中山大学校报编辑部，1990年。

六甲海峡至斯里兰卡为一段；由印度半岛西部沿海西北行，至波斯湾头为一段；从东非沿海北溯至波斯湾头为一段。

从出土文物看，广州与海外交通的历史不会少于三千年，有关"海上丝绸之路"的文物和古迹，遍布全城。① 知名的有：秦代造船工场遗址，中国最大的海神庙，唐代的"蕃坊""蕃学"，清代"十三行"，古黄埔港以及有关的文化遗产：光孝寺、西来初地、华林寺、六榕寺、海幢寺、南海神庙、怀圣寺与光塔、清真先贤古墓、拜火教徒墓地、外国人墓地和柯拜船坞。在西关下九路有一块石碑，上书"西来古岸"。这是为纪念印度菩提达摩（简称达摩）禅师东渡来华传教而立。

《汉书·地理志》的有关记载，说明海上丝绸之路兴起于汉武帝灭南越国之后。这是海上丝绸之路最早的记载，表明广东徐闻是汉代中、西方海上"丝绸之路"最早始发港。唐代的《元和郡县图志》中记："汉置左右侯官在徐闻县南七里，积货物于此，备其所求以交易有利，故谚曰：欲拔贫，诣徐闻。"郭沫若主编的《中国史稿》也说："从中国高州合浦郡徐闻县（今广东徐闻县西）乘船去缅甸的海路交通，也早在西汉时期已开辟"，"那时，海路交通的重要都会是番禺（即今广州），船舶的出发点则是合浦郡的徐闻县"。

古代阳江，又称"高凉"，汉时属南海郡。南朝时这里已有外商来贸易，《梁书·王僧儒传》载："天监初……南海太守，郡常有高凉生口，及海舶每岁数至，外国贾人以通货易。"此史料说明，早在南朝时，外国商人已来阳江贸易了。唐宋时期，阳江以盛产瓷器和漆器闻名中外。

历史文献已明确记载阳江作为"海上丝绸之路"转运港的地位，但长期以来被忽视。唐代全国地理总志李吉甫的《元和郡县图志》岭南条载，当时的贸易大港——扬州、广州的相当一部分丝绸等货物都是经海路贩至阳江，再转输其他地区的。已故著名历史地理学家徐俊鸣教授也曾认为：唐代时，阳江可能是对东南亚贸易的港口。在宋代，阳江在海上丝绸之路的地位进一步加强。

"南海一号"是1987年广州救捞局和英国某潜水打捞公司在广东上、下川岛外发现的，是沉没800多年的南宋时期木质商船，对推动"海上丝绸之路学"的研究有着十分重大的作用。

从宋代盛极一时的阳江石湾窑、阳西县溪头镇北寮村沿岸沙洲的宋元文化遗址及"南海一号"的发现等相关实物史料综合分析，在早期近岸航线上，阳江依靠诸多天然良港等自然条件，为海上丝绸之路上的航船提供避风处和补给，后来还通过货物集散、中转、生产产品加入等方式，在海上丝绸之路史上发挥着重要的作用。如今，选择离"南海一号"沉船最近的阳江海陵岛十里银滩为博物馆的建设场址，提升了阳江在海上丝绸之路中的

---

① 《黄伟宗谈"珠江文化"与"海上丝绸之路"》，《中国评论》，2001年10月。

地位。

潮州地区航海历史悠久，海运业十分繁荣。《宋史·三佛齐传》记载，太平兴国五年（980 年）：潮州言，三佛齐国番商李甫诲，乘舶船载香药、犀角、象牙至海口，会风势不便，飘船六十日至潮州，其香药悉送广州。明清时期，隶属潮州的南澳岛港口成为日本、暹罗商人盘踞走私的港口。

2. 广东海上丝绸之路文化开发存在的问题

第一，品牌效应不明显，宣传推介力度不够。

广东是海上丝绸之路大省，有最早的始发港——徐闻，有最大的贸易口岸——广州，有最多的海上丝绸之路港口，非其他省市可比。有最负盛名的海上丝绸之路文物——"南海一号"，有最好的海上丝绸之路博物馆——广东海上丝绸之路博物馆。但广东海上丝绸之路文化宣传推介力度明显不够，丝绸之路文化开发的品牌效应不明显。

第二，与海上丝绸之路有关的活动影响力不够。

广东与海上丝绸之路文化有关的活动不多，一些考察活动、学术研讨等缺乏亮点，没有具有全国和世界影响力的重大活动，广东海上丝绸之路的文章做得不够大。

第三，城市海上丝绸之路文化资源开发不充分，整合利用不到位。

阳江开发利用海上丝绸之路文化，只有一个博物馆是不够的。广州那么多的海上丝绸之路文化资源，但至今没有专题性开发。在旅游火热的今天，广州"十三行"仅是一条没有文化遗存的道路，南海神庙不好找，其他一些与海上丝绸之路有关的寺庙连导游都不会提及。

徐闻花费资金建设"大汉三墩"景区，但有太多人工新建的痕迹，景区开发与文物古迹保护存在冲突。

第四，区域整合力度不够，关联效应低。

无论是广州、徐闻、阳江，还是潮州，南澳，目前都处在独立开发状态，没有整合协商机制。全省整合开发海上丝绸之路文化资源还有待时日。

广东各地的海上丝绸之路文化资源开发，基本停留在观光层次，旅游开发品种单一。从更广阔的海洋文化产业开发视野看，海上丝绸之路文化资源产业化开发更是单一。

3. 进一步开发利用广东海上丝绸之路文化资源的建议

第一，充分利用广东的地理优势、海上丝绸之路文化资源优势，发挥海上丝绸之路文化的作用，积极开展海洋人文领域对外交流与合作，提高海上丝绸之路文化的影响力。用创新的合作模式建立与海上丝绸之路国家和地区广泛的互联互通交流关系，形成全方位开放新格局，打造海上丝绸之路经济文化的升级版。

第二，加大宣传推介力度，提高知名度和品牌效应。

广东作为海上丝绸之路大省，要打好海上丝绸之路文化牌，加大宣传推介力度，提高知名度、社会认可度和品牌效应。用好"海上丝绸之路文化名城""海上丝绸之路古港"等名片，用好"南海一号""南澳一号""十三行"及粤海关和黄埔古港遗址、徐闻大汉三墩古港遗址、樟林古港和红头船等重要海上丝绸之路文化资源，服务于广东海洋文化强省建设。挖掘现有历史遗迹，大力推进海上丝绸之路广东段申报世界文化遗产工作。

第三，举办与海上丝绸之路有关的高层次常设性活动。

在浙江宁波和舟山，有多个国家级节庆活动且连续举办，截至2010年，宁波的"海上丝绸之路文化节"已经举办了10届，浙江岱山县的中国海洋文化节已经举办了6届，舟山的"中国普陀山南海观音文化节"已经举办了8届，宁波象山县的"中国开渔节"已经举办了13届。这些节庆规模大、内容丰富，影响力可想而知。广东要做好海上丝绸之路这篇文章，也需要有大手笔。比如常设性的高级别海上丝绸之路学术研讨会、海上丝绸之路国家高峰论坛、海上丝绸之路国家贸易洽谈会、海上丝绸之路旅游合作机制等。要推进海上丝绸之路文化建设，举办与海上丝绸之路相关的文化节、博览会，联合举办海洋文化月，开展国内海上丝绸之路沿线省区、国际海上丝绸之路沿线国家基于海洋民俗和宗教文化的民间艺术演艺和交流。

第四，充分开发城市海上丝绸之路文化资源并整合利用。

广州与海上丝绸之路有关的遗址有20多处，应该加以整合，一体化开发利用，编制广州海上丝绸之路文化线路图，开发广州海上丝绸之路文化游专题线路。

徐闻要把大汉三墩景区、灯楼角、海安港、粤海铁路码头、徐闻博物馆等加以整合，一体化开发为徐闻海上丝绸之路游专线。要进行海上三墩的开发，给游客登上三墩的机会。并且可以利用特色自然资源，建一个珊瑚博物馆。徐闻对琼州海峡沿岸的设计规划缺少历史文化内涵和特色，可以借鉴苏州的城建经验，重现"欲拔贫，诣徐闻"的汉代繁华商贸景观，以古城古港的跨时空效应吸引游客。

第五，进行区域整合，利用关联效应实现共赢。

协调各地市的海洋文化建设，统筹利用全省海洋文化资源。自东向西依次为：潮汕文化、妈祖文化、珠江文化和特区文化、华侨文化、广东海上丝绸之路博物馆和广东南海开渔节、冼夫人祭典、汉代丝路古港、雷州文化和火山文化。

建议开发"四点一线广东海上丝路游"，四点自东向西依次为潮州、广州、阳江和徐闻。加强国内沿海省市和海上丝绸之路沿线国家旅游合作，利用海上丝绸之路文化资源，开发海上丝绸之路旅游线路和产品。主要线路有：广东海上丝绸之路古港城市游、中国沿海海上丝绸之路古港城市游、"重走海上丝绸之路"国际旅游线路。

第六，开展海上丝绸之路文化研究，做好广东海上丝绸之路资源调查和文物搜集整理工作，建设海上丝绸之路数字化资源库。开展海上丝绸之路水下文物考古活动。依托中国水下考古科研与培训基地，联合国内沿海省区和海上丝绸之路沿线国家开展相关海域沉船、沉物调查和研究，开展海域考古、进行文物搜集整理、水下文物的保护和发掘。

（三）扶持和推动广东海洋文化产业发展，建设广东海洋文化产业带

（1）优化海洋文化产业布局，加强海洋文化产业带、海洋文化产业区、海洋文化产业强市和海洋文化产业核心城市建设。加快区域性特色文化产业群、海洋文化产业园区和基地建设，形成"一带、双核、三区、十四城"的海洋文化产业布局，见表10-1和图10-2。

表 10-1　"一带、双核、三区、十四城"海洋文化产业布局

名称	具体说明
"一带"：广东海洋文化产业带	建设东起汕头，西到湛江的广东海洋文化产业带
"双核"：两大海洋文化创意产业核心	建立广州、深圳两大海洋文化创意产业核心
"三区"：三大海洋文化产业聚集区	粤东海洋文化产业聚集区，"珠三角"海洋文化产业聚集区，粤西海洋文化产业聚集区
"十四城"：十四个海洋文化产业带节点城市	汕头、潮州、揭阳、汕尾、惠州、广州、深圳、东莞、中山、珠海、江门、阳江、茂名、湛江

（2）促进海洋文化资源的合理配置和产业分工，构建现代海洋文化产业体系。结合海洋文化产业的特点确定重点发展的海洋文化产业门类，建立示范区，推动海洋文博节庆会展业、海洋新闻出版发行业、海洋影视制作业、滨海体育与休闲娱乐业、海洋数字内容和动漫产业、海洋文化旅游业等一批具有战略性、引导性和带动性的重大文化产业项目，在重点领域取得跨越式发展。海洋文化产业示范区工程，包括南澳海岛文化示范区、潮汕海鲜美食文化示范区、汕尾红海湾滨海休闲体育文化示范区、惠州大亚湾休闲渔业文化示范区、番禺休闲娱乐文化示范区、广州深圳文博节庆文化示范区、"珠三角"海洋动漫文化产业示范区、中山珠海游艇文化产业示范区、江门华侨文化示范区、阳江海洋养生保健文化示范区、茂名滨海观光文化示范区和雷州半岛海洋生态文化示范区十二大示范区。如图10-3所示。

（3）做大做强以创意内容为核心的海洋文化服务业。提升海洋文化创意能力，多维度开发海洋文化创意产品。积极推动城市创意型行业的发展，建立一批具有开创意义的海洋文化创意产业基地，建设文化创意产业园区、创意产业聚集区，聚集具有创造力的优秀创意人才开发自主创意产品。

（4）发挥广东海洋文化资源优势，从海洋经济发展和海洋文化建设的需要出发，举办各类海洋节庆活动。以海洋文博会展为平台、以重要海洋文化活动为载体，拉动海洋文化

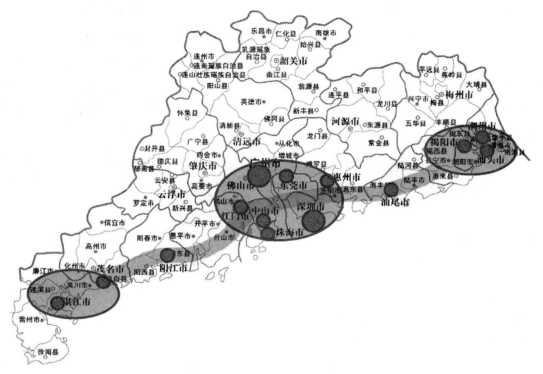

图 10-2 广东"一带、双核、三区、十四城"海洋文化产业布局

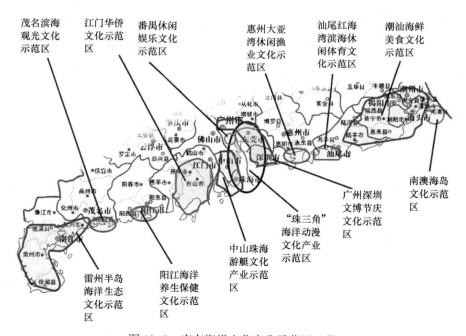

图 10-3 广东海洋文化产业示范区工程

产业发展。文博会展活动要进行多渠道筹集资金的商业化运作。

（5）把滨海旅游业做大做强。一是利用广东滨海旅游资源发展滨海旅游，大力开发海洋特色民俗文化游、海洋科普展馆游、休闲和体育文化游、滨海军事文化游和海洋生态文化旅游项目。开发特色海洋文化旅游产品，打造具有国际影响力和浓郁南海特色的海洋精品文化景区。二是在《广东省滨海旅游发展规划（2011—2020年）》的规划设计基础上，实施海洋文化旅游工程，建设"三大海洋文化旅游示范区""五大海洋文化旅游目的地"，即：粤东海洋文化旅游示范区、"珠三角"海洋文化旅游示范区、粤西海洋文化旅游示范区；潮汕海洋文化旅游区、"珠三角"海洋文化旅游区、江门华侨文化旅游区、阳江海上丝绸之路文化旅游区和粤西雷州文化旅游区。如图10-4所示。

三大示范区，五大旅游目的地

图10-4 广东海洋文化旅游工程示意

（6）培育海洋文化市场主体，提高国有文化企业竞争力，形成以公有制为主体、多种所有制共同发展的海洋文化产业格局。

（7）充分发挥市场配置资源的基础性作用，建立健全门类齐全的海洋文化市场，促进海洋文化产品和生产要素合理流动。整合海洋文化资源、海洋文化生产要素，打造优质高效的海洋文化产业链。

（8）加强海洋文化及相关产业统计工作，建立健全科学、统一的海洋文化及相关产业统计制度及统计指标体系，及时准确地跟踪监测和分析研究海洋文化产业发展状况，为科学研究和科学决策提供真实可靠的统计数据和信息咨询。

（四）繁荣海洋文艺创作，丰富广东文化舞台

（1）利用广东文学艺术创作队伍的优势，做好"海"字文章，创作出一批高质量的涉海文学作品和艺术作品。

（2）通过举办海洋书画比赛与获奖作品展、海洋摄影比赛与获奖作品展、海洋工艺美术比赛与获奖作品展、海洋影视、音乐艺术节庆和展演会演活动等推动海洋文学艺术创作，繁荣海洋艺术文化。做好有关作品的结集出版工作。

（3）广东海洋民俗文化资源丰富，其中有大量的歌舞演艺类的资源，要利用这些资源组织旅游演艺，形成富集疍家民俗和广东渔文化的艺术盛宴。实施海洋演艺工程，见表10-2。

表 10-2　海洋演艺工程

分类	演艺工程
两大重头戏	《舞动南海》大型海洋民俗演出 （场地为广州亚运会场） 《丝路海韵》大型历史文化演出 （场地在湛江、阳江）
四种演出类型	大型舞台演出 大型实景演出 节庆演出 小型旅游景区演出

（4）利用广东海洋渔业生产生活、海洋工业、海洋交通运输业、海洋贸易、海洋移民、海洋文化交流、海洋信仰和神话传说等海洋文化资源进行剧本创作，丰富演出舞台。

（五）构建海洋教育体系，提高人民海洋意识

要做好海洋教育工作，构建全方位立体式海洋教育体系，普及海洋知识、加强海洋观教育。

（1）依托广东省的各类海洋科普基地，发挥海洋科普教育的优势资源，面向社会公众，传播海洋信息，强化海洋教育，开展各种形式的海洋科普活动，为提高全民海洋科学素养和海洋意识，为国家海洋科普事业做贡献。

（2）增加对现有博物馆、科技馆等投入，增加海洋教育内容，同时加快建设海洋主题博物馆，加强博物馆、科技馆等公共教育资源的管理和公益水平，提高海洋教育普及程度。

（3）加强海洋文化宣传，办好"海洋宣传日""蓝色文化课堂"，举办各类讲座、展览、演出，利用涉海节庆展会活动、参观考察活动开展海洋教育，提高全民海洋意识，为海洋经济发展和海洋强省建设创造良好文化氛围。组织编写"广东海洋文化丛书"，增进人们对广东海洋文化的了解。

（4）利用孙中山、梁启超等名人纪念馆和故里，发掘海洋名人思想精华，确立海洋战略思维；利用海洋军事展馆和海战名人事迹等进行海防教育。

（5）大力推进文化志愿服务活动，调动社会资源和社会力量，开展海洋科普和海洋观教育工作。

（6）开展群众性海洋文化活动，发挥群众在海洋文化建设中的作用。通过活动提高群众对海洋的关注和认识。

（7）在中小学建设海洋意识宣传教育基地和海洋教育班，推动海洋知识进学校、进课堂、进教材。

（8）重视海洋科普类出版物的编撰出版工作。海洋教育要进学校，进教材，进课堂。编写系列化海洋科普读物，编写《海洋广东》乡土教材，供广东大专院校和社区使用。

（9）加强海洋夏令营地、海洋科普基地建设，为青少年海洋知识普及、海洋意识教育提供平台。充分利用现有条件建设四大海洋夏令营地：广州海洋科普夏令营地、东莞海洋军事夏令营地、深圳海洋科普夏令营地和湛江海洋文化夏令营地，如图10-5所示。

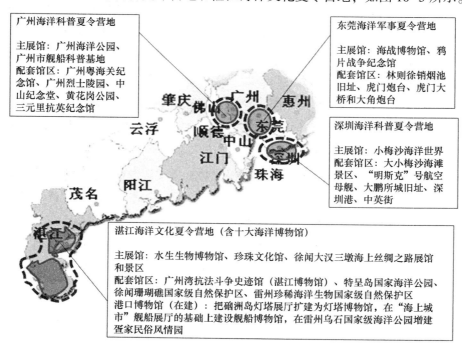

图10-5　广东四大海洋夏令营营地

（六）健全公共文化服务体系，繁荣海洋文化事业

（1）建立和完善覆盖涉海部门、沿海地区、海岛、远洋设施的公益性海洋文化服务体系。坚持政府主导，按照公益性、基本性、均等性、便利性的要求，发展公益性海洋文化事业。加强海洋文化基础设施建设，完善公共海洋文化服务网络。发展现代传播体系，为涉海群体提供公共文化服务。

（2）创新公益性海洋文化服务方式，增强公共文化产品和服务供给能力。对重大公益性海洋文化服务项目实行政府采购、项目补贴、重点资助、贷款贴息等措施。鼓励和支持文化企业生产质优价廉的公共文化产品。推动沿海地区和海岛大型公共文化场馆服务社会化，推动经营性文化场馆实行连锁经营和联盟合作。

对特殊涉海群体和活动领域采取针对性措施和特殊政策支持，以保证其享有基本文化权益。实施海上阅览室、海上书店工程，使海洋文化服务到一线。

（3）抓好海洋社区文化建设，实施海洋社区文化工程。加强社区文化建设，开展特色海洋文化城和特色海洋文化村建设，加强海洋类图书供给工作，支持开展海洋文化节庆和民俗文化活动，扶持海洋社区文艺团体活动，支持民间演艺活动和娱乐设施建设。

（七）加强海洋文化交流，推进海洋文化合作

坚持"走出去"与"引进来"相结合，积极开展海洋人文领域对外交流与合作。积极参与海洋文化对外交流活动、国际重大海洋文化活动，以多种方式增加海洋文化传播渠道、扩大海洋文化传播范围、提高海洋文化传播层次。积极搭建国际文化对话平台，开展海洋文化艺术交流、海上丝绸之路文物考古与学术交流、海洋旅游合作、教育培训等活动，积极邀请国外相关组织与人员参与，以"文化年""文化月""文化周"等多种形式加深世界对中华海洋文明的了解和体会。拓展民间交流合作领域，鼓励人民团体、民间组织、民营企业和个人从事对外海洋文化交流，拓展海上丝绸之路的文化影响力，推动海上丝绸之路走向新世纪，促进海洋文化和人文多样性发展。

（1）合作向度：充分利用广东独特的地缘优势和人文资源优势，发挥广东在对外文化交流合作中的有利条件，坚持"走出去"与"引进来"相结合，加强海洋文化交流，推进海洋文化合作，使广东成为我国重要的对外文化交流中心和华人华侨文化交流中心。

（2）合作区域：粤港澳合作、粤台闽合作、粤桂琼合作、海上丝绸之路文化国际合作。在湛江、汕头等有条件的地方探索建立海峡两岸文化交流合作实验区。加强与广西、海南开发合作，打造粤桂琼滨海旅游"金三角"。

（3）合作领域：加强华侨文化、航海文化、粤商文化、岭南文化和珠江文化、南海地区水下考古、海洋旅游、海洋节庆典会展、海洋文学艺术等领域的合作交流。

（八）支持海洋文化研究，占领海洋文化高地

（1）依托科研院所、高等院校、民间组织、涉海政府部门和涉海社区力量，加强广东海洋文化研究，繁荣海洋哲学社会科学。

（2）实施广东海洋文化研究工程。成立广东海洋文化产业研究中心，建设广东海洋文化研究基地，成立海洋文化研究的民间组织，建设区域性海洋文化研究网站，设置专门性海洋文化论坛。

（九）广东海洋文化胜地和海洋文化产业带建设的保障措施

（1）组织领导保障。把海洋文化强省建设列入各级党委、政府的重要议事日程，切实抓紧抓好，做出专门部署，精心组织、明确要求、落实到位、扎实推进、收到实效、干出实绩。在各负其责、各司其职的同时加强协调，相互支持、共同推进。

倡议成立国际性海上丝绸之路合作组织，在广东设立合作组织常设机构，定期举办海上丝绸之路合作组织会议。

（2）制度政策保障。实现政府的文化职能从"办"文化向"管"文化转变，由直接管理向间接管理转变。积极推进文化体制改革，形成有利于海洋文化和海洋文化产业发展的体制框架和政策体系。鼓励非文化企业、非国有企业及个人投资海洋文化产业、兴办海洋文化企业，扶持小微企业平等参与海洋文化产业竞争，积极推进产业化进程。

（3）法律法规保障。加强海洋文化法制建设，走海洋文化管理法制化的道路。通过立法规范海洋文化演出市场。依法加强海洋文化遗产保护、知识产权保护。建立健全海洋文化产业法规体系，为海洋文化产业发展提供强有力的法制保障。

（4）人才队伍保障。加强海洋文化人才队伍建设，形成吸引凝聚人才和自主培育人才相结合的良性发展机制，坚持培养和引进相结合，大力培养和引进一批高素质的适应海洋文化发展需要的人才。着力造就一批熟悉海洋文化产业经营管理业务并掌握有关国际规则的人才，具有文化科技复合创新能力的智能型人才。

（5）财政物力保障。重视基础设施等硬件建设，多渠道筹集海洋文化建设资金。除政府对海洋文化建设的投入外，要调动国内外、省内外力量以及政府、企业和民间非营利组织的力量，为广东海洋文化强省建设提供资金上、技术上、物质上的支持。抓住关键、突出重点，秉承生态理念，本着勤俭节约的精神，把有限的财力、物力用好。

六、宏观战略规划助力广东蓝色产业带建设

2011 年 11 月，国家发展和改革委员会发布了规划期为 2011—2020 年的《广东海洋经济综合试验区发展规划》，以科学发展为主题，以加快转变经济发展方式为主线，全面优化海洋经济空间开发格局，构建广东现代海洋产业体系，为广东蓝色产业带形成与发展提

供强有力的宏观战略支撑。

（一）推进形成"三区、三圈、三带"的海洋综合发展新格局

根据广东海洋经济综合试验区的战略定位、现有产业基础和发展潜力、资源环境承载能力，按照海陆统筹、优势集聚、功能明晰、联动发展的要求，优化海洋开发布局，着力建设珠江三角洲海洋经济优化发展区和粤东、粤西海洋经济重点发展区三大海洋经济主体区域（一核两极），积极构建粤港澳、粤闽、粤桂琼三大海洋经济合作圈，科学统筹海岸带（含海岛地区）、近海海域、深海海域三大海洋保护开发带，推进形成"三区、三圈、三带"的海洋综合发展新格局。

1. 着力打造三大海洋经济主体区域

珠江三角洲海洋经济优化发展区、粤东和粤西海洋经济重点发展区是广东发展海洋经济的主体区域，对于提升广东海洋经济综合竞争力，加快形成新的经济增长极，促进广东区域协调发展具有重大意义。

珠江三角洲海洋经济优化发展区。包括广州、深圳、珠海、江门、东莞、中山和惠州7市海域及陆域，是广东海洋经济发展基础最好、发展水平最高的区域。这一区域要积极培育海洋新兴产业，重点发展海洋高端制造业和现代服务业，着力打造一批规模和水平居世界前列的现代海洋产业基地。

广州市要围绕建设国家中心城市、综合性门户城市和区域文化教育中心，增强海洋产业高端要素集聚、科技创新、文化引领和综合服务功能，壮大海洋交通运输业、海洋船舶工业和滨海旅游业三大优势海洋产业，培育海洋生物医药、现代港口物流和海洋信息服务三大海洋新兴产业，建设海洋科技创新、现代物流和临海先进制造业三大基地，完善南沙、莲花山和黄埔三大现代海洋产业组团，率先实现海洋经济发达、海洋科技领先、海洋生态良好、海洋文化繁荣的发展目标。

深圳市要充分发挥经济特区和综合配套改革试验区的改革开放先行作用，积极创建全国海洋经济科学发展示范市。提高海洋资源利用效率，在区域开发、集约开发上进行探索。巩固提升海洋交通运输业和高端滨海旅游业，大力发展远洋渔业，培育壮大海洋生物等新兴产业和现代服务业。深化深港合作，加快建设前海深港现代服务业合作区。强化重点海域生态环境保护，创新海洋综合管理体制机制，力争在一些重点领域和关键环节上取得突破。

珠海市要充分发挥经济特区优势，加快横琴新区建设，积极促进海岛开发开放，重点建设高栏港临海先进制造业基地、三灶航空产业基地，推进万山群岛休闲度假区建设，打造生态文明新特区和科学发展示范区。东莞市重点建设交椅湾集中集约用海区。中山市重点建设马鞍岛大型装备制造基地和明阳新能源工业园，开发横门岛东岸集中集约用海区。

惠州市重点建设大亚湾临海先进制造业基地，推进惠东巽寮海洋旅游度假区，打造宜居、宜业、宜游的优质生态湾区。江门市重点开发广海湾集中集约用海区，建设江门银洲湖等临海先进制造业基地，建设循环经济园区。

粤东海洋经济重点发展区包括广东东部沿海的汕头、汕尾、潮州和揭阳四市海域及陆域，是广东海洋经济发展的一个重要引擎。这一区域要着力发展临海能源、临海现代工业、海洋交通运输、滨海旅游、水产品精深加工等产业，科学推进集中集约用海，重点开发海门湾、南澳西南岸、碣石湾西岸等集中集约用海区。

汕头市要充分发挥经济特区优势，着力构建东部城市经济带，建设现代化滨海新城，积极推进南澳省级海洋综合开发试验县建设，全力打造以高技术产业和先进制造业为主体的新兴产业基地。汕尾市着力推进港湾整治和综合利用，重点建设汕尾新港区和品清湖滨海新城，促进人海和谐发展。潮州市着力推进西澳港区综合开发，加快建设临港产业集聚区。揭阳市重点建设惠来临海现代工业集聚区，推进专业化海洋运输体系和物流中心建设。

粤西海洋经济重点发展区。包括广东西部沿海的湛江、茂名和阳江三市海域及陆域，是广东海洋经济发展的一个重要增长极。这一区域要发挥大西南出海口的优势，加快发展临海现代制造业、滨海旅游业、现代海洋渔业、临海能源等产业，重点推进湛江安铺港、角尾湾、新寮、东海岛南部、吴川、茂名博贺、阳西面前海、江城南岸等集中集约用海区开发。

湛江市着力发展东海岛高端临海现代制造业集群，建设技术先进、节能环保、装备一流、效益良好的循环经济园区，打造粤西中心城市和西南地区出海大通道。茂名市突出水东湾、博贺湾整治与开发，重点发展现代港口物流、临海先进制造和滨海旅游业。阳江市主要推进海陵湾开发，重点发展临海清洁能源、海洋文化旅游度假、临海现代工业和现代海洋渔业等产业。

2. 推动构建三大海洋经济合作圈

粤港澳、粤闽、粤桂琼三大海洋经济合作圈，是分别连接香港、澳门和海峡西岸经济区，北部湾地区和海南国际旅游岛的重要地带。推动构建三大海洋经济合作圈，对于密切与周边地区的合作，增强广东海洋经济的辐射带动能力，进一步优化我国沿海开发布局具有重要作用。如图10-6所示。

粤港澳海洋经济合作圈。以珠江三角洲海洋经济优化发展区为支撑，着力打造粤港澳海洋经济合作圈。以广州南沙、深圳前海、深港边界、珠海横琴、万山群岛等区域作为粤港澳海洋经济合作圈建设的重要节点，加强粤、港、澳三地在海洋运输、物流仓储、海洋工程装备制造、海岛开发、旅游装备、邮轮旅游等方面的合作，共同打造国际高端的现代海洋产业基地，建设优质生活湾区。

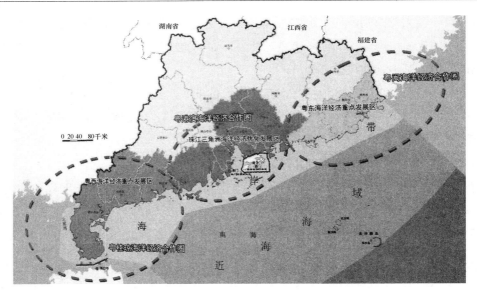

图 10-6　广东沿海三大经济合作圈

粤闽海洋经济合作圈。以粤东海洋经济重点发展区为支撑，对接海峡西岸经济区，着力打造粤闽海洋经济合作圈。以汕头、汕尾、潮州和揭阳为依托，进一步扩大与福建在现代海洋渔业、滨海旅游和海洋文化等领域的合作，重点开展海洋装备制造、海洋生物医药、海水综合利用等海洋新兴产业的合作。

粤桂琼海洋经济合作圈。以粤西海洋经济重点发展区为支撑，对接北部湾地区和海南国际旅游岛，着力打造粤桂琼海洋经济合作圈。以湛江、茂名和阳江为依托，重点加强滨海旅游业、现代海洋渔业、海洋交通运输业发展和涉海基础设施建设等方面的合作。充分发挥湛江港作为西南地区出海大通道的作用，增强对北部湾地区的服务功能。积极促进滨海旅游资源开发合作，共同打造粤桂琼滨海旅游"金三角"，将其建设成为具有国际影响的休闲度假旅游目的地。

3. 统筹利用三大海洋保护开发带

依托不同海域的自然条件、资源禀赋和开发潜力，由近及远、梯次开发，统筹开发海岸带、近海海域（含海岛地区）和深海海域，形成三条各具特色的海洋保护开发带，对优化海洋开发格局、拓展海洋经济发展空间、提升海洋资源保护开发水平、促进海陆统筹发展具有重要意义。

海岸带。从大陆海岸线向陆 10 千米起至领海外部界线之间的带状区域（含 5 大海岛群、28 个岛区），富集了岸线、滩涂、海湾、航道、景观等海洋要素资源以及发展海洋经济所依托的陆域，是发展海洋经济的核心区域。围绕加快转变海洋经济发展方式，着力提升海洋空间资源开发利用水平，推进集中集约用海，引导海洋产业集聚发展。重点发展海洋交通运输业、滨海旅游业、海洋油气业、海洋船舶工业、现代海洋渔业等优势海洋产业，加快发展临海现代工业，培育海洋新兴产业。加强岸线利用和保护，科学规划工业与城镇建设、港口建设、滨海旅游、生态环境保护等岸段类型，明确各类岸段利用方向、开发强度和保护要求，科学调控海岸开发利用活动，着重加强沿海防护林体系建设和保护，全面规范海洋开发利用秩序。加强海岛规划，优化开发有居民海岛，保护性开发无居民海岛，严格保护特殊用途海岛。

近海海域。领海外部界线至500米等深线之间的区域，拥有丰富的海洋渔业、油气矿产和海洋可再生能源等资源，海洋开发潜力巨大，是实施海洋经济综合开发的重要区域。重点发展现代海洋渔业、滨海旅游、海洋油气、海洋运输等产业，大力开发海洋可再生能源。适度控制近海捕捞强度，加快海洋牧场建设。加大海洋矿产和珠江口盆地油气资源勘探和开采力度。保障深水航道航行安全。

深海海域。500米等深线以深的区域，海域辽阔，海洋生物、海洋矿产资源丰富，开发前景广阔，是实施海洋经济综合开发的重要区域。大力发展深海技术，加大深海油气资源勘探开发力度，拓展深海产业，积极发展深水渔业。

（二）构建现代海洋产业体系

坚持创新驱动、整体推进、突出重点、集聚优势，以大力提升传统优势海洋产业为基础，以加快培育壮大海洋新兴产业为支撑，以集约发展高端临海产业为重点，推动信息化和工业化深度融合，形成具有国际竞争力的现代海洋产业体系。

1. 大力提升传统优势海洋产业

加大科技创新力度，优化产业结构，巩固海洋交通运输业、海洋渔业、船舶工业等方面的传统优势，进一步夯实传统优势产业在广东海洋经济发展中的基础地位。

海洋交通运输业。突破行政区划界限，整合优化港口资源，以广州、深圳、湛江、珠海和汕头等主要港口为依托，打造布局合理、分工明确、功能完善、运作高效的世界级港口群，按照国际化标准进一步提升港口技术装备和管理服务水平，形成更具影响力的国际物流中心。加强主要港口专业化运输系统建设，有序建设大型集装箱、原油、液化天然气（LNG）、煤炭等专业化码头。加强港口5万吨级以上船舶出海航道建设，完善海上助航安全配套设施，建设安全、便捷的海上运输通道。依托广州港、深圳港、珠海港，建设珠江三角洲国际物流基地；依托汕头港、潮州港、揭阳港，建设粤东物流基地；依托湛江港、茂名港、阳江港，建设粤西物流基地。

现代海洋渔业。按照提升近海、开发深海、拓展远洋的原则，加快发展现代海洋渔业。扶持具有开发外海渔场能力的龙头企业、渔业合作组织实施渔船改造，形成一批装备先进、适应深海作业的捕捞渔船。推动江门、阳江、茂名、湛江等地建设外海生产基地。

转变传统养殖方式，积极发展深远海渔业养殖，继续巩固广东在海水养殖方面的龙头地位。加快编制养殖水域滩涂规划，强化标准鱼塘、水产良种体系、水生动物疫病防控体系建设，创建 100 个健康养殖示范基地；扶持发展深水网箱养殖，在湛江、阳江、珠海、潮州等地建设一批深水网箱养殖基地。大力发展远洋渔业，新建一批大型钢质节能新型渔船，建设装备先进的现代化远洋渔业船队。积极发展水产品精深加工业，在湛江、茂名、阳江、汕头、潮州等地建设一批高水平的水产品精深加工园区和检测实验室，培育一批具有较高市场占有率的知名品牌。积极发展设施渔业、休闲渔业和观赏渔业。

海洋船舶工业。加快船舶工业结构优化升级，合理布局海洋船舶工业，打造世界大型修造船基地。支持广州提升大型船舶制造基地自主设计制造能力。大力发展船舶配套产业，提升船舶配套设备自主品牌的开发能力，建设广州、江门船舶配套基地。积极发展游艇制造业，重点建设珠海、东莞、中山等游艇制造基地。加强远洋运输、远洋渔业、海洋科考和地质调查等大型船舶技术的研发和应用，加快发展高技术、高附加值的大型集装箱船、海洋工程船、大型油轮和大型砂矿船。推进拆船工业现代化、机械化和环保化。

2. 培育壮大海洋新兴产业

以推进产业结构升级为主线，以海洋生物医药、海洋工程装备制造、海水综合利用和海洋可再生能源为重点，突破关键核心技术，提升海洋产业核心竞争力。

海洋生物医药产业。充分利用海洋生物资源丰富的优势，整合利用现有科技资源和研究力量，提升海洋领域科研机构研发能力，重点发展海洋药物、工业海洋生物制品、海洋生物功能制品和海洋生化制品，形成具有竞争力的海洋生物医药产业集群。依托广州、深圳生物产业基地，建设海洋生物技术和海洋药物研究中心，推进中山健康产业基地建设。大力发展高技术、高附加值的海洋生物医药新产品，重点开发抗肿瘤、抗心脑血管疾病、抗病毒等海洋创新药物，积极开发海洋生物制品和海洋保健品。加强医用海洋动植物的养殖和栽培，建设南海微生物物种资源、基因资源、药物资源库和海洋生物样品库。

海洋工程装备制造业。发展与海洋资源勘探开采、海底工程、海洋环境保护、海水综合利用及航道疏浚工程等相关的海洋工程装备制造业。推进水下运载装备及配套作业工具系统、海洋勘探开发和监测设备、海洋油气生产设备、海上风电设备制造研发，推进海洋工程装备制造业的专业化和高端化。支持广东参与海洋油气资源开发，重点在广州、深圳、珠海、湛江和惠州等地布局建设海洋油气资源勘探开发后勤基地、油气终端处理和加工储备基地。加快珠海深水设施制造基地、深圳海洋石油开采装备制造基地建设，积极打造深海海洋装备试验基地和装配基地。大力推动广州、深圳、珠海和中山等地海洋工程装备制造业发展，培育形成具有较强国际竞争力的海洋装备制造业集群。

海水综合利用业。积极建设海水淡化及综合利用示范工程和示范城市（海岛、工业园），推进重点行业海水综合利用。结合沿海和海岛地区居民区建设，研究推动海水直接应用于大生活用水，支持南澳岛、万山群岛、川岛、东海岛等海岛建设海水淡化工厂，引导临海企业使用海水作为工业冷却水。按照循环经济的理念，研究开发浓海水制盐、提钾等产业化技术，推进建立相互衔接的海水资源综合开发利用产业链。

海洋可再生能源。开展海洋能资源普查，科学规划海洋能开发，确定优先开发范围和重点。加快海洋风电、波浪能、潮汐潮流能发电等技术研发。实施示范带动，探索在万山群岛等条件适宜的海岛建设海洋可再生能源开发利用技术试验基地，开展集风能、太阳能、波浪能等发电为一体的海岛独立电力系统应用试点。

3. 集约发展高端临海产业

统筹规划、合理布局、集约发展高端临海产业，提高对海洋经济综合试验区发展的支撑保障能力。

临海钢铁工业。调整优化产业布局，加快淘汰落后产能，优化发展临海钢铁工业。按照《钢铁产业调整和振兴规划》的要求，适时建设湛江钢铁精品基地，重点发展炼钢及辅助原料、钢铁产品深加工。抓紧完善与钢铁基地相配套的港口、公路、铁路、水电气等基础设施建设。加快钢铁现代物流体系建设。

临海能源工业。适应沿海经济社会发展需要，优化发展火电、支持发展天然气电、安全稳妥发展核电。按照"上大压小"的要求，加快深圳滨海电厂、珠江电厂等电源项目及热电联产项目建设。重点推进惠州、深圳、阳江等地抽水蓄能项目建设，提高区域内电力调峰调频能力，构建多元、安全、清洁、高效的临海能源工业。

4. 加快发展服务业

加快培育和发展港口物流、服务外包、中介服务、信息服务、金融保险、滨海旅游等服务业，推进服务业标准化和品牌建设，重点培育和发展一批规模大、实力强的服务企业。

依托主要港口和临港工业基地，围绕建设现代化的临港物流产业体系，重点建设广州南沙、深圳盐田港、惠州港、湛江港等港口物流园区。在广州、深圳、珠海和湛江等地发展国际海洋会展业。加快建设生产性服务业集聚区，为海洋生物工程、海水综合利用等海洋产业提供产品研发、工业设计和检验检测等配套服务。完善海洋产业金融服务体系，探索海洋金融、海事仲裁等领域服务新模式。

依托丰富的岸线、人文、海洋文化等资源优势，推进旅游业信息化，提高旅游业发展水平。着力打造高端旅游业，建成国际高端滨海旅游目的地。大力发展邮轮、游艇旅游，加强粤港澳邮轮航线合作。积极发展海岛观光、海上运动、海底潜游等新兴旅游项目，重点建设深圳东部、南澳岛、惠东巽寮、万山群岛、川山群岛、红海湾等一批海洋综合旅游区，继续推进广东省国民旅游休闲计划滨海旅游示范景区建设。创建以休闲度假、会议商务等为主要特色的滨海旅游产品，加快珠海长隆国际海洋旅游度假区、阳江海陵岛海洋公园、湛江特呈岛海洋公园、中山海上温泉度假区等建设。

(三) 湾区建设形成广东蓝色产业链式集群

贯彻《广东海洋经济综合试验区发展规划》精神的《广东海洋经济地图》[①] 中的湾区计划，以"六湾区一半岛"串联广东沿海，构建广东海洋经济发展新格局，形成广东蓝色产业链式集群。六湾区分别是大汕头湾区、大红海湾区、环大亚湾湾区、环珠江口湾区、大广海湾区和大海陵湾区，一半岛是雷州半岛。

大汕头湾区由韩江和榕江出海口形成的冲积平原及南澳岛共同组成，包括柘林湾、海门湾、神泉湾三个互相连接的海湾。大汕头湾区利用靠近海西经济区的独特区位优势，建成粤台海洋合作的桥头堡、广东重要的国际港、物流中心和海洋产业基地。重点建设汕头城市发展区、汕头滨海工业发展带、潮州临港工业区、揭阳能源工业基地、石化基地和南澳旅游区等海洋产业集聚区。

大红海湾区由碣石湾和红海湾两个海（港）湾共同组成，是"珠三角"和粤东地区的主要通道，也是承接"珠三角"产业转移的重要区域。大红海湾区充分对接"珠三角"，承接海洋产业转移，建成广东新型能源基地、临海型先进制造业基地、海洋渔业深加工基地和海洋产业转移示范区。重点建设深汕特别合作区、汕尾中心城区、汕尾临海能源工业基地、马宫石化能源基地、汕尾碣石湾石油化工、船舶制造基地以及太湖、碣石湾海洋生态旅游区。

环大亚湾湾区由大亚湾、大鹏湾以及大鹏半岛共同组成。环大亚湾湾区充分利用靠近香港的优势，建成国际级石化与港口物流基地、广东重要的海洋先进制造业基地和现代海洋服务业基地。重点建设惠州能源工业基地、大亚湾石化工业区、惠州港口物流基地、深圳大亚湾工业区和盐田港物流基地，重点开发稔平半岛滨海旅游区和大鹏半岛旅游区。

环珠江口湾区为珠江出海口，主要由西江、北江和东江冲积而成的 3 个小三角洲及珠江口外海的岛群共同组成。环珠江口湾区建成具有国际影响力的世界级城市群和宜居优质生活圈、我国南方海洋科技中心和国际航运中心、我国重要的海洋产业集聚区之一。重点建设南山港物流基地、深圳前海新区、宝安城市工业发展区、东莞沿海经济带、广州黄埔港口物流发展区、南沙临港工业区、中山市火炬装备工业基地、翠亨新区、珠海城市发展区、横琴新区、珠海航空工业基地和珠海港口物流基地等海洋产业集聚区。环珠江口湾区建设情况见图 10-7。

大广海湾区由黄茅海、广海湾、镇海湾和上川岛、下川岛等共同组成。大广海湾区建成广东临海先进制造业基地和高科技水产养殖重点区，广东滨海旅游及海洋保护区。重点

---

① 广东省发展和改革委员会，广东省海洋与渔业局：《广东省经济地图》，广东省地图出版社，2012 年。

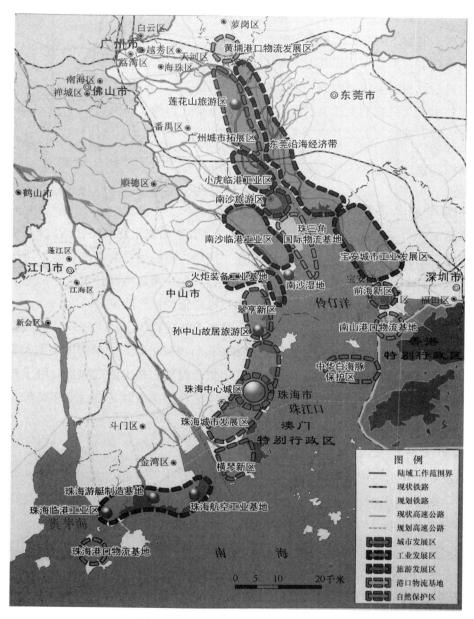

图 10-7 环珠江口湾区建设情况示意

建设银洲湖工业区、广海湾工业发展区、江门能源工业区和黄茅海养殖区、广海湾海水增殖养殖区，重点开发银湖湾旅游区、上川岛旅游区、下川岛旅游区和浪琴旅游区。

大海陵湾区由北津港、海陵湾、沙扒港、博贺港、水东湾、海陵岛及附近其他岛屿共同组成，是"珠三角"与粤西地区的重要通道。大海陵湾区建成广东临海重化工业基地、滨海旅游和海洋文化基地。重点建设阳江中心城区和临港工业区、阳江能源基地、阳东滨海工业区、茂名临港工业区、博贺新港区、茂名滨海新城，重点开发海陵岛旅游区、阳江休闲旅游区、电白休闲度假区和滨海旅游区。

雷州半岛由雷州半岛及其周边岛群共同组成。建成我国西南重要通道、广东临海重化工业及物流基地和国家级海洋重点保护区。重点建设湛江城市发展区、湛江物流港口基地、东海岛化工及钢铁工业基地、雷州半岛能源基地。积极发展钢铁配套产业区和石化配套产业区。重点开发"五岛一湾"等海洋休闲旅游区。

七、强化保障

(一) 加快税收优惠及金融的落实力度

落实国家关于《海洋经济发展规划纲要》和《关于加快培育战略性新兴产业的决定》的战略要求，结合广东省装备制造业调整和振兴规划，将船舶尤其是游艇业、海洋工程装备产业、风电产业列为广东新兴产业给予重点支持。加快海洋高新技术企业认定，落实国家高新技术企业税收优惠政策，落实国家风力发电增值税优惠政策。

对广东省海洋工程装备产业化研制项目、技术改造项目、示范工程以及重点引进项目给予地方配套支持；对纳入国家《海洋工程装备科研项目指南》和承担国家重大专项的项目给予地方资金配套支持；对重点引进项目固定资产投资和技术改造项目，给予相应贷款贴息支持；大力支持技术创新和自主研发，鼓励重大海洋工程装备首台业绩突破，对实现首台突破的研制和建造单位给予研制补贴。

(二) 大力支持产业集聚区建设

海洋产业园区用海按照区域用海，实行统一规划、统一论证、统一环评、统一海域使用权和统一用海排污区。围绕海洋工程装备高新技术产业化发展需求，完善、优化广州大岗、珠海高栏港、中山临海装备制造等产业基地的招商管理办法和项目指南，加大海洋工程装备配套基地对国内外海工装备优势项目的招商力度；鼓励、支持中央企业集团和国内外海工装备优势企业进军海工配套设备领域，促进产业集聚发展；加强与相关中央企业集团、海工装备优势企业以及国内主要海工装备用户的沟通联系，建立战略合作关系，共商海工发展大计。支持条件成熟的省级各类园区升级为国家级园区。

按照确定的发展思路和主要目标任务，有序推进重点项目建设。在推进重大项目建设的同时，围绕重点产业延伸和产业配套，研究、策划和推进一批重大前期项目。做深做细项目前期工作，预先做好项目规划调整、海域使用论证和土地预审等工作。

(三) 打造海洋科技人才高地

科技人才是广东省海洋科技创新系统中的重要要素之一，只有依靠高素质科技人才的智力支持，才能推动广东省海洋科技水平的不断提高。

1. 培养造就一批具有国家前沿水平的海洋科技专家

要依托重大海洋基础科研和建设项目、海洋重点学科和科研基地以及国际学术交流与合作项目，加大海洋学科带头人的培养力度，积极推进创新团队建设。广东省要加大科技兴海投入，实施海洋生物、海洋油气勘探、海水利用和海洋监测等重点领域的重大科技兴海（兴渔）项目研发，力争形成一批具有自主知识产权的海洋科技创新成果，培养一批海洋科学带头人。科研机构要根据自身研究领域积极主动地参与国家相关海洋学科重点项目研究计划，比如海洋生物科技方面通过独立或联合申报国家"863"计划中的海水养殖动物的良种化、过程化及健康养殖和海洋天然产物与药物的开发等研究项目；在海洋油气勘探方面的海洋油气平台技术、深海钻井平台技术、浮式生产储卸油系统（FPSO）技术、油气资源的地球物理勘探技术和油气资源的评估、海上数控成像测井系统（ELIS）等方面，以国家和省级重点科研项目为平台培养一批海洋科学家。此外，还要抓紧培养造就一批中青年海洋科技高级专家，改进和完善职称制度、政府特殊津贴制度、博士后培养制度等高层次人才制度，进一步形成培养选拔高级专家的制度体系。

2. 充分发挥教育机构的重要作用

鼓励科研院所与高等院校合作培养研究型海洋人才，支持在校研究生参与或承担海洋科研项目，鼓励本科生投入科研工作，在创新实践中培养他们的探索兴趣和科学精神。海洋科技主管部门可以通过安排学生科研专项的形式，向高等院校在校研究生发布适当的研究课题，形成制度化监督和考评机制，提高研究生参与科研的积极性和研究能力。适应广东省海洋科技发展战略和市场对海洋创新人才的需求，及时合理地设置一些交叉学科、新兴学科的海洋科学专业结构。加强职业教育、继续教育与培训，培养适应经济社会发展需求的各类实用型海洋技术专业人才。加强广东省海洋院校重点海洋学科建设，加快培养海洋产业应用型高级人才。

3. 实行省内外"引智工程"

广东海洋部门要积极拓展与国家教育部门、科技部门和海洋部门的联系和协调，设立多层次、多学科、高水平的海洋科学研究机构，以此吸引优秀留学人才回国工作和为国服务，注意重点吸引高层次人才和紧缺人才。在广东省级海洋科技部门建立省内外高层次人才机制，如重点实验室主任、重点科研机构学术带头人以及其他高级科研岗位，逐步实行海内外公开招聘。加大吸引全国各沿海省份的海洋科学家和高级科技人才，加大资助力度，大力加强科技人员创业基地建设；实行有吸引力的政策措施，吸引省内外高层次优秀科技人才和团队来广东省工作。建立起一支"开放、流动、竞争、协作"的海洋科技人才队伍。

（四）打造海洋科技蓝色硅谷

实施科技兴海战略，构筑以三大海洋科技创新基地为主体，多个科技成果转化平台与示范园区为辅的发展格局，打造蓝色科技硅谷。

重点建设南沙海洋科技创新基地、南方海洋科技创新基地和南方海洋产业战略装备研发基地。加强中国南方海洋科技创新基地、广东海洋与水产高科技园、南海海洋生物技术国家工程研究中心、广东省区域性水产试验中心和公共实验室等海洋科技示范平台建设。

实施海洋科技八大重点工程：①海洋生物制药与海洋生物技术突破工程；②海洋生物资源高效利用拓展工程；③海水综合利用推进工程；④海洋可再生能源领先工程；⑤海洋新材料创新工程；⑥海洋现代信息服务优化工程；⑦海洋高新技术创新能力提升工程；⑧海洋高新科技人才培育成长工程。

（五）强化涉海基础设施建设

按照统筹规划、合理布局、适度超前、安全可靠的要求，加快海洋运输、海堤防灾、渔业港口、能源通信等基础设施体系建设，提高海洋经济综合开发保障能力。

1. 建设科学高效的综合运输体系

形成以广州、深圳、湛江为全国性综合交通枢纽，以汕头、珠海、韶关为区域性综合交通枢纽，以空港、海港和陆路交通枢纽城市为节点，以高速公路、轨道交通、主要出海航道及千吨级以上内河航道为骨架，公路、铁路、水路、航空等多种方式有效衔接，层次分明、功能完善、科学高效的一体化综合交通体系。

打造综合交通体系的"四大网络"——广东高速公路网，广东轨道交通网，广东沿海及内河航道网和航空网。

围绕加快海洋经济发展，通过优化布局和资源整合，形成层次分明、分工合理、运行高效的港口综合运输体系。重点建设广州港、深圳港、珠海港、汕头港和湛江港等全国性主要港口，积极发展惠州港、汕尾港、阳江港、江门港和揭阳港等地区性重要港口。广州港以发展能源、原材料等大宗物资和集装箱运输为主；深圳港以发展集装箱运输为主，珠海港以发展集装箱、煤炭、干散货、油气化学物资等运输为主；粤西港口群以湛江港为中心，以发展能源、原材料等大宗物资运输和集装箱支线运输为主；粤东港口群以汕头港为中心，以发展煤炭、石油等能源和原材料物资运输为主。各港口因地制宜、错位发展，形成布局合理、功能完善、高效便捷的现代化港口集疏运体系，提高集疏运效率和效益。大力发展港口疏运系统，发挥华南沿海入海河流高等级航道优势，完善江海联运通道，提高主要港口水路集疏运能力。按照国家综合交通网规划，加快建设连接沿海和内河港口的高速公路和铁路，完善港口集疏运体系，推进沿海高等级公路建设。加强珠江口东、西两岸通道建设，研究推进琼州海峡跨海通道等主要出省通道前期工作。增强综合交通枢纽换乘和换装功能，提高运输效率，实现旅客"零距离换乘"和货物运输"无缝衔接"。

2. 构筑高标准的海堤防灾体系

适应海洋综合开发和沿海地区经济社会发展的需要，以保护沿海生态环境为前提，以提高防御风暴潮灾害能力为重点，坚持生物措施和工程措施相结合，加快推进海堤建设。按百年一遇防潮标准建设和加固重要城市的海堤。加强河口地区防洪安全保障，河口范围内涉水建设项目必须满足防洪泄洪安全要求。推进以基干林带为重点的沿海防护林体系保护与建设，提高抵御海啸、风暴潮等重大自然灾害的能力。

3. 构建安全可靠的渔业港口体系

按照政府主导、社会参与、突出重点、服务渔民的原则，大力实施标准渔港建设工程。以提高渔港防台避风和后勤服务能力为核心，以现有渔港的改造、扩容、升级为重点，切实增强渔港在促进渔区经济发展、社会稳定和安全生产中的特殊支撑作用。

4. 建立保障有力的能源、通信体系

加快油、气、电等重大能源基础设施和输送网络一体化建设，提高区域能源保障能力。加快珠江三角洲及东、西两翼输电站点建设，加强跨区域输电通道建设，提高承接"西电东送"和粤东、粤西、粤北向珠江三角洲地区输电的能力。按照国家重点油气项目战略布局，结合大型炼化项目和国家原油储备基地建设，加快油气基础设施及液化天然气接收站建设，完善覆盖沿海的一体化油气管网。结合沿海天然气接收站、内陆管道天然气、海气上岸项目布局，建设以珠江三角洲为中心，向东、西两翼和北部延伸的天然气主干管网。提高清洁能源在广东能源消费中的比重，增强粤港地区天然气供应保障能力和应急能力。依托现有园区，合理布局热、电、冷联供项目，建设一批循环经济园区。扶持海岛发展清洁能源和海水淡化项目，加快海岛电力、通信设施建设。

（六）优化用海布局，集中集约用海

要优化用海布局，集中集约用海，重点推进八大集中集约用海区，拓展未来经济社会发展新空间。

以支撑现代临海工业、打造滨海新城为重点，建设重点突出、特色鲜明、功能明晰、优势互补的集中集约用海区域，优化用海布局，引导海洋产业集聚发展。

重点推进八个集中集约用海区——广州龙穴岛用海区，珠海横琴岛集中集约用海区，深圳前海集中集约用海区，珠海高栏岛集中集约用海区，汕头东部集中集约用海区，江门银湖湾集中集约用海区，湛江东海岛集中集约用海区，东莞长安交椅湾集中集约用海区。

"十三五"时期，广东省将大力推进供给侧结构性改革，推进海洋经济综合试验区建设；坚持陆海统筹、科学开发，大力发展海洋经济，拓展蓝色经济空间；加强海洋资源环境保护，提升海洋空间资源开发利用水平，率先在全国建成海洋经济强省。

参 考 文 献

盖广生 . 2011. 大海国 . 北京：海洋出版社 .

顾江 . 2007. 文化产业经济学 . 南京：南京大学出版社 .

管华诗，王曙光 . 2003. 海洋管理概论 . 青岛：中国海洋大学出版社 .

广东省发展和改革委员会，广东省海洋与渔业局 . 2012. 广东省经济地图 . 广州：广东省地图出版社 .

国家发展和改革委员会 . 2015. 中国海洋经济发展报告 2015. 北京：海洋出版社 .

国家海洋局 . 1996. 中国海洋 21 世纪议程 . 北京：海洋出版社 .

黄启臣 . 2003. 广东海上丝绸之路史 . 广州：广东经济出版社 .

黄启臣 . 2006. 海上丝路与广东古港 . 香港：中国评论学术出版社 .

刘勤等 . 2015. 海洋社会建设 . 北京：海洋出版社 .

[美] D. A. 罗斯著，李允武译 . 1984. 海洋学导论 . 北京：科学出版社 .

[美] 阿尔弗莱德·塞耶·马汉 . 2011. 大国海权 . 南昌：江西人民出版社 .

[美] 帕姆·沃克，伊莱恩·伍德著，王子夏，顾燃译 . 2006. 和谐的人与海洋 . 上海：上海科学技术文
　献出版社 .

马志荣等 . 2009. 海洋社会学与海洋社会建设研究 . 北京：海洋出版社 .

任淑华 . 2011. 海洋产业经济学 . 北京：北京大学出版社 .

孙斌，徐质斌 . 2004. 海洋经济学 . 济南：山东教育出版社 .

孙吉亭等 . 2011. 蓝色经济学 . 北京：海洋出版社 .

滕祖文 . 2003. 海洋行政管理专题研究 . 北京：海洋出版社 .

王曙光 . 2004. 海洋开发战略研究 . 北京：海洋出版社 .

王曙光 . 2004. 论中国海洋管理 . 北京：海洋出版社 .

徐俊鸣 . 1990. 岭南历史地理论集 . 中山大学校报编辑部 .

徐质斌 . 2000. 建设海洋经济强国方略 . 济南：泰山出版社 .

杨国桢 . 2008. 瀛海方程——中国海洋发展理论和历史文化 . 北京：海洋出版社 .

杨金森 . 1984. 海洋——具有战略意义的开发领域 . 北京：科学出版社 .

俞树彪，阳立军 . 2009. 海洋区划与规划导论 . 北京：知识产权出版社 .

张开城 . 2009. 广东海洋文化产业 . 北京：海洋出版社 .

张开城 . 2010. 海洋社会学概论 . 北京：海洋出版社 .

张召忠 . 2011. 走向深蓝 . 广州：广东经济出版社 .

走向海洋节目组 . 2012. 走向海洋 . 北京：海洋出版社 .

后 记

21世纪是海洋世纪，把海洋开发利用提到战略高度来认识，是当今世界海洋形势的新常态。面对世界范围内海洋开发的全面升级和竞争的加剧，中国也要积极应对。搞好蓝色产业带建设，发展海洋经济，是具有重要战略意义的举措。

海洋这一战略性资源的利用与开发是一个系统工程，海洋经济建设是长期发展的目标任务，事关现代化建设和海洋强国的大局，仅停留在沿海各省乃至市县制定局部海洋开发利用目标和规划是不够的，仅停留在加大海洋经济发展的力度或产业上的具体投资取向是不够的，仅停留在个别港口或沿海城市的狭小空间运作是不够的。需要着眼于海洋开发利用的大局，充分认识蓝色产业带建设的内涵和特征、优势和劣势、必要性和可行性；充分认识蓝色产业带及其管理上的宏观性、整体性、协调性、合作性和长效性特点，在国家层面上勾画蓝色产业带建设的蓝图，立足于"海陆一体"的思维取向，确立"以海带陆，依海兴陆，海陆共荣"的发展战略，对基础设施、空间布局、产业结构、投资主体等做出宏观上的统筹安排，形成可操作的蓝色产业带建构范式和运行机制。

实施蓝色产业带国家战略，就是要建立大海洋、大协作区的新经济板块格局。循着"国际环境—资源特征—战略决策—实施方案—监管机制"的逻辑路线，基于海洋开发与管理的实证研究和制度解读，将增长极理论、点轴开发理论、产业布局理论、城市圈域经济理论、工业区位论、新经济地理理论等运用于蓝色产业带特殊视域，进行针对性构思和本土化设计，形成可操作的蓝色产业带战略架构和运行机制。

《中国蓝色产业带建设》对中国蓝色产业带建设的战略架构、建构范式等进行整体设计，提出了相关建设的战略架构和取向，探究了蓝色产业带的形成机理与演化机制，列举了中国蓝色产业带的建设应遵循的原则，解读了中国蓝色产业带建设的自然地理依托和社会机构依托，分析了蓝色产业带建设的条件并富有建设性地提出了中国海洋文化产业与海洋文化产业带建设、中国沿海海上丝绸之路产业带发展的对策建议。可为国家海洋经济社会发展提供决策参考，具有重要的实践价值。

《中国蓝色产业带建设》是广东省哲学社会科学规划项目成果（批准号：GD11HYJ02），项目负责人为广东海洋大学教授张开城。本成果由张开城、徐以国、乔俊果共同完成，统稿工作由张开城负责。项目研究过程中参考了国内外相关研究和成果，在此一并表示感谢。本书成书仓促，加之作者水平所限，疏漏之处在所难免，恳望方家不吝赐教。

作　者

2016 年 12 月